Ölpflanzen in Europa

Walter H. Schuster

Meiner Frau Hildegard gewidmet.

Ölpflanzen in Europa

Prof. Dr. Walter H. Schuster

mit einer Einführung:
»Biologie der Pflanzenöle«
von Prof. Dr. Richard A. Marquard

Fotos: Prof. Dr. Walter H. Schuster

DLG-Verlag, Frankfurt am Main

Die Deutsche Bibliothek – CIP-Einheitsaufnahme

Schuster, Walter:
Ölpflanzen in Europa / Walter H. Schuster, Fotos: Walter H. Schuster. Mit einer Einf.: »Biologie der Pflanzenöle« / von Richard A. Marquard. – Frankfurt am Main: DLG-Verl., 1992

ISBN 3-7690-0501-5

NE: Marquard, Richard A.: Biologie der Pflanzenöle

Für die Schreibarbeit und Anfertigung von Zeichnungen habe ich Frau Sieglinde und Herrn Heinrich Leonhäuser sowie für die Durchsicht des Manuskriptes Frau Anna Bietz vielmals zu danken.
Dank gebührt auch dem DLG-Verlag für die großzügige Ausstattung des Buches sowie Herrn Geschäftsführer Gerd Hünerbein, Frau Dr. Gabriele Reger und Frau Helga Kraus-Rabenstein für die entgegenkommende Zusammenarbeit.

Walter Schuster

Impressum:

Titelbild: Sonnenblume mit »Rotem Ordensband« (*Catocala nupta*)
Umschlagentwurf: Kayser, Grafik-Design, 6054 Rodgau 3

Gesamtherstellung: Wetzlardruck GmbH, 6330 Wetzlar (Lahn)
Printed in Germany: ISBN-3-7690-0501-5

Vorwort

Im Wintersemester 1961/62 wunderten wir uns als Studenten der Landwirtschaft an der Justus-Liebig-Universität Gießen im »Pflanzenbaulichen Praktikum einschließlich Samen- und Sortenkunde« bei Herrn Professor Schuster über all die seltenen Species, die wir da kennenlernen sollten.
Es war damals die Zeit, als die deutsche Landwirtschaft sich in einer Periode der Vereinfachung und Konzentration auf wenige Arten im Acker- und Pflanzenbau befand und solche Institute wie das für Pflanzenbau und Pflanzenzüchtung in Gießen mit der bewußten Pflege der Vielfalt der Arten überspitzt als »antiquiert« und nicht im Trend liegend angesehen wurden.
Ein bekanntes Wort besagt, daß die »Keimruhe des landwirtschaftlichen Gedankens 30 Jahre beträgt«. Jetzt, in den 90er Jahren, ist die Vielfalt der Arten, und gerade die der Ölpflanzen, wieder modern und interessant geworden: Überlegungen zur Nutzung der Ölpflanzen als nachwachsender Rohstoff, unterschiedliche diätetische Anforderungen an die Fettsäurenmuster für die menschliche Ernährung oder die Eignung als Heilpflanze fordern zum Studium von Biologie, Physiologie und Standortadaptation der Ölpflanzenarten heraus.
In seiner Lebensarbeit ist Walter Schuster nie bei der Botanik einer Pflanze stehengeblieben, sondern hat mit praktischem Blick für die Anwendung der Genetik an der züchterischen Weiterentwicklung zahlreicher Ölpflanzenarten gearbeitet.
Diese langjährigen Erfahrungen finden in diesem Werk »Ölpflanzen in Europa« ihren Niederschlag mit nützlichen Hinweisen zur Blütenbiologie, zur Variabilität der Eigenschaften und zur Anbaubedeutung der einzelnen Ölpflanzenarten in Europa.
Die Umsetzung der wissenschaftlichen Erkenntnisse des Gießener und mit ihm des Göttinger Institutes für Pflanzenzüchtung spiegelt sich in den praktischen Züchtungserfolgen bei Ölpflanzen der deutschen Pflanzenzuchtfirmen, wie z. B. Deutsche Saatveredelung – Lippstadt, Norddeutsche Pflanzenzucht – Hohenlieth, Semundo, Rellingen, W. v. Borries-Eckendorf u. a. wider.
Alle, die an und mit Ölpflanzen arbeiten, wissenschaftliche Fachleute, Pflanzenzüchter, Agrarpolitik und Vermarktung, und die, die sich mit der Aufrechterhaltung oder der Erweiterung des Artenspektrums von Ölpflanzen in der landwirtschaftlichen Produktion befassen, finden in diesem Buch Zugang zu einem breiten Wissensschatz.
Möge in diesem Sinne das Buch eine große Verbreitung finden und dazu beitragen, daß das große Potential, das in diesen Pflanzenarten liegt, der europäischen Landwirtschaft im weltweiten Wettbewerb der pflanzlichen Öle dauerhafte Produktionsmöglichkeiten sichert.

Im Oktober 1992
Gisbert Kley
Vorsitzender des Beirates der UFOP
(Union zur Förderung von Öl- und Proteinpflanzen e. V.)

Inhalt

Pflanzen-Öle und -Fette

Ölliefernde Pflanzen

Inhalt

Pflanzen-Öle und -Fette

Geschichte

Öle und Fette sind die energiereichsten Stoffe in der Ernährung von Mensch und Tier. Ihre Energieausbeute ist mehr als doppelt so hoch wie bei Kohlehydraten und Eiweiß. Da Fette (tierischer und pflanzlicher Herkunft) essentielle Komponenten enthalten, waren sie seit alters her lebensnotwendige Bestandteile der menschlichen Ernährung.

Die höhere Energiespeicherung in den Reserveorganen der Pflanzen erfordert auch höhere Energieaufwendungen aus der Photosynthese. Dadurch finden wir in den wärmeren Klimalagen der Erde mehr Pflanzen, die vornehmlich Öl in ihren Früchten und Samen, in manchen Fällen auch in Wurzeln und Knollen, enthalten. In den Ländern der Antike war der Ölbaum, die Olive, der Hauptlieferant für Nahrungsfett. – Im asiatischen Raum nahm der Sesam diese Stellung ein. – Dagegen überwogen in den kälteren Gebieten Europas die tierischen Fette als Energieträger in der Nahrung. Daneben wurden sicher auch fetthaltige Samen und Früchte direkt verzehrt. Mit dem Seßhaftwerden der Menschen in den nördlichen Gebieten ergab sich, wie zahlreiche Funde bezeugen, neben dem Anbau von Getreide auch eine Kultivierung von ölhaltigen Pflanzen, wie Mohn und Pflanzen mit Doppelnutzung, wie Lein, der Fasern und Öl liefert, oder Saflor mit Farbstoff in den Blüten und Öl im Samen.

Pflanzliches Öl und tierische Öle bzw. Fette hatten immer zweierlei Nutzung, einmal in der Ernährung, zum anderen für technische Zwecke, wie der Beleuchtung (Öllampen) und als Schmieröl. Wurde das Öl zunächst durch Verzehr der ganzen Früchte und Samen genutzt, so lernten die seßhaft gewordenen Menschen bald, das reine Öl zu gewinnen. Zuerst wurde es durch Kochen der zerkleinerten Früchte und Abschöpfen des oben schwimmenden Öles und später durch Pressen der zerkleinerten und erwärmten Saat gewonnen. Die ersten Berichte aus Deutschland über die Ölgewinnung durch Pressen stammen aus dem Jahr 1100. Mit der zunehmenden Bevölkerung sowie dem höheren Fettbedarf für die Ernährung und für technische Zwecke stieg in Europa der Anbau von Ölpflanzen und die Ölgewinnung aus den Samen und Früchten. Neue Pflanzen wie Raps und Rübsen, Leindotter und Ölrauke kamen hinzu, und spezifische Eigenschaften der Öle wurden erkannt. Im 14. Jahrhundert wurde die Verwendung von Leinöl für die Farbherstellung und für die Produktion wasserdichter Gewebe entdeckt. Die Öle der Kruziferen dienten in verstärktem Umfang als Lampenöl. Eine größere Zahl von Ölmühlen entstand. Die eiweißhaltigen Preßrückstände der Ölgewinnung lieferten wertvolles Viehfutter, so daß die Produktion von tierischem Fett ebenfalls zunahm. 1795 wurde die hydraulische Presse erfunden. Der industrielle Aufschwung im 19. Jahrhundert brachte einen größeren Bedarf an Schmieröl für die Maschinen, der vornehmlich durch »Rüböl« (Raps und Rübsen) gedeckt wurde. 1860 begann man, Linoleum herzustellen, dies ließ den Verbrauch an Leinöl stark ansteigen. 1860 kam zwar das Petroleum als Lampenöl auf den Markt, dies konnte den steigenden Bedarf an pflanzlichen Ölen jedoch nicht mindern, zumal auch der Bedarf an pflanzlichen Nahrungsfetten für die stark wachsende Bevölkerung (in Deutschland von 25 Mio. 1875 auf 67 Mio. 1923) zunahm und die tierischen Lebensmittel teuer waren. 1869 wurde erstmals Margarine hergestellt. Damit begann die Möglichkeit, pflanzliche Öle in noch größerem Umfang der menschlichen Ernährung zuzuführen.

Die Ölausbeute konnte durch Einführung der Extraktion des Öles mit fettlösenden Mitteln zu Beginn des 20. Jahrhunderts wesentlich erhöht werden. Zunächst kam eine kombinierte Methode, Vorpressen und danach Extraktion des Restöles, zur Anwendung.

Tabelle 2 und 3 zeigen den enormen Zuwachs an Ölpflanzen im Anbau und, in noch stärkerem Ausmaß, die Auswirkung der Ertragssteigerungen auf die Produktion in neuerer Zeit für die Welt und für Europa. Dies ist nicht nur eine Folge der steigenden Bevölkerung, sondern auch der speziellen Wertschätzung der verschiedensten Pflanzenöle für die Ernährung und die industrielle Verwendung.

Der Anstieg des Anbaus und der Produktion ist für die einzelnen Ölpflanzenarten in der Welt und in Europa recht verschieden, resultierend aus der unterschiedlichen Klimaeignung der Pflanzen.

Über die Verbreitung innerhalb Europas wird bei den einzelnen Pflanzen berichtet.

Tabelle 1: Fettgehalt und Fettsäurezusammensetzung von Ölpflanzen in Europa
(nach v. BOGUSLAWSKI, HACKBARTH, HILDITCH, HIRSINGER, MARQUARD, SCHLIEPHAKE u. a.)

Pflanzenart	Fett-gehalt %	gesättigte Fettsäuren							ungesättigte Fettsäuren								
									Monoenfettsäuren						Polyenfettsäuren		
		Caprin-säure C 10:0	Laurin-säure C 12:0	Myri-stin-säure C 14:0	Palm-itin-säure C 16:0	Stea-rin-säure C 18:0	Arach ins. C 20:0	Behen-säure C 22:0	Palmi-tole-ins. C 16:1	Öl-säure C 18:1[9])	Petro-selin-säure C 18:1[6])	Eico-sen-säure C 20:1	Eruca-säure C 22:1	Ner-von-säure C 24:1	Linol-säure C 18:2	α-Lino-len-säure C 18:3	γ-Lino-len-säure C 18:3
Kruziferen																	
1. Raps hohe Erucas.	40–50			0–1,5	1–5	1–4	< 1	< 1		13–38		5–8	40–64		10–22	1–10	
Raps niedr. Erucas.				0–1	1–5	0,5–2	0–1	0,5–2		50–65		1–3	0–2		15–30	5–13	
2. Rübsen hohe Erucas.	38–48			0–1	1–5	1–4	0–1	0–1		15–38		0–8	40–45		10–22	5–10	
Rübsen niedr. Erucas.				0–1	1–5	0,5–2	0–1	0,5–2		50–65		1–3	0–2		15–30	5–13	
3. Brauner Senf	30–40			0–1	1–4	1–4	0–1	0–1		28–34		1–3	20–45		15–20	2–5	
4. Schwarzer Senf[2])	24–38			< 0,5	< 0,2					24–32			42–52		18–20	2–3	
5. Gelbsenf	22–42				1–3					20–35			< 2–58		10–20	1–3	
6. Ölrettich	38–50				4–6	1–2				25–32		8–12	8–24		18–22	16–20	
7. Leindotter	33–42				3–8	0–1				16–18		15–20	1–2		18–22	35–45	
8. Ölrauke[2])	24–35				2–6	2–4		3–5		15–20		8–10	35–58		12–28	2–10	
9. Krambe (mit Schale)	30–45				2–10	2–4				12–18		0–2	55–62		8–12	8–10	
10. Silberblatt	30–40				1–3	1–2				16–20		0–2	38–48	22–25	8–10	2–4	
Kompositen																	
11. Sonnenblume	35–52			Spur	3–9	1–3	0,4–4	< 1		14–43					44–70	Spur.	
12. Saflor	18–50				2–6	1–4	0,5			14–24					63–79	< 5	
13. Guizotia	35–45		1–3	1–4	5–8	2–5	0–5			2–6		2–3			60–80		
14. Ölmadie	30–40				12–14	2–4				10–12					50–60	12–14	
15. Mariendistel	25–35				8–12	2–4				15–26					55–72		
16. Ringelblume[5])	18–20[7])				3–4	2–3				6–10						28–30	2–4
17. Spitzklette	38–42				0–2	6–8				26–28					60–65		
Leguminosen																	
18. Sojabohne	18–24			< 0,4	2–10	2–6	< 0,5			23–32					48–52	2–12	
19. Erdnuß	45–53			< 0,5	6–12	3–6	5–8			40–62					13–35		
20. Weiße Lupine	10–21				6–10	6–9				50–70					18–22	< 2,5	
21. Lup. mutabilis	15–23			0–1	8–12	5–8	< 1			30–60					20–48	1–5	
Öl- und Faserpflanzen																	
22. Baumwolle	15–25			0–5	12–24	1–3	0–2			15–35					40–55	0–1	
23. Lein	30–48				4–8	1–4	Spur.			15–30					10–30	40–68	
24. Hanf	28–35				4–10	4–10				6–16					46–60	15–28	
25. Asclepias	20–25				8–12	8–12				30–40					50–60		
26. Ölmalve	18–22				10–14	< 1	Spur.			12–16		1–2	2–6		55–65	6–8	
Labiaten																	
27. Ölziest	24–38				8–10	1–3				1–10					22–36	50–60	
28. Perilla	35–45				6–8	1–2				14–24					0–16	60–70	

Andere Arten																	
29. Mohn	40–55				10–12	< 1				12–22					60–75	< 1	
30. Sesam	50–60				7–10	3–6				35–45					40–50		
31. Rizinus[4])	40–50				1–3	0–2				5–10					2–4		
32. Ölkürbis	40–58				6–12	6–8				20–40					45–60		
33. Erdmandelgras	20–25			1–2	6–10	1–3	0–1			65–70					14–16		
34. Nachtkerze	18–30		0–1		4–10	1–2				12–20					55–65		6–14
35a Kreuzbl. Wolfsmilch	40–50				4–6	1–3				80–90		0–1			0–2	0–2	
35b Euphorbia lagascae	35–45			8–12	5–7	1–2				14–16		1–2			14–16		58–62
36a Cuphea lanceolata[1])	35–38	88–95	1–3	1–3	2–4					2–4					2–6		
36b Cuphea tolucana[1])	22–30	10–15	70–80	5–8	2–4					1–2					1–2		
36c Cuphea ignea[1])	34–42	85–90	0–2	0–1	2–4	< 1					2–3				2–5		
37. Kapuzinerkresse	7–8				2–4	0–2	2–5			8–12		14–16	60–70				
38. Boretsch	30–36				9–11	2–4				14–18					25–40		25–40
39. Schwarzkümmel, Nig.	32–35				10–12	1–3				18–22		4–5			55–65	0–1	
Doldengewächse																	
40. Kümmel	10–20				2–4					35–45	24–28				28–35		
41. Anis	8–12			2–3	5–8	1–2				22–28	50–70				5–9		
42. Fenchel	10–12				2–5					20–24	55–65				12–15		
43. Koriander	18–22				6–10					25–30	50–70				6–8		
44. Dill	16–20				2–4	0–1				6–10	70–80				5–9	0–1	
45. Petersilie	20–24				2–4	2–4				8–10	68–72				16–20		
Bäume und Sträucher																	
46. Oliven[3])	14–25					1–3			7–16	60–85					4–15		
46a Oliven-Kerne	10–15					8–10			8–10	80–90					6–8		
47. Walnußkerne	50–65				3–8	1–3				16–32					45–55	8–10	5–7
48. Mandelkerne	40–55			0–1	2–5	0–1				70–80					16–20		
49. Haselnußkerne	55–65				8–12	0–1				80–90					4–8		
50. Pistazien, Samen	50–58				10–18	1–2				60–70					20–22		
51. Avocado, Frucht	25–32			0–3	8–26	0–1				65–82					6–12		
52. Jojoba[9])	48–56																
Ölgewinnung in Nebennutzung																	
53a Schwarze Johannisbeere[10])	28–32		6		6–8	1–2				9–13					44–51	12–14	15–20
53b Rote Johannisbeere[10])	18–26		6		4–5	1–2				14–16					41–42	29–31	3–5
53c Stachelbeere (Kerne)	16–20		6		3–5	0–1				12–16					40–45	28–32	2–6
54. Weintrauben (Kerne)	10–20				4–6	2–4			2–6	13–31					50–76		
55. Tomate (Samen)	24–30			5–12	5–12	4–6	0–1			14–20					50–65		
56. Tabak (Samen)	33–45			0–2	3–10	0–6	0–1			15–30					55–75		
57. Mais	3–7 30–45[8])				8–12	0–3				20–32					40–68		

[1]) 0–2 % Caprylsäure (C 8:0) [2]) 1–3 % Lignocerinsäure (C 24:0) [3]) 1–2 % Myristoleinsäure (C 14:1) [4]) 80–90 % Ricinolsäure (C 18:1–OH)
[5]) 50–55 % Calendulasäure (C 18:3 Δ 8,10,12) [6]) 2–4 % Dihomo-γ-Linolensäure (C 20:3) [7]) 40–46 % im Samen [8]) im Embryo
[9]) dünnflüssiges Wachs mit 30 % C 40-, 50 % C 42- und 10 % C 44-Fettsäuren [10]) Kerne

Tabelle 2: Anbauflächen in 1.000 ha von verschiedenen Ölpflanzen
A: in der Welt, B: in Europa (FAO – Jahrbücher)

Kulturart	1934 – 1938		1948 – 1952		1952 – 1956		1961 – 1965		1969 – 1971		1974 – 1976		1979 – 1981		1984 – 1986		1986 – 1988	
	A	B	A	B	A	B	A	B	A	B	A	B	A	B	A	B	A	B
Soja	11.200	35	10.024	46	21.128	37	28.437	20	35.222	108	37.798	271	50.543	491	52.522	664	53.010	964
Erdnuß	8.900	12	11.246	17	12.851	19	18.338	15	19.747	10	18.920	9	18.538	11	18.895	10	18.945	13
Rizinus	–	–	1.316	21	1.207	19	1.356	27	1.434	21	1.541	19	1.451	14	1.668	20	1.509	21
Sonnenblumen	4.020	545	6.658	1.240	6.411	1.048	7.014	981	8.413	1.374	9.114	1.787	12.252	2.134	14.529	3.148	14.460	3.787
Raps	6.680	210	5.172	610	5.964	560	7.893	672	8.486	1.023	9.086	1.270	11.488	1.516	14.260	2.395	15.918	2.872
Sesam	4.450	45	5.085	39	5.150	38	5.633	25	6.241	20	6.077	9	6.446	4	6.689	2	6.572	1
Leinsaat	7.950	250	7.612	427	7.576	419	7.847	376	6.769	311	5.732	290	5.448	270	4.800	217	5.521	217
Saflor	–	–	–	–	–	–	665	0	997	25	1.162	61	1.362	19	1.326	22	1.409	17
Baumwolle	33.180	133	31.654	382	35.082	639	32.857	567	32.659	335	32.954	289	34.421	235	33.739	309	31.625	356

Tabelle 3: Produktion an Früchten oder Samen in 1.000 t von verschiedenen Ölpflanzen
A: in der Welt, B: in Europa (FAO – Jahrbücher)

Kulturart	1934 – 1938		1948 – 1952		1952 – 1956		1961 – 1965		1969 – 1971		1974 – 1976		1979 – 1981		1984 – 1986		1986 – 1988	
	A	B	A	B	A	B	A	B	A	B	A	B	A	B	A	B	A	B
Soja	12.240	27	15.952	26	20.625	20	32.514	15	46.747	117	58.076	399	85.978	624	95.443	1.281	98.284	2.281
Erdnuß m. Schale	8.800	25	9.512	25	11.329	30	15.937	27	18.293	19	17.830	21	18.546	24	20.988	21	21.721	25
Rizinus	–	–	482	14	472	13	686	20	844	15	873	9	837	4	1.093	8	930	9
Sonnenblumen	2.465	347	3.915	737	4.605	815	7.334	1.206	9.871	1.930	10.307	2.086	14.399	3.087	18.796	5.419	20.819	6.605
Raps	3.880	210	2.820	718	3.151	644	4.295	1.115	6.617	1.889	7.917	2.708	11.164	3.203	18.435	6.233	21.304	7.757
Sesam	1.580	12	1.762	11	1.638	13	1.692	8	2.012	7	1.804	3	1.972	2	2.227	1	2.272	1
Leinsaat	3.565	130	3.108	285	3.198	218	3.438	217	3.481	198	2.406	168	2.467	138	2.637	120	2.466	123
Saflor	–	–	–	–	–	–	–	–	706	16	787	29	968	14	811	17	761	13
Baumwollsaat	12.830	63	13.844	117	17.237	239	20.275	411	22.488	365	23.631	359	27.253	352	31.970	455	30.514	579
Oliven	4.600	3.600	4.904	3.859	5.467	4.148	7.219	5.597	7.650	5.783	8.647	6.055	9.198	6.785	9.490	6.889	9.722	6.943
Olivenöl	865	733	945	770	1.051	833	1.300	1.049	1.550	1.228	1.721	1.252	1.824	1.428	1.845	1.443	1.828	1.407

Pflanzen-Öle und -Fette

(Darstellung 1)

Biosynthese der Triacyglycerole in Kotyledonen von Sonnenblumen-Achänen (SCHMIDT)

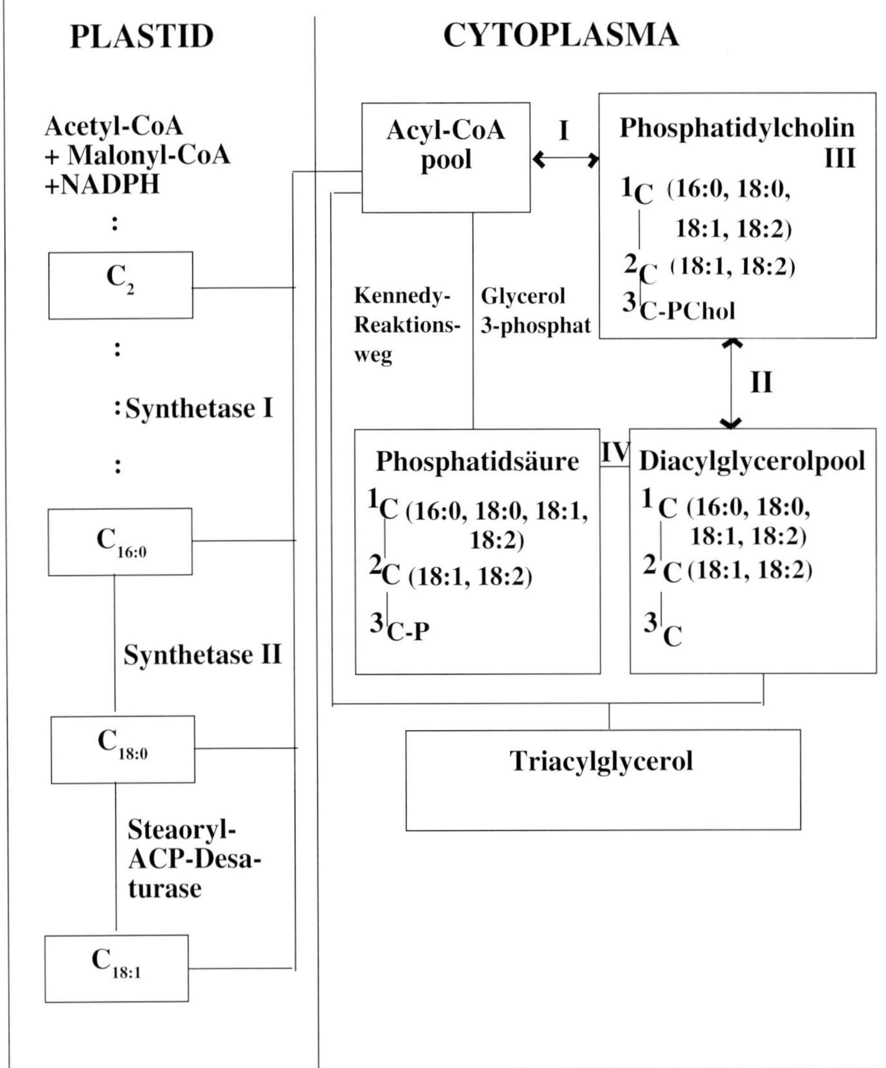

Reaktion I: Gleichgewichtsreaktion durch Lysophosphatidylcholin-Acyltransferase
Reaktion II: Gleichgewichtsreaktion durch Diacylglycerol-Cholinphosphotransferase
Reakton III: Oleoyl-PC-Desaturase
Reaktion IV: Phosphatidphosphatase

Biologie der Pflanzenöle

von Richard Marquard

Unter der Bezeichnung Fette und Öle wird im Pflanzen- und Tierreich jene Gruppe von Lipiden zusammengefaßt, die sich als Ester des dreiwertigen Alkohols Glycerol und höherer Monocarbonsäuren, d. h. mit 8 und mehr C-Atomen im Molekül, darstellen.
Somit ist diese, als Acyllipide bezeichnete Klasse, chemisch eindeutig definiert und von den Mineralölen (Kohlenwasserstoffe) und den ätherischen Ölen – einer chemisch äußerst heterogenen, wasserdampfflüchtigen lipophilen Stoffgruppe – deutlich abgegrenzt.
Bei Ölpflanzen werden Fette und Öle in der Regel in Form von Triacylglycerolen (früher: Triglyceride) in unterschiedlichen Organen als Reservestoffe eingelagert, so daß diese Speicherorgane die Rohmaterialien für die Produktion pflanzlicher Öle darstellen.
Die **Primärbiosynthese der Fettsäuren** erfolgt bei den höheren Pflanzen in photosynthetisch aktiven Geweben, den Chloroplasten (STUMPF) und den Proplastiden der Speichergewebe (SIMCOX et. al.; OHLROGGE et. al.).
Wie aus der Darstellung 1 am Beispiel von Sonnenblumen-Kotyledonen zu ersehen ist, sind Acetyl- und Malonyl-CoA die Ausgangssubstrate der *de-novo*-Biosynthese der Fettsäuren.
Acetyl-CoA dient hierbei als Startermolekül, dem in cyclisch ablaufenden Kondensationsreaktionen der sogenannten Fettsäurespirale jeweils Malonyl-CoA angelagert wird. Hierbei erfolgt eine Abspaltung von CO_2, so daß mit jeder Reaktion eine Kettenverlängerung um zwei C-Einheiten eintritt. Die Verlängerung der Ketten bis zu den höheren Fettsäuren mit 10 und mehr C-Atomen ist an ein »Acyl Carrier Protein« (ACP) gebunden, das in den Plastiden vorkommt. Katalysiert werden diese Biosyntheseschritte durch verschiedene Enzyme, die als Fettsäure-Synthetase-System zusammengefaßt werden (STUMPF).

Pflanzen-Öle und -Fette

Die für die Kettenverlängerung benötigte Energie wird aus der Photosynthese über ATP und NADPH bereitgestellt.
Die **Bildung der Speicher- und Membranlipide** (Triacyl- und Diacylglycerole) verläuft nach heutigen Vorstellungen in der Weise, daß Fettsäuren aus den Kompartimenten der Primärbiosynthese in das Cytosol transferiert werden und dort einen Acyl-Pool bilden, aus dem Substrate für weitere Modifizierungen oder Derivatisierungen entnommen oder direkt – durch Acyltransferasen katalysiert – mit Glycerol verestert werden.
Diese vereinfacht dargestellten Biosyntheseschritte sind, insbesondere bei Sonnenblumen, vergleichsweise intensiv untersucht, so daß in der Darstellung 1 bei der Bildung von Triacylglycerolen auch darauf Bezug genommen wird.
Die hierbei möglichen Reaktionswege der Biosynthese werden in Abhängigkeit von Genotyp und Umwelt in unterschiedlicher Intensität beschritten, so daß daraus eine Variation im Fettsäuremuster der Sonnenblumenöle und analog auch bei anderen Pflanzenölen resultiert.
Das dargestellte Reaktionsschema entspricht weitestgehend der Biosynthese pflanzlicher Öle, die dem *Carthamus*- und *Arachis*-Typ angehören (THIES); diese wiederum machen den überwiegenden Anteil der Speiseöle aus.
Da die Variation im Fettsäuremuster einiger Pflanzenarten so groß ist, daß sie in Abhängigkeit von Genotyp und Provenienz sowohl dem *Carthamus*- als aus dem *Arachis*-Typ zugeordnet werden können, was besonders bei Sonnenblumen und Saflor der Fall ist, werden nachfolgend die wichtigsten Ölpflanzen beider Gruppen mit ihrer Fettsäureverteilung zusammengestellt.

Die Darstellung 2 soll die generelle Eingruppierung der Öle aufzeigen, ohne auf die teilweise beträchtliche Variationsbreite der Fettsäureanteile einzugehen, wie dies in der von SCHUSTER zusammengestellten Tabelle 1 vorgenommen worden ist.
Stärker ungesättigte Öle mit α-Linolensäure als Hauptkomponente werden von THIES

(Darstellung 2)

Pflanzenöle von Carthamus- und Arachis-Typ (mit wirtschaftlicher und regionaler Bedeutung)

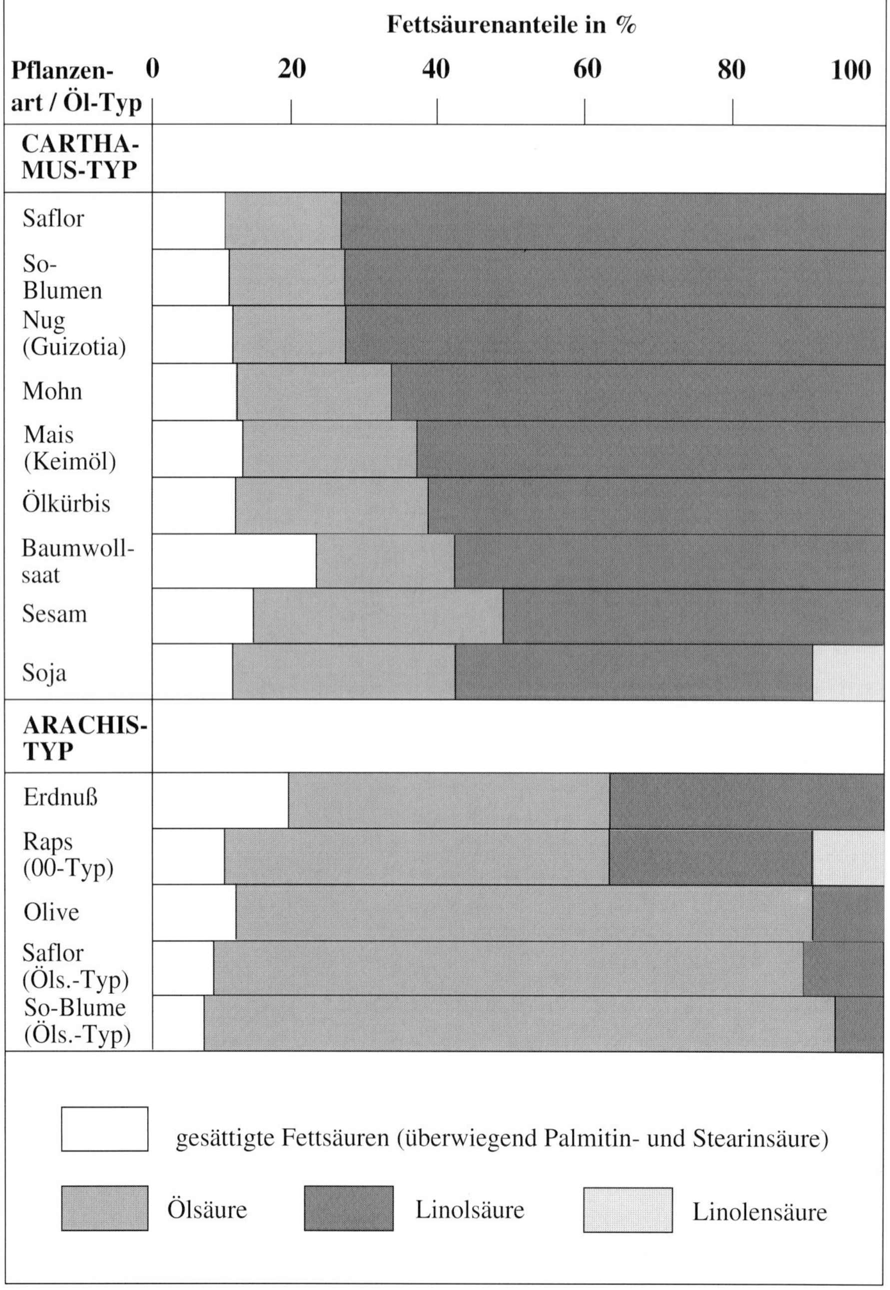

als Öle vom *Linum*-Typ zusammengefaßt. Die wichtigsten Vertreter in dieser Gruppe sind Lein, Leindotter und Perilla (vgl. Tab. 1), wobei zu erwähnen ist, daß bei Lein inzwischen auch Genotypen gezüchtet wurden, bei denen der Linolensäureanteil bis auf ca. 5 % reduziert wurde (GREEN), so daß diese Öle, mit Ölsäure als Hauptkomponente, auch dem *Arachis*-Typ zuzuordnen sind.

Die Biosynthese der α-Linolensäure scheint komplexer Natur zu sein und ist bis heute noch nicht in allen Einzelheiten aufgeklärt. Sowohl hinsichtlich des Ausgangssubstrates als auch des Biosyntheseortes der Linolensäure bestehen noch unterschiedliche Auffassungen (STUMPF). Sehr vereinfacht kann davon ausgegangen werden, daß zwei Enzymsysteme, eine Ölsäuredesaturase (ODS) und eine Linolsäuredesaturase (LDS) beteiligt sind, die in Abhängigkeit von Genotyp und Umwelt (Temperatur) unterschiedliche Aktivitäten aufweisen.

Allerdings wird in der Literatur über recht unterschiedliche Befunde berichtet, die offensichtlich stark durch die in den jeweiligen Versuchen verwendeten Sorten bzw. Genotypen geprägt sind. In Untersuchungen von PLEINES, in denen die Desaturaseraten (ODR und LDR) bei verschiedenen Raps-Genotypen bestimmt wurden, konnte kein gesicherter Einfluß der Temperatur auf die Aktivität beider Desaturase-Systeme nachgewiesen werden.

Eine indirekte Bestätigung für das Vorliegen von zwei Enzymsystemen bei Lein ergibt sich daraus, daß es bei einer Reduktion des Linolensäuregehaltes zu einer Substratanhäufung kommt, die entweder in erhöhten Ölsäure- oder Linolsäureanteilen zutage tritt (NICHTERLEIN et. al.).

Über die Biosynthese von **Ölen mit mittelkettigen Fettsäuren** ist relativ wenig bekannt.

Öle dieser Kategorie stammen fast ausnahmslos aus den Tropen und Subtropen. Fettsäuren mit 8 und 10 C-Atomen, wie Capryl- und Caprinsäure, werden vornehmlich von *Cuphea*-Spezies synthetisiert. Laurin- und Myristinsäure, mit 12 bzw. 14 C-Atomen, kommen ebenfalls in *Cuphea*-Arten vor, sind aber auch die Hauptkomponenten von Cocos- und Palmkernölen, die weltweit in großen Mengen produziert werden.

Hinsichtlich des Biosyntheseweges von Triacylglycerolen mittelkettiger Fettsäuren geht man davon aus, daß eine für die Kettenlänge spezifische Thioesterase die Acyl-ACP/CoA zu den entsprechenden Fettsäuren, wie Capryl-, Caprin-, Laurin- und Myristinsäure hydrolysiert. Diese Fettsäuren werden dann in das Cytosol transportiert und von einer Acyltransferase auf einen geeigneten Acceptor übertragen bzw. direkt mit dem Glycerol verestert (STUMPF).

Als weitere Möglichkeit wird eine schrittweise β-Oxidation der Palmitinsäure zu Myristin-, Laurin- und weiteren mittelkettigen Fettsäuren diskutiert. Schließlich wird auch ein für mittelkettige Fettsäuren spezifisches Synthetase-System für möglich gehalten.

Für die Biosynthese **langkettiger und »ungewöhnlicher« Fettsäuren** stellt offenbar die Ölsäure das zentrale Substrat dar.

Wie bereits in Darstellung 1 beschrieben, wird die Ölsäure aus den Kompartimenten der Primärbiosynthese in das Cytosol transportiert und erfährt dort verschiedenartige Modifikationen.

Insbesondere laufen Desaturierungen, Hydroxilierungen, Reduktionen, Kondensationen und Elongationen der Ölsäure ab, die vornehmlich durch membrangebundene Enzyme des endoplasmatischen Retikulums katalysiert werden.

Hierbei entstehen neben den üblichen Polyenfettsäuren, wie Linol- und α-Linolensäure, auch »ungewöhnliche« Fettsäuren, die überwiegend begehrte Rohstoffe der Oleochemie sind, aber, wie im Falle der γ-Linolensäure, auch therapeutisch eingesetzt werden können.

Bedingt durch die ständige Verbesserung der Analysentechnik können in der Regel noch zahlreiche Homologe der hier dargestellten Fettsäuren in den verschiedenen Pflanzenölen nachgewiesen werden (SEHER & GUNDLACH).

(Darstellung 3)

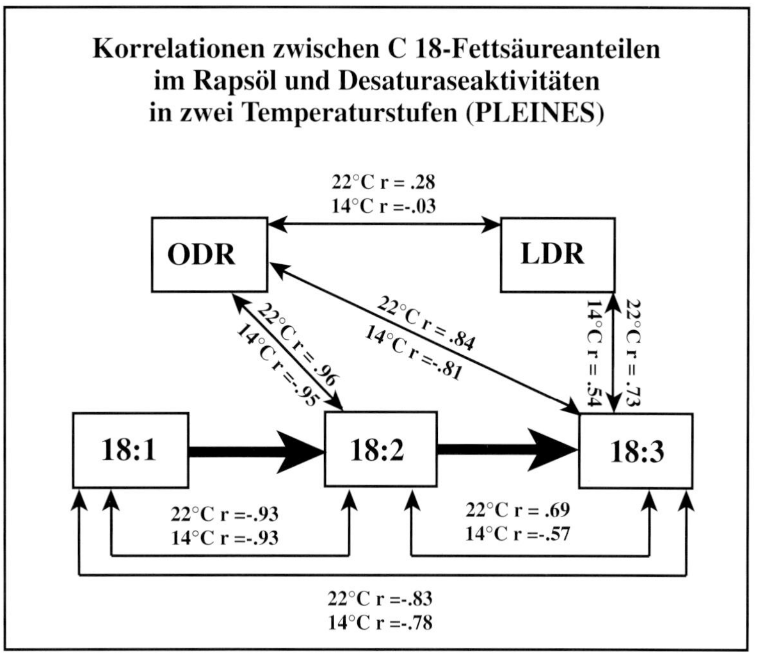

Pflanzen-Öle und -Fette

Nutzung pflanzlicher Öle und Fette

Die Eigenschaften und letztlich auch die Verwertungsmöglichkeiten der Öle und Fette resultieren primär aus den Anteilen der in den Triacylglycerolen veresterten Fettsäuren.
Daraus ergibt sich die Unterscheidung in
a) **Nahrungsfette und**
b) **Fette für technische Zwecke und als Rohstoffe für die Oleochemie.**
Während die erste Gruppe grundsätzlich auch einer technischen Verwendung zugeführt werden kann, ist bei der zweiten Gruppe eine alternative Nutzung in der Regel nicht möglich, da die darin enthaltenen Fettsäuren unphysiologisch oder gar toxisch sind.
Hinsichtlich ihrer ernährungsphysiologischen Bewertung kann man die Fettsäuren in vier Kategorien einteilen.

1. **Essentielle Fettsäuren** sind mehrfach ungesättigt und können im menschlichen Organismus nicht synthetisiert werden, so daß sie über die Nahrung zugeführt werden müssen. Hier sind auch die therapeutisch wirksamen Fettsäuren, wie beispielsweise γ-Linolensäure, einzureihen. Diese kann zwar in einem normal funktionierenden Organismus aus Linolsäure synthetisiert werden, bei Störungen des Lipidstoffwechsels kann ihre Verabreichung indes angezeigt sein (HASSAM).
2. **Fettsäuren als unspezifische Energieträger** sind gesättigt oder einfach ungesättigt mit maximal 18 C-Atomen im Molekül.
3. **Ernährungsphysiologisch wertlose oder bedenkliche Fettsäuren** sind gesättigt oder einfach ungesättigt und enthalten mehr als 18 C-Atome.
4. **Toxisch wirkende Fettsäuren**, z. B. Oxi-, Hydroxi- und Epoxifettsäuren, sind genußuntauglich, sie sind aber als Rohstoffe für die Oleochemie teilweise von großer Bedeutung.

In der **physiologischen Bewertung von Nahrungsfetten**, nach der ein wertvolles Speiseöl ca. 2 bis 10 % gesättigte Fettsäu-

(Darstellung 4)

Modifikationen der Ölsäure im Cytosol

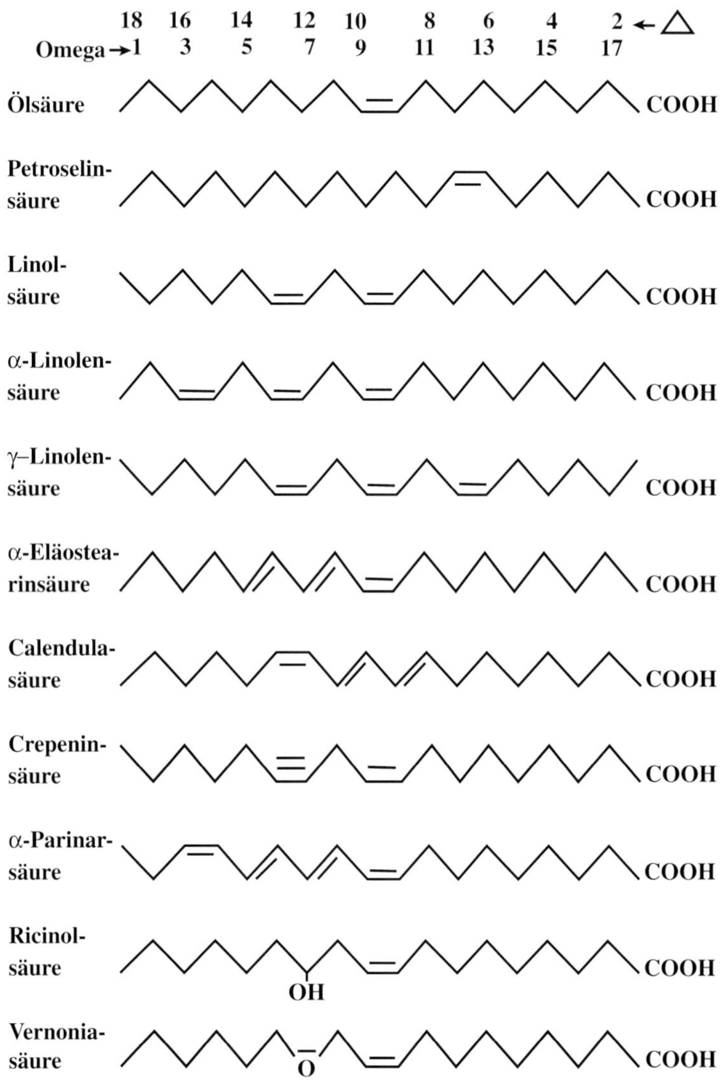

ren, 40 bis 80 % Linolsäure und die Differenz zu 100 als Ölsäure enthalten soll (THIES), hat sich nichts Grundlegendes verändert.
Lediglich der essentielle Charakter der α-Linolensäure, der zeitweilig umstritten war, ist wieder stärker in den Vordergrund getreten, nachdem man erkannt hat, daß sogenannte ω-3-Fettsäuren, zu denen auch die α-Linolensäure gehört, die Vorstufen der Prostaglandine der 3er-Serie sind – eine Funktion, die von der Linolsäure als ω-6-Fettsäure nicht übernommen werden kann (CRAWFORD).
Auch die Bedeutung der γ-Linolensäure als Intermediärsubstrat bei der Biosynthese der Prostaglandine der 1er- und 2er-Serie wurde nachgewiesen. Durch diese Erkenntnis eröffnet sich die Möglichkeit, durch Verabreichung dieser Fettsäure therapeutisch in Störungen des menschlichen Fettstoffwechsels einzugreifen (HASSAM).
Die **Bedeutung der Fette für die menschliche Ernährung** ist in einer Edition von PADLEY und PODMORE anhand umfassender Fachbeiträge sowie von VLES und GOTTENBOS dargestellt, so daß hier nicht weiter darauf eingegangen werden soll.
Die **Einsatzmöglichkeiten pflanzlicher Öle und Fette im Nonfood-Bereich** sind indes ein äußerst aktuelles Thema und Gegenstand zahlreicher Forschungsaktivitäten (PRYDE und ROTHFUS; EIERDANZ und HIRSINGER).
Die derzeitige Situation auf dem Rohstoffsektor der oleochemischen Industrie ist so zu charakterisieren, daß alle preiswert am Markt angebotenen tierischen und pflanzlichen Öle und Fette verarbeitet werden, auch wenn sie den Anforderungen nicht in dem gewünschten Maße entsprechen. Insbesondere sind dies Talg sowie Cocos- und Sojaöl, für die Technologien zur Reinigung, Trennung und Anreicherung der darin enthaltenen Fettsäuren entwickelt wurden.
Seit es der Pflanzenzüchtung bei verschiedenen Ölpflanzen jedoch gelungen ist, das Fettsäuremuster in gravierender Weise zu verändern – Beispiele dafür sind erucasäurefreier Raps, Ölsäuretypen bei Sonnen-

(Darstellung 5)

Industrielle Transformationen von Pflanzenölen und deren Einsatzbereiche (nach SCHLIEPHAGE, modifiziert)

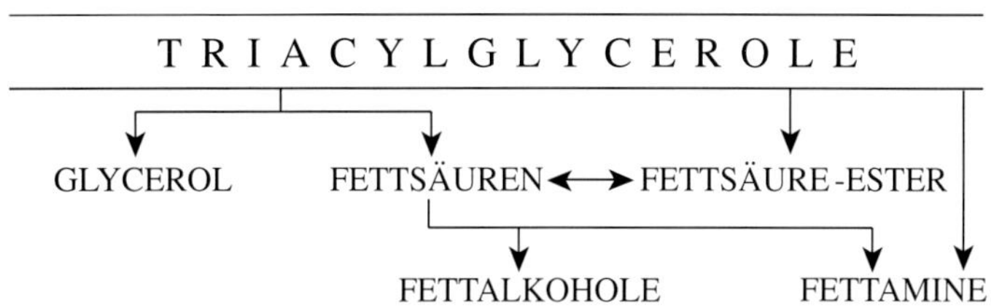

	Umsetzungen	**Einsatzbereiche**
Fettsäuren	Isomerisierung	Konjuenfettsäuren
	Trennung, Umnetzverfahren	Ölsäure/Linolsäure
	Sulfonierung	spez. Seifen, Tenside
	Sulfoxidation	Tenside
	Epoxidation	Folgeprodukte
	Silylierung	Schauminhibitoren
	Hydroformylierung	Hydroxyfettsäuren
	Ozonisierung	Mono- und Dicarbonsäuren
Ester	Umesterung	Ester für Technik und Kosmetik
	Sulfonierung	Estersulfonate
	Epoxidation	Folgeprodukte
	Chlorierung/Sulfochlorierung	Neu Sulfonate, Lederfettungsmittel
	Metathese	Variation der Kettenlänge
	Amidierung	Amphotenside und QAV
	Langkettige Fettalkohole	Wachse
	Polyester	Esteröle
	Fettsäureglykolester	Verdickungsmittel, Emulgatoren
	Spezialester	Gleitmittel
Fettalkohole	Trennung ungesättigter Alkohole	Ocenolfraktionen
	Epoxidierung	Folgeprodukte
	Endgruppenverschluß	Schaumarme, nichtionische Tenside
	Guerbetisierung	Folgeprodukte
	Oxalkylierung	Tenside
	Modifizierte Ethersulfate	Spezialtenside
Fettamine	Sulfethoxylierung	Betaine, Spezialtenside
	Alkylierung	QAV; Betaine
	Silikatmodifizierung	Oleophile Verdicker

Pflanzen-Öle und -Fette

(Darstellung 6)

Aufstellung der häufig vorkommenden Fettsäuren (Systematik, Trivialname, Kurzschreibweise)

1. Gesättigte:		
Octansäure	/ Caprylsäure	C 8:0
Decansäure	/ Caprinsäure	C10:0
Dodecansäure	/ Laurinsäure	C12:0
Tetradecansäure	/ Myristinsäure	C14:0
Hexadecansäure	/ Palmitinsäure	C16:0
Octadecansäure	/ Stearinsäure	C18:0
Eicosansäure	/ Arachinsäure	C20:0
Docosansäure	/ Behensäure	C22:0
Tetracosansäure	/ Lignocerinsäure	C24:0
Hexacosansäure	/ Cerotinsäure	C26:0
2. Einfach ungesättigte (Monoenfettsäuren)		
9-Dodecensäure	/ Lauroleinsäure	C12:1 n-3
9-Tetradecensäure	/ Myristoleinsäure	C14:1 n-5
9-Hexadecensäure	/ Palmitoleinsäure	C16:1 n-7
6-Octadecensäure	/ Petroselinsäure	C18:1 n-12
9- "	/ Ölsäure	C18:1 n-9
9-Eicosensäure	/ Gadoleinsäure	C20:1 n-11
11- "	/ Eicosensäure	C20:1 n-9
11-Docosensäure	/ Cetoleinsäure	C22:1 n-11
13- "	/ Erucasäure	C22:1 n-9
15-Tetracoensäure	/ Nervonsäure	C24:1 n-9
3. Mehrfach ungesättigte (Polyenfettsäuren)		
9,12-Octadecadiensäure	/ Linolsäure	C18:2 n-6,9
9,12,15-Octadecatriensäure	/ α-Linolensäure	C18:3 n-3,6,9
6,9,12 - "	/ γ-Linolensäure	C18:3 n-6,9,12
8,10,12- "	/ Calendulasäure	C18:3 n-6,8,10
9,11,13- "	/ α-Elaeostearins.	C18:3 n-7,9,11
9,11,13,15-Octatetraensäure	/ α-Parinarsäure	C18:4 n-3,5,7,9
4. Hydroxy- und Epoxysäuren		
9-OH-12-Octadecensäure	/ Ricinolsäure	C18:1 n-9, OH-7
9-Epoxy-13,14- "	/ Vernoniasäure	C18:1 n-9, Epoxy-13,14

blumen und Saflor sowie Lein-Genotypen mit stark reduziertem Linolensäuregehalt – werden seitens der Oleochemie auch in verstärktem Umfang sogenannte »maßgeschneiderte Pflanzenöle« als Rohstoffe nachgefragt bzw. Wünsche nach spezifischen Fettsäuremustern von Pflanzenölen an die Züchter herangetragen. Da sich hierbei gleichzeitig eine neue Perspektive für die Landwirtschaft abzeichnet, für den Nonfood-Bereich zu produzieren und damit den Agrarmarkt zu entlasten, werden diese industriellen Anforderungen mit großem Interesse aufgenommen.
Prinzipiell werden von der Oleochemie zwei Gruppen von Fettrohstoffen nachgefragt:

a) **Öle und Fette mit extrem hohen Anteilen einer Fettsäure**, z. B. »High-oleic«-Sonnenblumenöl mit ca. 90 % Ölsäure oder Raps- und Leinöl mit hohen Erucasäure- bzw. Linolensäuregehalten (möglichst über 60 %).
b) **Öle und Fette mit »ungewöhnlichen« Fettsäuren**, die als Grundstoffe für spezifische Synthesen besonders geeignet sind.

Eine weitere Einsatzmöglichkeit von Pflanzenölen im Nonfood-Bereich ist der Schmiermittel- und Treibstoffsektor, für den hinsichtlich der Fettsäurezusammensetzung jedoch bisher keine präzisen Angaben vorliegen – vielleicht auch nicht notwendig sind, wenn nur das energetische Potential des Öls von Bedeutung ist.
Da bei der Energieversorgung zum Ersatz fossiler Energieträger auch andere aussichtsreiche Möglichkeiten bestehen, z. B. Solar- und Wasserstofftechnologie, dürften pflanzliche Öle und Fette im Nonfood-Bereich als Grundstoffe für die Oleochemie die größere Bedeutung erlangen.
Da die Einsatzmöglichkeiten hier so vielgestaltig sind, daß es kaum möglich ist, diesen Bereich umfassend zu beschreiben, werden in der Darstellung 5 lediglich gängige Transformationen pflanzlicher Öle und Fette und die hierbei entstehenden Basisprodukte, die in die verschiedensten Warenbereiche Eingang finden, aufgeführt (ZÖBELEIN).
Da in der Nomenklatur der Fettsäuren oft

Unklarheiten bestehen, sind in Darstellung 6 die häufig vorkommenden Fettsäuren mit ihrer systematischen Bezeichnung, ihrem Trivialnamen sowie in Kurzschreibweise und bei ungesättigten Fettsäuren mit Lage der Doppelbindungen zusammengestellt.

Literatur

CRAWFORD, M. A., 1985: The balance between α-linolenic and linoleic acid. In: PADLEY, PODMORE (eds.): The role of fats in human nutrition. VCH-Verlagsgesellschaft Weinheim, FRG, 62–83.

GREEN, A. G., 1986: A mutant genotype of flax (*Linum usitatissimum* L.) containing very low levels of linolenic acid in its seed oil. Can. J. Plant Sci. 66, 499–503.

EIERDANZ, H. & F. HIRSINGER, 1990: Neue Fettrohstoffe für oleochemische Reaktionen. Fat Sci. Technol. 92, 463–467.

HASSAM, A. G., 1985: The role of evening primrose oil in nutrition and disease. In: The role of fats in human nutrition. Ed. PADLEY and PODMORE, VCH-Verlagsgesellschaft, Weinheim.

NICHTERLEIN, K., R. MARQUARD & W. FRIEDT, 1988: Breeding for modified fatty acid composition by induced mutations in linseed (*Linum usitatissimum* L.). Plant Breeding 101, 190- 199.

OHLROGGE, J. B., D. N. KUHN & P. K. STUMPF, 1979: Subcellular localization of acyl carrier protein in leaf protoplasts of *Spinacia oleracea*. Proc. Natl. Acad. Sci. USA 76, 1194- 1198.

PADLEY, F. B. & J. PODMORE, 1985: The role of fats in human nutrition. VCH-Verlagsgesellschaft, Weinheim.

PLEINES, S., 1988: Untersuchungen über die genotypische Variation des C18-Fettsäuremusters bei Raps (*Brassica napus* L.) und Möglichkeiten ihrer züchterischen Nutzung. Diss. Gießen.

PRYDE, E. H. & J. A. ROTHFUS, 1988: Industrial and nonfood uses of vegetable oils. In: Oil Crops of the world. McGraw Publishing Company.

SEHER, A. & U. GUNDLACH, 1982: Isomere Monoensäuren in Pflanzenölen. Fette, Seifen, Anstrichmittel, 84, 342–349.

STUMPF, P. K., 1989: Biosynthesis of fatty acid in higher plants. In: OilCrops of the world. McGraw Publishing Company.

THIES, W., 1968: Die Biogenese von Linol- und Linolensäure in den Samen höherer Pflanzen, insbesondere Raps und Rübsen, als ein Problem der Ölpflanzenzüchtung. Angew. Bot. 42, 140–154.

VLIES, R. O. & J. J. GOTTENBOS, 1989: Nutritional characteristics and food uses of vegetable oils. In: Oil Crops of the world. McGraw Publishing Company.

ZÖBELEIN, H., 1986: Stand und Perspektiven der Nachwachsenden Rohstoffe. Übersicht anläßlich des Expertenkoloquiums der Bundesregierung am 14./15. 10. 1986 in Bonn.

Kreuzblütler

Kreuzblütler
(Cruciferae)

Zur Familie der Kreuzblütler (*Cruciferae*) gehören etwa 170 Gattungen mit ungefähr 2.000 Arten. Einige davon sind in Europa anbauwürdige Ölpflanzen. Sie haben innerhalb der Familie und auch innerhalb der Gattungen und Arten eine große Formenmannigfaltigkeit für die verschiedensten Merkmale, so daß sie Anpassungsfähigkeit für die unterschiedlichsten Anbaubedingungen und Nutzungsrichtungen besitzen. Kruziferen stammen meist aus dem Mittelmeerraum, Vorderasien oder Ostasien. Sie sind heute weit verbreitet und werden vom hohen Norden bis in die subtropischen und tropischen Zonen als Kulturpflanzen angebaut. Ihre Nutzung reicht von der Ölgewinnung über Grünfütterung und Gründüngung bis Gemüse- und Zierpflanzen. Die verwandtschaftlichen Beziehungen verschiedener Kruziferen, Gattungen und Arten, zeigt Darstellung 7.

Hieraus ist auch die Kreuzbarkeit zur Herstellung von Gattungs- und Artkreuzungen abzulesen (Näheres bei den einzelnen Arten).

Die wichtigste Gattung ist *Brassica* mit drei diploiden Arten: *B. nigra* (8 Chromosomen), *B. oleracea* (9 Chromosomen) sowie *B. campestris* (10 Chromosomen) und den 3 amphidiploiden, durch Bastardierung daraus entstandenen Arten: *B. carinata* (17 Chromosomen), *B. juncea* (18 Chromosomen) sowie *B. napus* (19 Chromosomen).

Durch die Resynthese der amphidiploiden aus ihren diploiden Ausgangseltern und die Neukombinationen zwischen homeologen und nicht homeologen Genomen kann die Formenmannigfaltigkeit weiter erhöht werden.

Die Familie der Kruziferen und besonders die Gattung *Brassica* wird schon seit einigen tausend Jahren von Menschen in vielfältiger Hinsicht genutzt, und die Insekten schätzten schon lange vor den Menschen die Pollen und nektarliefernden Kreuzblütler. Die weltweite Verbreitung der Kruziferen ist die Folge von vielförmiger Kreuzbarkeit und der sich daraus ergebenden laufenden Neukombinationen von Eigenschaften. So gibt es bei den meisten Kruziferen Sommer- und Winterformen mit allen Übergängen und Unterschieden in der Reaktion auf Einflüsse der Photoperiode und Temperatur. Ebenso stehen knollenbildende Formen und solche, die ihre Reservestoffe in den Samen ablagern, voll kreuzbar nebeneinander. Dies macht die Familie der Kreuzblütler für die Pflanzenzüchter besonders interessant. Hinzu kommt, daß bei einigen Arten männliche Sterilität, die cytoplasmatisch und kerngenisch gesteuert wird, entdeckt wurde (Näheres bei den einzelnen Arten). Dadurch ist Hybridzüchtung mit dem Vorteil der hö-

(Darstellung 7)

Verwandtschaft der Genome von Brassica-Arten und nahestehenden Gattungen (RÖBBELEN)

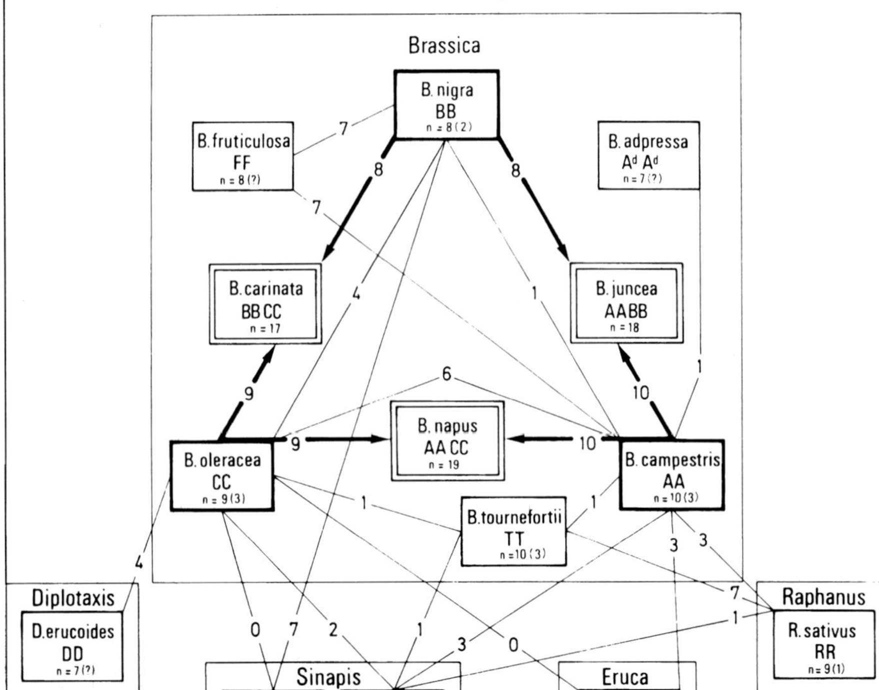

heren Leistung und der Gleichförmigkeit des Erntematerials möglich. Auch lassen sich Kruziferen vielfach leicht durch Stecklinge und durch die Methoden der Zell- und Gewebekulturen vegetativ vermehren. Über Haploide und Dihaploide aus Antherenkulturen können schnell homozygote Linien in großer Zahl erstellt werden. Die Möglichkeiten, züchterische Erfolge zu erzielen, sind bei den Kruziferen noch lange nicht ausgeschöpft.

Darstellung 7: Verwandtschaft der Genome von *Brassica*-Arten und nahestehenden Gattungen (aus RÖBBELEN). Die Zahl in Klammern unter den Artnamen gibt die maximal mögliche Anzahl autosyndetischer Chromosomenpaare an. Die Zahl auf den Verbindungslinien zwischen zwei Genomen kennzeichnet die maximale Allosyndese, d. h. die Anzahl der in den entsprechenden amphihaploiden Bastarden möglichen Bivalente.

Literatur

ANDERSSON, G. & G. OLSSON, 1961: Cruciferen-Ölpflanzen. In: KAPPERT, RUDORF: Handbuch der Pflanzenzüchtung 2. Aufl. Bd. 5, 1- 66. Verlag Paul Parey, Berlin.

BECKER, T., 1950 u. 1952: Siebenjährige blütenbiologische Studien an verschiedenen Kruziferen. I. Z. Pflanzenzüchtung. 29, 222- 240; II. Z. Pflanzenzüchtung. 31, 72–103.

MANSFELD, R., 1962: Vorläufiges Verzeichnis landwirtschaftlich oder gärtnerisch kultivierter Pflanzenarten. Kulturpflanze, Beiheft 2, 77–94.

RÖBBELEN, G., 1960: Beiträge zur Analyse des *Brassica*-Genoms. Chromosoma 11, 205–228.

SCHUSTER, W., 1985: Kruziferen. In: FISCHBECK, PLARRE, SCHUSTER: Lehrbuch der Züchtung landw. Kulturpflanzen, 2. Aufl., Bd. 2, 398–413. Verlag Paul Parey, Berlin.

SHIGA, T., 1980: Make Sterility and Cytoplasmatic Differentation. In: TSUNODA, HINATA, GOMEZ-KAMPO: Brassica Cropsand Wild Allies, Japan Scient. Soc. Press, Tokyo, 205–221.

»Ölfelder« in Mitteleuropa.

Kreuzblütler

Raps
(*Brassica napus* L. ssp. *oleifera* (Metzg.) Sinsk.)

Biologie
Raps wird in Europa als **Sommer**- und **Winterraps** angebaut. Die Sommerform ist bis nach Norwegen als ölliefernde Frucht im Anbau, während sie in Mitteleuropa meist zur Grünfuttergewinnung oder als Gründüngung genutzt wird. Aber auch im Süden Europas, wo keine ausreichend niedrigen Temperaturen herrschen, wie in Italien und Spanien, um den Winterraps zum Schossen und Blühen zu bringen, kann der Sommerraps als Winterfrucht angebaut werden. Winter- oder Sommerform ist vom genetisch festgelegten Kältebedürfnis (Vernalisation) abhängig. Nachkommen von Kreuzungen zwischen Winter- und Sommerform spalten in sehr unterschiedliche Reaktionstypen auf, so daß Formen für die verschiedensten Klimagebiete selektiert werden können. Zwischen dem Vernalisationsbedürfnis und der Winterfestigkeit bestehen gewisse Beziehungen. Winterformen bilden im Herbst keine langgestreckten Triebe, sondern eine Rosette mit tiefliegendem Vegetationspunkt.
Auch wird bei den Wintertypen eine kräftigere **Pfahlwurzel** ausgebildet, die bis zu 120 cm in den Boden eindringen kann. Während der Jugendphase bildet sich ein dichtes Netz von Faserwurzeln. Die intensive Durchwurzelung des Bodens durch Raps und die spätere Zersetzung der feinen Faserwurzeln wirken günstig auf den Boden und damit auf die Nachfrucht.
Die **Beblattung** ist bis zur Blüte dicht. Die Farbe der ausgewachsenen Blätter ist meist dunkelgrün, bereift, schwach behaart, gestielt, ganzrandig bis gezähnt und am Ende gelappt. Die oberen Stengelblätter umfassen zur Hälfte den Stengel und stehen wechselständig.
Der **Stengel** ist kräftig und bis zu 200 cm lang. Kurz vor der Blüte bilden sich **Nebentriebe** 1. und 2. Ordnung. Die Stärke und Form der Verzweigung ist genetisch bedingt, wird jedoch durch Umweltbedingungen, vor allem weiten Standraum, gute Wasser- und Nährstoffversorgung stark modifiziert.
Die **Blüte** einer Pflanze verläuft an den einzelnen Trieben von unten nach oben, wobei der Haupttrieb zuerst und die Nebentriebe in der Reihenfolge ihrer Bildung blühen. Sie dauert je nach Witterungsablauf 8 bis 20 Tage, ein Bestand blüht 3 bis 4 Wochen. Die Einzelblüte öffnet sich morgens zwischen 8 und 9 Uhr, nachdem schon

am Vortag die Kelchblätter auseinandergehen und die gelben Blütenblätter sichtbar werden. Beim Öffnen der Blüte sind die **Staubbeutel** der Narbe zugewandt, sie drehen sich nach außen und entlassen dann den Pollen. Die beiden kürzeren Staubbeutel platzen später auf. Vielfach ist Heterostylie gegeben, d. h., bei einzelnen Pflanzen stehen die Narben höher als die Antheren und bei anderen sind die Antheren höher als der Griffel. Wird die Blüte schon am Aufblühtag befruchtet, schließt sie sich am Abend und welkt ab, sonst öffnet sie sich am nächsten Tag erneut. Am **Blütenboden** befinden sich zwischen Stengel und Staubgefäßen 4 **Nektarien**, die stark duften und Insekten, meist Bienen und Hummeln, anlocken. Der Blütenbau ist für **Fremdbefruchtung** durch Insekten eingerichtet. Es kommt jedoch auch Windbestäubung und, wenn ungünstige Witterung vorherrscht, in erheblichem Umfang Selbstbefruchtung vor. Die meisten Autoren sprechen von 2/3 Selbst- und nur 1/3 Fremdbefruchtung. Dies hängt jedoch auch stark von genetisch bedingter Veranlagung der Linie oder Einzelpflanze ab. S-Allele in großer Zahl sind für Abstufungen der Selbstinkompatibilität (Selbstunverträglichkeit) verantwortlich.

Fortgesetzte Selbstung über mehrere Generationen führt zu deutlichen **Inzuchtdepressionen**. Kreuzungen zwischen Linien mit guter Kombinationseignung bringen in F_1 hohe Mehrleistungen durch **Heterosiseffekte**.

Bei Raps ist seit längerem männliche Sterilität bekannt, die kerngenisch und cytoplasmatisch gesteuert wird.

Die **Frucht** ist eine 5 bis 10 cm lange Schote mit zwei Klappen und einer Mittelwand. In jeder Klappenhälfte werden 5–8-12 Samen ausgebildet. Da die Zahl der Schoten pro Pflanze und die Zahl der Körner je Schote und damit die Kornzahl je Pflanze maßgeblich den Ertrag bestimmen, sind diese Merkmale wichtige Zuchtziele. Die Größe und das Gewicht der **Samen** zeigt keine große Variabilität, es liegt zwischen 4 und 6 g je 1.000 Körner. Die Oberfläche der Samen ist fein genetzt, die Farbe blauschwarz bis braun-schwarz, selten dunkelbraun. Der Anteil der Schale beträgt 12 bis 16 %. Hiervon sind 30 bis 40 % Lignin. In neuerer Zeit werden gelbsamige Rapssorten gezüchtet, da diese eine dünnere Samenschale und damit einen höheren Futterwert der Rückstände aus der Ölfabrikation haben.

Der **Ölgehalt** des Rapses liegt zwischen 40 und 50 %, wobei deutliche genetische Unterschiede, aber auch ebenso starke Umwelteinflüsse auftreten. Mit dem Fettgehalt der Samen ist der Eiweißanteil eng negativ korreliert. Auch wirkt die Temperatur während der Abreife unterschiedlich auf Fett- und Eiweißgehalt (CANVIN):

°C	10	16	21	26,5
Ölgehalt %	51,8	45,4	43,8	32,2
Eiweißgehalt %	16,4	21,6	23,0	27,3

Das, wie zu sehen, reichlich in den Samen vorhandene und im Rapskuchen und -schrot verbleibende Eiweiß ist hochwertig; es ent-

(Darstellung 8)

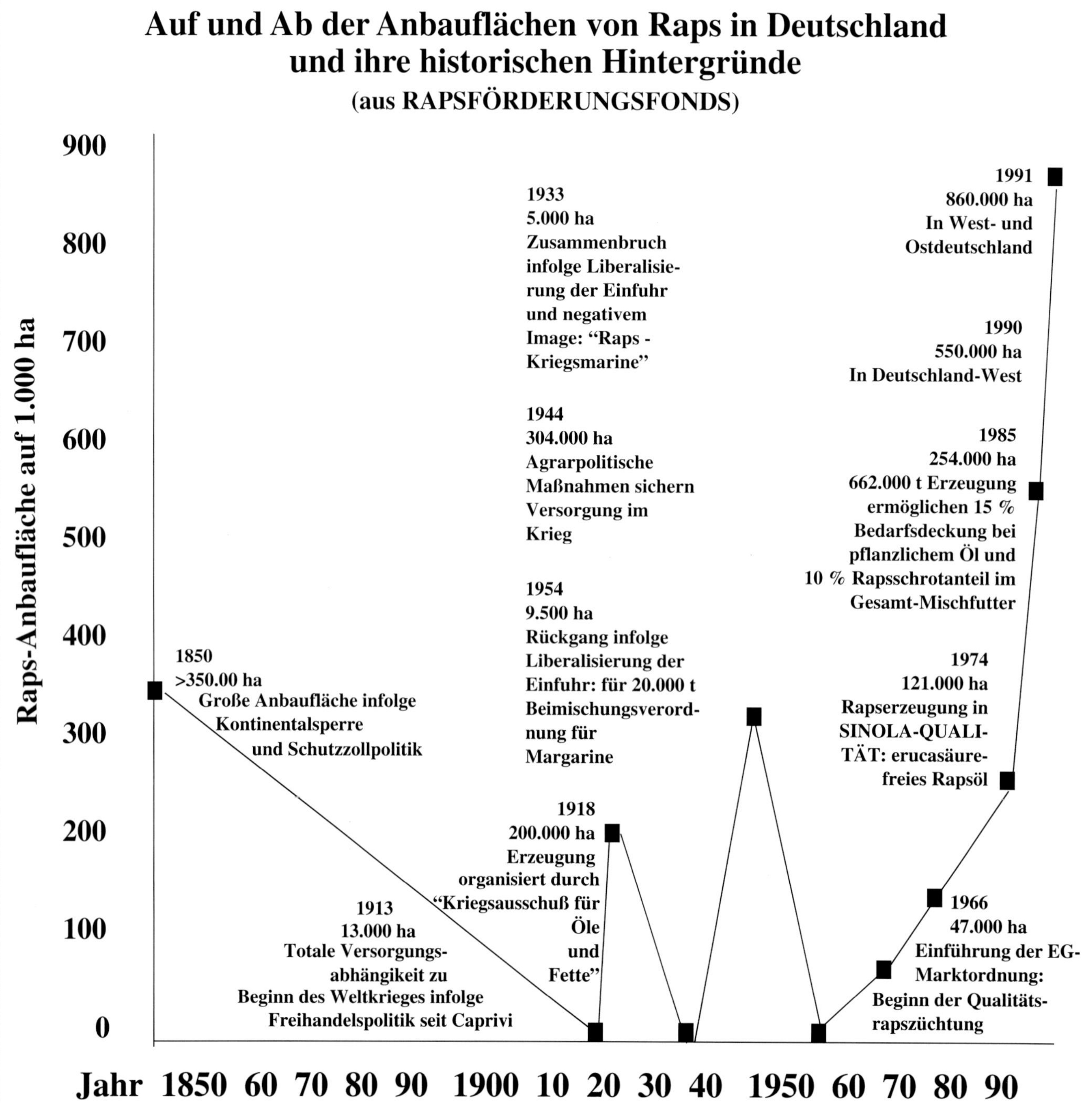

spricht in seiner Aminosäurezusammensetzung und damit im Futterwert dem Sojabohnen-Eiweiß.

Das **Rapsöl** (»Rüböl«) zeichnete sich, wie auch andere Kruziferen-Öle, ursprünglich durch einen hohen Anteil an Erucasäure (C 20:1) aus (s. Tab. 1). Die langkettigen Fettsäuren bewirken eine gute Schmierfähigkeit und eignen sich dadurch als Maschinenöl. Vor einigen Jahren wurde gefunden, daß Erucasäure und Eicosensäure negative Auswirkungen auf Herzmuskulatur und -gefäße haben. Deshalb bezeichnen die Ernährungsphysiologen die Eruca- uund Eicosensäure als gesundheitsschädlich und unerwünscht in der menschlichen und tierischen Ernährung. Es gelang 1964 in Kanada (STEFENSSON & HOUGEN, DOWNEY), Mutanten in einer deutschen Sommerrapssorte zu finden, die keine (0 bis 2 %) Erucasäure und dafür mehr Ölsäure ausbildet (siehe Tab. 1).

Inzwischen konnte durch Selektionen in unterschiedlichen Populationen (LÖÖF) und durch künstliche Mutationsauslösung (RÖBBELEN & RAKOW) eine große Variabilität der verschiednen Fettsäuren festgestellt werden:

Fettsäuren	C 16:0	C 18:0	C 18:1	C 18:2	C 18:3	C 20:1	C 22:1
alter Sortentyp:	3	1	17	14	9	10	50
neue erucas.freie Sorten:	4	2	62	22	10	1	0

Variabilität der Fettsäuremuster im Zuchtmaterial von Svalöf (LÖÖF):

		Min. – Max.
Palmitinsäure	(C 16:0)	2 – 10
Ölsäure	(C 18:1)	7 – 70
Linolsäure	(C 18:2)	10 – 40
Eicosensäure	(C 20:1)	0 – 20
Erucasäure	(C 22:1)	0 – 60

Dies eröffnete der Züchtung auf weitere Qualitätsverbesserungen des Rapsöles für die verschiedensten Nutzungsrichtungen noch gute Perspektiven.

Der Einsatz des bei der Extraktion anfallenden **Rapsschrotes** in der Tierfütterung wird durch einen relativ hohen Gehalt an Senfölglycosiden (=Glucosinolaten) eingeschränkt, deren Spaltprodukte toxisch wirken bzw. das Wachstum und die Leistungsfähigkeit von Geflügel und monogastrischen Tieren herabsetzen können. Auch hier ist es der Züchtung, nach dem verstärkten Anfall von Rapsschrot, schnell (1966 bis 1968) in verschiedenen Ländern gelungen, den Glucosinolatgehalt von 120 bis 250 μmol/g entfettetes Mehl auf 20 bis 30 μmol/g herabzusetzen (LEIN). Als glucosinolatfrei gelten zur Zeit in der EG Rapssorten, die weniger als 30 μmol/g Glucosinolat im entfetteten Mehl = 18 μmol/g (im lufttrockenen Samen bei 40 % Öl) enthalten. Im Rapssamen kommen hauptsächlich Gluconapin, Glucobrassi-

canapin und Progoitin vor, die alle drei Leberschäden verursachen. In den Ländern der EG werden fast nur noch Rapssorten zur Korngewinnung mit Doppelqualität, d. h. ohne Erucasäure und mit niedrigem Glucosinolatgehalt, angebaut, sogenannte 00-Sorten.

Geschichte und Verbreitung

Raps ist eine amphidiploide Art, die nachweislich aus den Genomen des Rübsens (*B. campestris* = AA = 10 Chromosomen) und des Kohles (*B. oleracea* = CC = 9 Chromosomen) zusammengesetzt ist (s. Darst. 7). Dementsprechend ist auch keine Wildform zu finden. Im Mittelmeerraum überlappen sich die Mannigfaltigkeitszentren von *B. campestris* und *B. oleracea*. Es wird angenommen, daß *B. napus* mit dem Genom AACC (n = 18 Chromosomen) durch spontane Bastardierungen entstanden ist. Ob sich zunächst Wildpflanzen entwickelt haben, ist nicht geklärt. Wahrscheinlich ist, daß *B. napus* erst vor wenigen hundert Jahren in Europa in Kultur genommen wurde. Um 1360 findet sich »Raepsaet« unter den fetthaltigen Nahrungsmitteln in den Niederlanden. Aus dem Jahr 1421 wird in den Niederlanden bei der »Zehnten«-Abgabe »Raepsade« genannt. Auch ist eine Anleitung zum Anbau von »rapacium semen« von 1570 aus dem Niederrheingebiet überliefert. In den verschiedenen Gebieten entstanden durch menschliche Auslese und die Mitwirkung des jeweiligen Klimas Landsorten (Herkünfte), mit denen etwa vor 100 Jahren eine Züchtung durch systematische Auslese und bald auch Kreuzungen begann. In Mitteleuropa unterlag der Raps einer sehr wechselnden Wertschätzung und damit auch einem starken Wechsel im Anbau (siehe Darst. 8).

Der seit 1954 anhaltende Anstieg in Deutschland, in Europa und in der Welt (s. Tab. 2, 3 u. Darst. 9) wurde nicht zuletzt durch die Verbesserung der Qualität des Öles und des Schrotes sowie der Züchtungserfolge in der Ertragsleistung verursacht.

Für die nahe Zukunft sollten weitere Züchtungsfortschritte angestrebt werden, wenn der Anbau gehalten werden oder sogar noch weiter wachsen soll. An wichtigen **Zuchtzielen** sind zu nennen:

Der **Kornertrag**, der vor allem durch die Zahl der Schoten je Fläche, aber auch durch die Verzweigung je Pflanze und die Kornzahl je Pflanze bestimmt wird.

Der **Ölertrag**, der sich aus Flächenertrag und Ölgehalt der Samen ergibt, wird stärker durch den Kornertrag als duch den Fettgehalt beeinflußt.

Zu einer hohen **Ertragssicherheit** (Umweltstabilität) gehören eine gute Winterfestigkeit, Spätsaatverträglichkeit, Standfestigkeit und Resistenz gegen tierische und pilzliche Schaderreger.

Eine **Qualitätsverbesserung** der Sameninhaltsstoffe kann den Marktwert des Rapses weiter verbessern: durch Erhöhung der **Summe von Fett und Eiweiß** auf 72 bis 74 % in der Trockenmasse; durch eine Senkung des **Rohfasergehaltes** auf 6 bis 8 %; durch eine weitere Senkung des **Glucosinolatgehaltes** unter 30 µmol/g entfettetes Mehl. Infolge der starken Variabilität in der

(Darstellung 9)

Raps-Anbau auf 1.000 ha in Europa

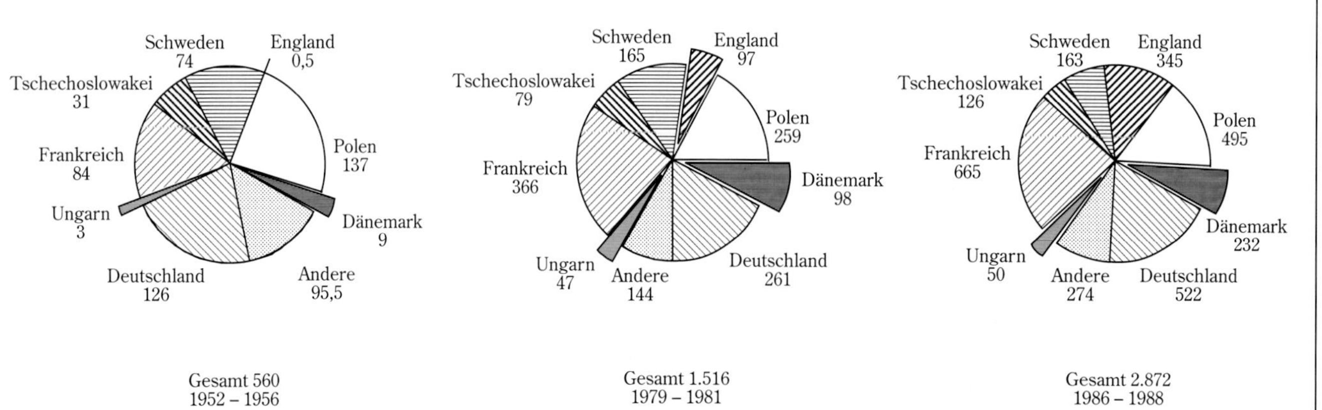

Fettsäurezusammensetzung können Rapssorten für spezielle Nahrungsmittel oder technische Zwecke mit den unterschiedlichen Öltypen entwickelt werden.
Weitere Zuchtziele der Samen-Qualität, z. B. Beseitigung von unerwünschten Inhaltsstoffen, wie Tannine, Phytin und Sinapin, werden in Zukunft hinzukommen.
Als Zuchtmethoden, die diese hochgesteckten Ziele erreichen lassen, werden die Zell- und Gewebekultur, Gentechnologien in Verbindung mit der Hybridzüchtung mit Hilfe eines stabilen CMS-Systems verstärkt zur Anwendung kommen.

Nutzung
Das erzeugte Rapsöl in der EG geht z. Zt. mit 1.616.000 t in den Ernährungssektor und mit 64.000 t in die technische und pharmazeutische Industrie. Der Margarine-Herstellung dienen 42 %, als Speiseöl 27 %, die sonstige Ernährungsindustrie verarbeitet 27 % und zur technischen Verwendung kommen 4 %. Der größte Teil des Rapsöles verbleibt in den Erzeugerländern. Aus den EG-Ländern wurden jedoch in letzter Zeit jährlich etwa 860.000 t exportiert.
Neben den Sorten mit Doppel-Null-Qualität werden noch in einigen Gebieten Europas, meist in den sogenannten Drittländern, **erucasäurereiche Sorten** für technische Zwecke angebaut.
Eine nicht unerhebliche Bedeutung hat in Mitteleuropa Winter- und Sommerraps in der Nutzung als **Stoppelfrucht**, nach Getreide, Anfang August gesät. Diese Anbaurichtung dient der Grünfuttergewinnung zur direkten Fütterung, zur Silageherstellung oder als Weide; in viehlosen Betrieben wird Stoppelfruchtraps als Gründüngung untergepflügt. Hierzu werden ebenfalls in steigendem Maße Sorten mit 00-Qualität in Samen und in der grünen Pflanze ausgesät. Der Glucosinolatgehalt ist zwar in Blättern und Stengeln wesentlich niedriger als in den Samen, jedoch wird glucosinolatarmer Grünraps oft besser gefressen. Hinzu kommt, daß nach der Aussaat im Boden verbleibende Samen noch nach mehreren Jahren Aufwuchs bringen und hierdurch erucasäure- und glucosinolathaltige Formen die Qualitätserzeugung des Körnerrapsanbaues empfindlich stören können.

Bildlegenden (von links)
1 Winterraps ist auch im Mittelgebirge erfolgreich.
2 Am Feldrand.
3 Dicht besetzte Blütentraube.
4 Hier überragen die 4 langen Antheren die Narbe.
5 Die Zahl der Schoten bestimmt maßgeblich den Kornertrag des Rapses.
6 Der Rapssamen ist vorwiegend bläulich-schwarz gefärbt.
7 Die Samenoberfläche ist mittelgrob genetzt.

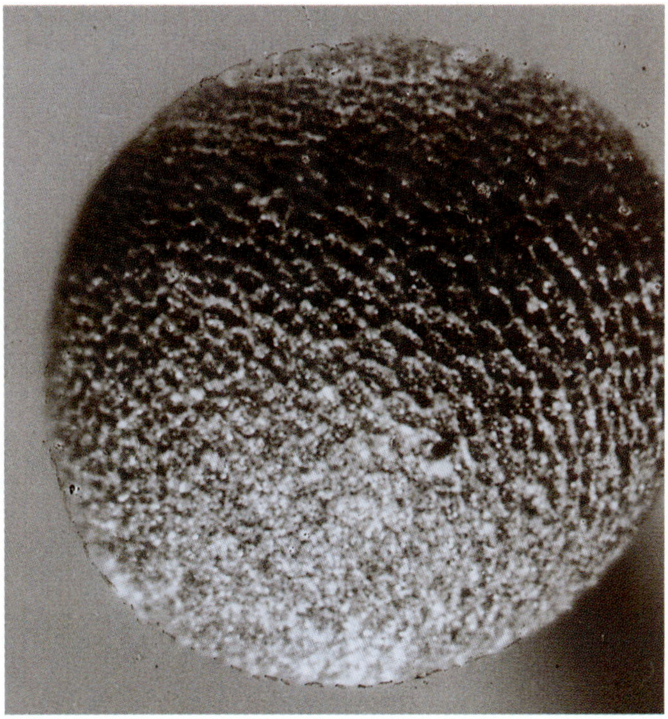

Kreuzblütler

Rübsen
(*Brassica rapa* L. (= *B. campestris* L.) ssp. *oleifera* (Metzg.) Sinsk)

Biologie
Rübsen mit n = 10 Chromosomen ist, wie aus Darstellung 7 ersichtlich, eine der Komponenten des amphidiploiden Rapses. Dem entsprechend ist sein morphologisches Aussehen ähnlich (ANDERSSON & OLSSON):

Pflanzenteil und Eigenschaft	Raps	Rübsen
Wurzel	Gleichmäßig dick, sich langsam verschmälernd, deutliches Hypokotyl.	Oben dick, sich konisch verschmälernd. An den überwinternden Pflanzen tritt das Hypokotyl nicht hervor.
Stengel	Kräftig, dick	Im allgemeinen schwächer, dünner
Blattfarbe	Dunkelgrün, bläulich, bereift	Grasgrün, schwach bläulich, bereift
Blattbehaarung	Unbedeutend behaart oder ganz kahl	Gewöhnlich stark behaart
Obere Stengelblätter	Nur etwa zur Hälfte den Stengel umfassend	Völlig den Stengel umfassend
Blütenstellung	Verlängerte Traube, Knospen stehen im allgemeinen deutlich über den geöffneten Blüten	Am blühenden Ende verkürzt, dicht doldentraubig, offene Blüten stehen höher als die Knospe
Blütengröße	Mittelgroß	Kleiner
Kelchblätter	Aufrecht abstehend	Stärker abstehend
Staubblätter	Die kürzeren Staubblätter relativ lang und mehr aufrechtstehend, an der Spitze vor der Reife oft mit einem roten Punkt	Die kürzeren Staubblätter kürzer und mehr abstehend ohne oder nur mit schwachem rotem Punkt
Schoten	Länger, kräftiger, mit relativ kurzem Schnabel	Kürzer, schmäler, mit längerem Schnabel
Samen 1000-Korn-Gewicht Winterform Sommerform	 4,0 – 6,5 g 2,5 – 4,5 g	 2,0 – 4,0 g 2,0 – 3,5 g
Farbe	Gewöhnlich schwarz-dunkelbraun, durch Züchtung gelb	Gewöhnlich braun-rotbraun, in verschiedenen Nuancen, auch gelb
Netzadrigkeit	Fein punktiert oder schwach netzadrig	Deutliche Netzaderung
Ölgehalt	Im allgemeinen hoch (42 – 46 %)	Im allgemeinen etwas niedriger
Glucosinulatgehalt	120 – 140 µmol/g entfett. Mehl; neue Sorten < 18 µmol/g.	80 – 100 µmol/g entfett. Mehl; neue Sorten < 18 µmol/g.
Chromosomenzahl	2 n = 38	2 n = 20

Auch beim Rübsen sind, wie beim Raps, Winterformen (f. *autumnalis*) und Sommertypen (f. *praecox*) zu finden, die als Ölfrüchte und Grünfutterpflanzen angebaut werden. Ebenso kann eine rübenbildende Form (ssp. *rapa*) als Futter (Stoppelfrucht) und als Wurzelgemüse genutzt werden.

Die asiatischen *B. campestris*-Formen werden unterteilt in: ssp. *chinensis*: Chinakohl, Nutzung als Salat oder Gemüse; ssp. *pekinensis*: Petsai, Salat und Gemüse; ssp. *marinosa*: Salat und Gemüse; ssp. *nipposinica*: Salat und Gemüse; ssp. *dichotoma*: Toria, Ölpflanze; ssp. *trilocularis*: gelbsamiger Sarson, Ölpflanze.

Diese Formen können auch für Europa interessant und als Kreuzungseltern in der Züchtung wertvoll sein.

Rübsen haben, wie schon betont, einen einfachen Chromosomensatz (n = 10) und sind deshalb gut geeignet für eine künstliche Polyploidisierung mit Hilfe von Cholchizin (Gift der Herbstzeitlose). Die **autopolyploiden Formen** haben größere Zellen und damit einen stärkeren Wuchs und sind deshalb gut vegetativ als Grünfutter und Gemüse zu nutzen (China-Kohl).

Die **Blütenbiologie** des Rübsens ist die gleiche wie beim Raps geschildert. Rübsen sind jedoch in wesentlich stärkerem Ausmaß als Raps fremdbefruchtend. Dies hat Konsequenzen für die Züchtung. Es gibt jedoch auch hier große Unterschiede zwischen Linien und einzelnen Pflanzen.

Auch läßt sich Rübsen besser als Raps mit den verschiedensten *Brassica*-Arten und auch mit anderen Gattungen aus der Familie der Kruziferen kreuzen. Diese Art- und Gattungskreuzungen können vielfältiges Material in der Futterpflanzenzüchtung liefern.

Geschichte
Als Ausgangselter der angebauten Rübsenformen wird *Brassica campestris*, der wilde

Rübsen angesehen, der als weitverbreitetes Unkraut in Asien und in Europa schon in alten Kulturen nachgewiesen wurde. Die ältesten mitteleuropäischen Samen wurden in steinzeitlichen Moor- und Seeuferschichten gefunden. Es gibt jedoch keine Hinweise, daß Rübsen wie Lein kultiviert wurde.

Die Samen scheinen jedoch in neolithischen Siedlungen (3000 bis 2100 v. Chr.) als ölhaltige Sammelfrüchte genutzt worden zu sein. Aus dem nördlichen Europa liegen Funde von Rübsensamen aus der Bronzezeit in großer Zahl vor, jedoch immer vermischt mit anderen Kulturpflanzensamen.

Es gibt wahrscheinlich zwei Entstehungszentren für *B. campestris*: ein asiatisches im östlichen Afghanistan und in Pakistan sowie eines für die europäischen Kulturformen im Mittelmeerraum.

Die ersten schriftlichen Angaben liegen aus Griechenland und Italien vor. Hier werden u. a. Rübenarten, die unseren heutigen Stoppel- oder Wasserrüben entsprechen, also *campestris*-Formen sind, beschrieben. Aus Deutschland liegen Beschreibungen von *Campestris*-Rüben aus dem 16. Jahrhundert vor. Im 14. bis 16. Jahrhundert scheint auch noch das Sammeln von wilden Rübsensamen zur Ölgewinnung üblich gewesen zu sein. Erst im 16. und 17. Jahrhundert wird Rübsen (oder Raps) in mehreren Gegenden Deutschlands, wie Schlesien, Brandenburg, Thüringen, als Winter- oder Sommerölfrucht, die Rüböl liefert, angebaut. Wie schon betont, gibt es keine Trennung von

Kreuzblütler

Rübsen und Raps in den entsprechenden Berichten. Es ist anzunehmen, daß erst spät (Ende des 18., Anfang des 19. Jahrhunderts) der leistungsfähigere, aber anspruchsvollere Raps den genügsameren, robusteren Rübsen im europäischen Anbau, langsam verdrängt hat. Unter ungünstigen Klima- und Anbaubedingungen werden heute noch Rübsen oder die Wasserrübe an Stelle von Raps oder Kohlrüben gebaut.

Nutzung und Bedeutung

Die Hauptanbaugebiete von Rübsen zur Korngewinnung liegen in Kanada und Skandinavien. In Kanada wird infolge der kalten Winter und der sehr kurzen Vegetationszeit im Sommer vorwiegend Sommerrübsen mit 00-Qualität (ohne Erucasäure und mit geringem Glucosinolatgehalt) und die meisten Sorten mit gelbem Samen (Canola-Qualität) angebaut. In Schweden wächst zur Ölgewinnung neben Winterraps im Süden, Winterrübsen im mittleren und nördlichen Landesteil. Unter noch ungünstigeren Bedingungen in Norwegen und Finnland tritt der Sommerrübsen an Stelle des Winterrübsens und des Sommerrapses.

Infolge der geringen Bedeutung des Rübsens zur Ölerzeugung, waren und sind die züchterischen Bemühungen wesentlich geringer als beim Raps. Von Winterrübsen gibt es erste Ansätze von Doppelqualität, während von Sommerrübsen durch die intensiveren Züchtungsarbeiten in Kananda volle Doppelqualität und sogar eine bessere Schrotqualität durch einen geringeren Schalenanteil und Rohfasergehalt der gelbsamigen Sorten gegeben ist. In den übrigen Gebieten Europas wird Rübsen nur als Grünfutter- und Gründüngungspflanze, meist als Stoppelfrucht, der Winterrübsen teilweise als überwinternde Zwischenfrucht für eine frühe Grünfuttergewinnung im Frühjahr genutzt. Durch Kreuzungen zwischen asiatischen Gemüseformen, wie Chinakohl, mit Winterrübsen und Stoppelrüben konnten tetraploide Futterpflanzen (2n = 40 Chromosomen) gezüchtet werden, die eine große Blattmasse für die Tierfütterung hervorbringen.

Eine Intensivierung der Züchtung kann auch beim Rübsen die Bedeutung als Öl- und Grünfutterpflanze wie beim Raps steigern. Hierzu eignen sich die gleichen Zuchtmethoden. Von Chinakohl gibt es in Japan Hybridsorten auf tetraploider Basis mit höchsten Leistungen.

Bildlegenden (von links)

1 Winterrübsen bei Herbst- (links) und Frühjahrsaussaat.
2 Blütenstand mit nektarsaugendem Kohlweißling (*Pieris brassicae*); Blüten stehen höher als die Knospen.
3 Wie beim Raps treten auch beim Rübsen männlich sterile Pflanzen auf (rechts).
4 Die Samenfarbe beim Rübsen variiert von hellgelb bis braunschwarz.

Literatur: Raps und Rübsen

ANDERSSON, G. & G. OLSSON, 1961: Raps, Rübsen. In: KAPPERT, RUDORF: Handbuch der Pflanzenzüchtung, Bd. V, 2. Aufl. 1–57. Verlag Paul Parey, Berlin.

APPELQUIST, L. A. & R. OHLSON, 1972: Rapsseed. Elsevier Publ. Comp., Amsterdam, London, New York.

BROUWER, W. & W. SCHUSTER, 1976: Raps und Rübsen. In: BROUWER: Handbuch des speziellen Pflanzenbaues, Bd. II, 388–495. Verlag Paul Parey, Berlin.

BECKER-DILLINGEN, J., 1928: B. Handelspflanzen I. Ölfrüchte. 1. Raps 2. Rübsen. In: Handbuch des Hackfruchtbaues und Handelspflanzenbaues, 361–383. Verlag Paul Parey, Berlin.

DOWNEY, R. K., 1964: Genetic central of fatty acid biosynthesis in rapeseed. J. Amer. Oil Chem. Soc. 41, 476–478.

DOWNEY, R. K. & G. RÖBBELEN, 1989: Brassica Species. In: RÖBBELEN, DOWNEY, ASHRI: Oil Crops of the World, 339–362. McGraw-Hill Publ. Comp. New York.

HACKBARTH, J., 1944: Raps und Rübsen. In: Ölpflanzen Mitteleuropas, 20–120. Wissenschaftl. Verlagsgesellschaft, Stuttgart.

KAHNT, G., 1981: Gründüngung. DLG-Verlag, Frankfurt/Main.

KÖRBER-GROHNE, U., 1987: Ölfrüchte. In: Nutzpflanzen in Deutschland, Kulturgeschichte und Biologie, 149–170. Verlag Konrad Theiss, Stuttgart.

LEIN, K. A., 1970: Quantitative Bestimmungsmethoden für Samenglucosinolate in *Brassica*-Arten und ihre Anwendung in der Züchtung von glucosinolatarmen Raps. Z. Pflanzenzüchtung. 63, 137–154.

LEIN, K. A., 1972: Genetische und physiologische Untersuchungen zur Bildung von Glucosinulaten im Rapssamen. Z. Pflanzenphysiol. 67, 333–342.

LÖÖF, B., 1970: New development in rapeseed breeding in Sweden. Proc. Int. Rapeseed Conf. Quebec, 491–515.

MARQUARD, R., 1985: The influence of temperature and photoperiod on fat content, fatty acid composition and tocopherols of rapeseed (*B. napus*) and mustard species (*Sinapis alba, B. juncea* and. *B.nigra*) Agrochimica. XXIX, 146–153.

OLSSON, G., 1954: Crosses within the *campestris* group of the genus *brassica*. Hereditas, Lund, 40, 398–418.

RFF, 1986: Raps auf neuen Wegen. Raps-Förderungs-Fonds, Bonn.

RENIUS, W., 1961: Der Zwischenfruchtbau. DLG-Verlag, Frankfurt.

RÖBBELEN, G., 1976: Züchtung und Erzeugung von Qualitätsraps in Europa. Fette, Seifen, Anstrichmittel 78, 10–17.

RÖBBELEN, G., 1985: In: FISCHBECK, PLARRE & SCHUSTER: Lehrbuch der Züchtung landw. Kulturpflanzen. 2. Auflage, Bd. 2, 289–303.

RÖBBELEN, G. & G. RAKOW, 1970: Selection for fatty acids in rapeseed. Proc. Int. Rapeseed Conf. Quebec, 476–490.

SCHRÖDER-LEMBKE, G., 1976: Die Entwicklung des Raps- und Rübsenanbaues in der deutschen Landwirtschaft. Z. Agrargesch., Agrarsoziol., 24, 145–160.

SCHUSTER, W., 1982: Über die Nutzung von Heterosiseffekten durch synthetische Sorten von *Brassica napus* und *Sinapis alba*. Vortr. Pflanzenzüchtung 1, 137–156.

SCHUSTER, W. & J. MICHAEL, 1976: Untersuchungen über Inzuchtdepressionen und Heterosiseffekte bei Raps *(Brassica napus oleifera)*. Z. Pflanzenzüchtung 77, 56–66.

SIMS, R. P. A., 1963: Changes in the fatty acid composition of the seeds of the oilbearing species during increasing seed maturity. Canad. J. Plant Sci. 44, 217–218.

STEFENSSON, B. R. & F. W. HOUGEN, 1964: Selection of rape plants *(B. napus)* with seed oil practically free from erucic acid. Canad. J. Plant Sci. 44, 359–364.

THOMPSON, K. F., 1983: Breeding winter oil seed rape, *Brassica napus*. Advanc. appl. Biol., VII, 1–104.

Kreuzblütler

Brauner Senf, Sareptasenf
(*Brassica juncea* (L.) Czem. et Cosson)

Biologie

Sareptasenf ist, wie der Raps, eine amphidiploide Art mit n = 18 Chromosomen, die aus dem Rübsen-Genom mit n = 10 Chromosomen und den 8 Chromosomen des Schwarzen Senfes zusammengesetzt sind (vgl. Darst. 7). Viele Kreuzungen zwischen *Brassica campestris* und *Brassica nigra*, besonders aus Schweden, bestätigen die Richtigkeit der Abstammung. So steht *Brassica juncea* morphologisch und physiologisch diesen beiden Arten nahe, hat jedoch ein unverwechselbares eigenes Erscheinungsbild.
Die **Wurzel**, eine mittelstarke Pfahlwurzel, hat zahlreiche Nebenwurzeln. Der **Stengel** ist mittelfein und wird 100 bis 150 cm hoch. Späte Typen können bis 200 cm **Wuchshöhe** erreichen. Die **Verzweigung** ist weniger stark ausgeprägt als bei Raps und Rübsen. Die unteren **Blätter** sind, ähnlich wie bei Rübsen, stark gelappt und teilweise gezähnt, die oberen Blätter dagegen lanzettlich, spitz zulaufend und meist schwach behaart. Die **Blütenstände** und die einzelnen Blüten sind etwas kleiner als beim Raps, die Knospen überragen etwas die offenen Blüten.
Die **Blütenbiologie** entspricht der von Raps. Auch ist der Fremdbefruchtungsanteil geringer als beim Rübsen. **Selbstbefruchtung** und **gelenkte Handkreuzungen** können in gleicher Weise wie bei den anderen *Brassica*- Arten durchgeführt werden: Kastration 1 bis 2 Tage vor Aufblüte, sofortige Bestäubung der Narben, Isolierung der kastrierten und bestäubten Knospentraube (4–6-10 Knospen); Knospenbestäubung ist vorteilhaft. Kreuzungen mit Raps, Rübsen und *B. nigra* sind möglich, gelingen jedoch mit sehr verschiedenem Ansatz. Die **Schoten** sind kürzer als bei Raps und stehen im spitzen Winkel (< 45°) am Stengel. Die **Samen** sind kleiner als bei Raps und Rübsen; das **Tausendkorngewicht** beträgt 1,7 bis 2,8 g. Die Samenfarbe variiert von braun-schwarz, braun in allen Abstufungen bis gold-gelb.
Die Variabilität der Merkmale ist groß, vor allem wenn die asiatischen Gemüseformen berücksichtigt werden. Besonders groß sind die Unterschiede in der Vegetationslänge und der Ausbildung von vegetativer Masse, die durch unterschiedliche Reaktionen auf klimatische Einflüsse (Photoperiode und Temperatur) hervorgerufen werden.
Der **Fettgehalt** der Samen ist mit 30 bis 40 % etwas niedriger als beim Rübsen, und

das Fettsäuremuster weist einen geringeren Erucasäure- und einen höheren Linolsäureanteil als Rübsenöl des alten Types auf (s. Tab. 1).

Geschichte und Verbreitung
Der Amphidiploid *Brassica juncea* ist nach den meisten Autoren schon frühzeitig im asiatischen Raum durch spontane Kreuzungen zwischen dort beheimateten *Brassica-campestris*-Typen und Wildformen von *B. nigra* entstanden. Von dort aus hat sich die Pflanze unter verschiedenen Klimaverhältnissen durch Bildung von unterschiedlichen Nutzungsformen von Indien nach Ägypten und von Zentralasien nach dem südöstlichen Teil Russlands bis nach Europa ausgebreitet. 1753 beschreibt LINNAEUS die Pflanze als *Sinapis juncea*.
Im Weltanbau ist heute *Brassica juncea* eine wirtschaftlich wichtige Pflanze. In allen asiatischen Ländern ist sie eine der meist angebauten Gemüsepflanzen und in Indien dazu eine der Hauptölpflanzen. Der Senfölgehalt (Sinigrin) macht Sareptasenf-Samen zu einem geschätzten Bestandteil für die Mostrich-Fabrikation in der ganzen Welt. Er wird nach Amerika und Europa exportiert als »Braunsenf« mit brauner Samenfarbe und als »Oriental« mit gelber Samenschale. Die Glucosinolate in *B. juncea*-Samen liefern bei der Spaltung mehr flüchtige Senföle, die einen schärferen Geschmack des Mostrichs hervorrufen, als die von *Sinapis alba*, dem Gelbsenf. Im Glucosinolatgehalt lassen sich zwei Rassen nachweisen:

1. Eine fernöstliche Rasse, die eine schleimbildende Epidermis hat und bei der enzymatischen Spaltung mehr Allylisothiocyanat liefert.
2. Eine indische Rasse, die eine feste Epidermis hat und mehr 3-Butenylisothiocyanat bildet.

Damit steht die indische Rasse *B. campestris* näher, und die fernöstliche ähnelt mehr *B. nigra*.
Auch am **Fettsäuremuster** lassen sich zwei Rassen unterscheiden: Es werden Typen mit 20 bis 24 % Erucasäure und solche mit 40 bis 46 % unterschieden. Auch wurden Linien bis zu 69 % C 22:1 und auf der anderen Seite solche < 2 % gefunden.

Nutzung und Verwertung
Der **Rohproteinanteil** der Samen ist mit 24 bis 28 % in der Trockenmasse beachtlich. Für die Tierernährung läßt sich dieser jedoch infolge des hohen Glucosinolatgehaltes der Rückstände aus der Ölgewinnung nur sehr beschränkt nutzen. Die Preß- und Extraktionsrückstände werden meist als Düngemittel verwendet.
Der hohe Senfölgehalt und der beachtliche Ölgehalt, verbunden mit einer mittleren Ertragsleistung bei einer kurzen Vegetationszeit, machen Sareptasenf zu einer interessant erscheinenden Öl- und Gewürzpflanze, besonders in wärmeren Gebieten. So findet sich ein beachtlicher Anbau in Süd-Rußland und in Kanada. Auch in Frankreich, Schweden und Deutschland wurde mit dieser Pflanze gezüchtet und Anbauversuche durchgeführt. Zu einem praktischen Anbau ist es jedoch in Mitteleuropa bisher nicht gekommen, lediglich zum beschränkten An-

Kreuzblütler

bau als schnellwachsende Gründüngungspflanze. Zwei in Deutschland selektierte Sorten stehen in der Liste des Sortenamtes. Durch die Entdeckung von Mutanten mit praktisch 0 Erucasäure und solchen mit > 60 % C 22:1 sowie Formen mit hohen und niedrigen Glucosinolatgehalten ist Sareptasenf in Europa als nachwachsender Rohstoff ins Gespräch gekommen. Zum Beispiel könnte eine Sommerölpflanze mit hohem Erucasäureanteil auch in Gebieten mit Qualitätsrapserzeugung angebaut werden, da ein eventueller Aufwuchs auswintert und keine Gefahr für den Qualitätswinterraps darstellt.

Bildlegenden (von links)

1 Zwei unterschiedliche Sorten von Sareptasenf: rechts später, links früher Korntyp.
2 Blütenstand von *B. juncea*.
3 Einzelblüte mit Knospen.
4 Schoten und Samen; die Samenfarbe variiert, wie beim Rübsen, von gelb bis braunschwarz.
5 Die Netzstruktur von Braunsenf ist etwas gröber als bei Raps und Rübsen.

Literatur

BOGUSLAWSKI, v. E., 1953: Sareptasenf. In: RÖMER, SCHEIBE, SCHMIDT, WÖHRMANN: Handbuch der Landwirtschaft. 2. Aufl. Bd. II, 369–370. Verlag Paul Parey, Berlin.

KLEIN, H., 1972: Untersuchungen über die genotypische und umweltbedingte Variabilität von Qualitätseigenschaften der Samen von *Sinapis alba, Brassica juncea* und *Brassica nigra*. Dissertation, Universität Gießen.

NISHI, S., 1980: Differentiation of *Brassica* Crops in Asia and the Breeding of »HAKURAN«, a Newly Synthesized Leafy Vegetable. In: TSUNODA, HINATA, GOMEZ-CAMPO: *Brassica* Crops and Wild Allies. Japan Scient. Soc. Press, Tokyo, 133–150.

OLSSON, G., 1960: Species crosses within the genus *Brassica*. I. Artificial *Brassica juncea* Coss. Hereditas 46, 171–222.

Schwarzer Senf
(*Brassica nigra* (L.)
W. D. J. Koch)

Biologie
Der zweite Ausgangselter für Sareptasenf ist, wie schon erwähnt, der Schwarze Senf mit n = 8 Chromosomen. Diese diploide Art hat, ähnlich wie *Brassica juncea*, eine große Formenmannigfaltigkeit, die einen weitverbreiteten Anbau in der ganzen Welt unter den unterschiedlichsten Klima- und Bodenverhältnissen zuläßt.
B. nigra hat ein weitverzweigtes, relativ feines **Wurzelwerk**. Der **Sproß** bildet einen starken Haupttrieb, von 120 bis 200 cm Länge, mit wenigen Seitenästen aus. Die **Blätter** sind im unteren Teil groß, breit und wenig gelappt, sie bilden eine geschlossene Decke im Bestand. Sie sind hellgrün gefärbt und unterscheiden sich dadurch deutlich von Raps und Braunsenf. Auch sind sie meist stärker als bei den anderen *Brassica*-Arten behaart. Die **Blüten** sind kleiner als bei Raps und Rübsen, sie stehen in kleinen Trauben dicht beieinander. Der Blühverlauf der Einzelblüte, der Pflanze und des Bestandes unterscheiden sich nicht wesentlich von dem der übrigen *Brassicaceen*. Wie bei der anderen diploiden Art Rübsen herrscht bei *B. nigra* Fremdbefruchtung durch Insekten und teilweise Wind vor, jedoch ist ausreichend Ansatz auch nach strenger Selbstung mit Pergamientüten gegeben. Die Fremdbefruchtung hat sich sicher positiv auf die gute Anpassungsfähigkeit an wechselnde Umweltverhältnisse ausgewirkt. Durch die verstärkte Kreuzbestäubung lassen sich Zuchtmethoden anwenden, die die vorhandene Heterosis für die Leistungsfähigkeit nutzen können. Auch künstliche Polyploide können für die Erhöhung der Grünmasseleistung vorteilhaft sein.
Die **Schoten** sind relativ klein, kantig, gerippt und stark geädert. Sie haben eine kurze, verbreiterte Spitze und stehen wechselständig, eng an den Trieben. Die **Samen** haben wie *B. juncea* ein Tausendkorngewicht von 1,8 bis 2,5 g. Die Samenschale ist dunkel- bis rotbraun gefärbt und zeigt bei Vergrößerung eine mittelgrobe bis grobe Netzung. Der **Ölgehalt** schwankt in weiten Grenzen von 24 bis 38 %. Das **Fettsäuremuster** entspricht dem der übrigen Kruziferen mit einem hohem Erucasäuregehalt. Die ganze Pflanze und besonders die Samen enthalten mit 120 bis 170 µmol/g entfettetes Mehl einen noch höheren Anteil des Glycosids »Sinigrin« als *B. juncea* (120 bis 135 µmol/g).
Die Rückstände einer reinen Ölfabrikation können trotz des Rohproteingehalts von 25

bis 33 % wie bei *B. juncea* nur bedingt verwertet werden.

Geschichte und Verwertung

Die Urheimat des Schwarzen Senfes ist nicht mit Sicherheit festzustellen. SCHIEMANN unterscheidet zwei Mannigfaltigkeitszentren, in denen sich unterschiedliche Rassen entwickelt haben:

1. *B. nigra occidentalis* in Nord-Afrika und Südeuropa
2. in östlichen Ländern *B. nigra orientalis*.

Wegen ihres hohen Senfölgehaltes ist die Pflanze schon frühzeitig in Nutzung und wohl auch in Kultur genommen worden. Griechen und Römer kannten den Schwarzen Senf. COLUMELLA gibt die erste Anleitung zur Herstellung von Mostrich. Der Schwarze Senf ist auch das Senfkorn im Neuen Testament: »Das Himmelreich ist gleich einem Senfkorn, das ein Mensch nahm und säte es auf seinen Acker; welches das kleinste ist unter allen Samen; wenn es aber erwächst, so ist es das größte unter dem Kohl und wird ein Baum, daß die Vögel unter dem Himmel kommen und wohnen unter seinen Zweigen.« Heute kommt *B. nigra* in weiten Gebieten der Erde verwildert vor: im gesamten Mittelmeergebiet, aber auch in West-, Mittel- und Südeuropa bis nach Skandinavien; in Ostasien bis nach Tibet; in Südafrika, Australien, Neuseeland und in ganz Amerika (BECKER-DILLINGEN).

Im 19. Jahrhundert soll es noch einen weitverbreiteten Anbau von *B. nigra* in Holland,

in Italien (Sizilien), im Elsaß und in West-Deutschland sowie in der Türkei gegeben haben (BECKER-DILLINGEN). Der Autor meint jedoch, daß die in aller Literatur zu findenden Angaben oft nicht zwischen *B. nigra* und *Sinapis alba*, dem Gelbsenf, unterschieden hätten. An Senfsaat wurden 1913 in Deutschland 7.583 t verarbeitet (Mostrichherstellung und Ölgewinnung).

Nutzung
Der hohe Senfölgehalt macht vornehmlich den Nutzwert des Schwarzen Senfes aus. Es findet in der Mostrichfabrikation, wie *B. juncea*, als »Scharfmacher« und in der Pharmazie für die Herstellung von Hautreizmittel, wie Senfpflaster, -salben und -pulver Verwendung. Das durch Abpressen gewonnene Öl wird in der Technik als Schmieröl verwendet. Eine Erhöhung des Erucasäureanteils auf über 60 % kann den Schwarzen Senf als anspruchslose Sommerölpflanze interessant machen, wenn auch negative Eigenschaften durch eine intensive züchterische Bearbeitung verbessert werden. Da sind zu beseitigen: die Neigung der Schoten zum Platzen, die Hartschaligkeit bzw. die lange Keimruhe der Samen, die geringe Samenertragsleistung, das teilweise sehr geringe Tausendkorngewicht.
Zur Korngewinnung wird *B. nigra* wegen dieser Mängel in Europa kaum noch angebaut. In Ungarn und Rumänien standen in den letzten Jahren für deutsche Firmen einige Hektar im Vertragsanbau als Devisenbringer.
Als weitere Nutzung kommt für den Schwarzen Senf als schnellwachsende, anspruchslose Pflanze der Anbau zur Gründüngung nach mittelspät bis spät räumenden Getreidearten in Betracht. Die großen Blätter unterdrücken gut das Unkraut. Auch für diese Nutzungsrichtung können durch intensivere Bearbeitung, auch durch Erstellen von Polyploiden, leistungsfähige Sorten entwickelt werden.

Bildlegenden (von links)
1 Aus einem Feldversuch: links *Brassica nigra*, rechts Sommerraps.
2 Blütenstand des Schwarzen Senfes.
3 Die Blüten stehen meist über den Knospen.
4 Die Samenfarbe ist vorwiegend mittel- bis rotbraun und variiert bis gelb.
5 *B. nigra* ist an der gröberen Netzung der Samenschale von *B. juncea* zu unterscheiden.

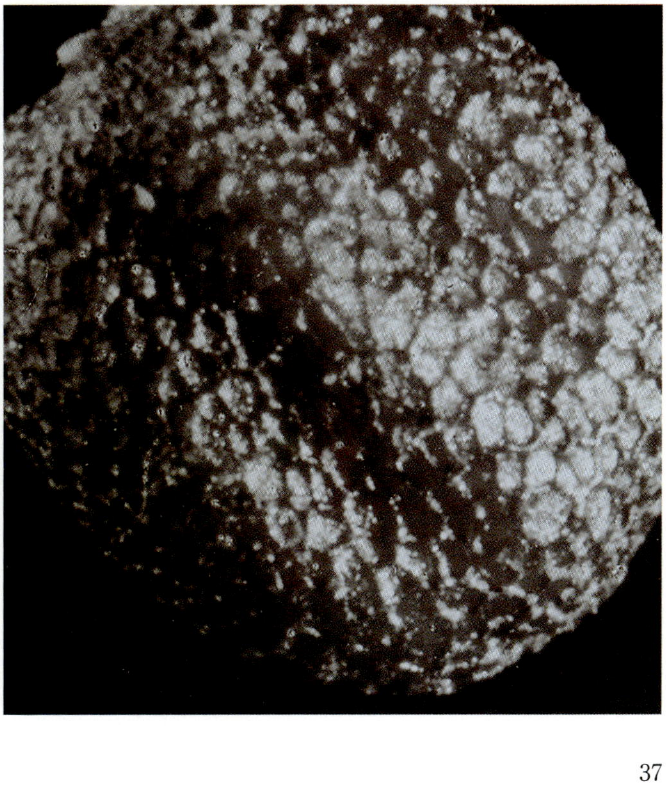

Kreuzblütler

Abessinischer Senf
(*Brassica carinata* A. Braun)

Die dritte amphidiploide Kulturpflanze der Brassicaceen ist *Brassica carinata* mit n = 17 Chromosomen. Er ist ein Bastard aus *B. oleracea* n = 9 und *B. nigra* n = 8 Chromosomen (s. Darst. 7), der wahrscheinlich in alter Zeit durch spontane Kreuzungen zwischen Kohl und Wildformen von Schwarzem Senf auf der Hochebene von Äthiopien entstanden ist. Auf dieses Gebiet hat sich sein Anbau lange Zeit beschränkt. Die äthiopischen Bauern der Hochebene kultivieren ihn als Gemüse im Garten und andere Typen als Ölpflanze auf größeren Feldern mit etwa 16.000 ha = 2 % der Ölpflanzenfläche. Die Gemüseformen sind den Kohlformen von *B. juncea* ähnlich und die Korntypen ebenfalls denen von *B. juncea*. In neuerer Zeit wurden Anbauversuche mit *B. carinata* auch in Europa wegen seiner Anspruchslosigkeit unternommen.

Der Ölgehalt der Samen liegt zwischen 40 und 42 %. Das Öl hat 2 bis 3 % Palmitinsäure (C 16:0); 1 bis 2 % Stearinsäure (C 18:0); 10 bis 14 % Ölsäure (C 18:1); 14 bis 16 % Linolsäure (C 18:2); 10 bis 14 % Linolensäure (C 18:3); 7 bis 9 % Eicosensäure (C 20:1) und 45 bis 50 % Erucasäure (C 22:1). Der Glucosinulatgehalt beträgt etwa 80 bis 100 μ mol/g entfettetes Mehl und entspricht damit dem von Rübsensamen. Die Tocopherolgehalte liegen mit 360 bis 390 mg/kg Öl etwas unter den Werten von Sommerraps. Der Rohproteingehalt der Samen beträgt 24 bis 28 %.

Die Pflanze bedarf, um sie in Europa anbauwürdig zu machen, einer intensiven züchterischen Bearbeitung, wobei glucosinulatarme und erucasäurefreie Formen oder (und) Typen mit besonderen Fettsäuremustern gezüchtet werden sollten.

Bildlegende

1 Bestand von *B. carinata* bei Blühende.

Literatur

ALAVI, A., 1976: Die Auswirkung der fortgesetzten Inzüchtung von $I_o - I_6$ und die Heterosiseffekte bei Weißem Senf (*Sinapis alba)* und Schwarzem Senf (*Brassica nigra*). Dissertation, Universität Gießen.

BECKER-DILLINGEN, J., 1928: Der Schwarze Senf. In: Handbuch des Hackfruchtbaues und Handelspflanzenbaues. 392–394. Verlag Paul Parey, Berlin.

BOGUSLAWSKI, v. E., 1953: Schwarzer Senf *Brassica nigra* (L.) Koch). In: RÖMER, SCHEIBE, SCHMIDT, WOEHRMANN: Handbuch der Landwirtschaft. 375–376. Verlag Paul Parey, Berlin.

REHM, S. & G. ESPIG, 1983: Die Kulturpflanzen der Tropen und Subtropen. 2. Aufl., 110–112. Verlag Ulmer, Stuttgart.

SCHIEMANN, E., 1932: Entstehung der Kulturpflanzen. Handbuch der Vererbungswissenschaft. 271–288. Verlag Gebrüder Bornträger, Berlin.

SCHUSTER, W., 1985: Schwarzer Senf. In: FISCHBECK, PLARRE, SCHUSTER: Lehrbuch der Züchtung Landw. Kulturpflanzen Bd. II. 2. Aufl., 411–412. Verlag Paul Parey, Berlin.

WESTPHAL, A. & R. MARQUARD, 1981: Yield and Quality of *Brassica* species in Ethiopia. Plant Res. Devel. 13, 114–127.

Weißer Senf/Gelbsenf
(*Sinapis alba* L.)

Biologie
Die *Sinapis*-Arten unterscheiden sich von den *Brassica*-Arten dadurch, daß die beiden Schotenklappen bei der Gattung *Sinapis* 3 Längsnerven tragen, während die *Brassica*-Arten nur einen Längsnerv besitzen.
Sinapis alba, mit einer Chromosomenzahl von 2n = 24, ist nahe verwandt mit *Sinapis dissecta* (Lag.) Bonnier und *S. arvensis* L.
Die **Bewurzelung** ist etwas schwächer als bei Sommerraps, sonst dieser ähnlich: spindelförmige Hauptwurzel mit zahlreichen feinverteilten Nebenwurzeln. Der gesamte **Sproß** trägt eine dichte, steife Behaarung und wird, je nach Standort und Witterung, 30–100-150 cm hoch. Der kantige, gefurchte **Stengel** verzweigt sich im oberen Drittel, so daß kein ausgesprochener Haupttrieb vorhanden ist.
Die grasgrünen, fiederartig gespaltenen **Blätter** sind am Rande stark gezähnt und sitzen an 4 bis 10 cm langen Stielen.
Der **Blütenstand** bildet eine lockere doldige Traube und blüht von unten nach oben ab, während das Abblühen der ganzen Pflanze von oben nach unten verläuft.
Die **einzelne Blüte** besteht aus 4 sich kreuzweise gegenüberstehenden gelben Blütenblättern, den 4 um die Hälfte kleineren Kelchblättern, dem Griffel mit seiner zweilappigen Narbe, der unter 4 der 6 Staubgefäßen steht, und 4 reichlich Honig absondernden Nektarien. Der **Blühvorgang** erstreckt sich über 3 Tage und beim ganzen Bestand über 20 bis 25 Tage. Der Blühverlauf und die Kreuzungstechnik sind die gleichen, wie bei den *Brassicaceen* beschrieben. Fremdbefruchtung herrscht vor, jedoch ist auch Selbstbefruchtung möglich.

Kreuzblütler

Kreuzungen zwischen *Sinapis alba* und den übrigen Gattungen gelingen nicht oder nur mit Hilfe der neuen Techniken, wie Embryo- und Ovarienkulturen.
In der Mitte der Pflanze sitzen die größten der langgeschnäbelten **Schoten**, die nicht so leicht wie bei Raps aufplatzen. Der hellgelbe, fast kugelige **Samen** von 2,0 bis 2,5 mm Durchmesser, mit einem Tausendkorngewicht von 4 bis 8 g, erscheint bei stärkerer Vergrößerung dicht und feingrubig punktiert.
Der **Ölgehalt** liegt bei 22 bis 42 %. Das **Fettsäuremuster** entspricht weitgehend dem des Rapses (s. Tab. 1). Wie beim Raps, wurden auch erucasäurefreie Sorten gezüchtet. Durch den geringen Anteil von 1 bis 3 % Linolensäure ist die Gefahr des Ranzigwerdens beim Senf geringer als bei Raps.
Der entfettete Samen enthält 110 bis 155 µmol/g Glucosinolat, vornehmlich *Sinalbin*, das durch das ebenfalls im Samen enthaltene Enzym *Myrosinase* nicht flüchtige Senföle freisetzt, die den Senfgeschmack liefern.
Rohprotein ist zu 28 bis 34 % in den Samen enthalten. Die Verwendung dieses beachtlichen Eiweißanteils in der Tierernährung ist bei einer Ölgewinnung wegen des hohen Glucosinolatgehaltes nicht oder nur sehr beschränkt möglich (siehe Raps).

Geschichte und Verbreitung
Die Urheimat von *Sinapis alba* ist wahrscheinlich der Mittelmeerraum und benachbarte Gebiete. Dort findet man den Weißen Senf als Wildpflanze von Spanien bis zur Krim, in Ägypten, in ganz Vorderasien bis nach Ost-Indien. Heute ist der Weiße Senf in ganz Europa bis nach Norwegen verwildert verbreitet. Aber auch in Japan, Neuseeland, Nord- und Südamerika ist *Sinapis* wild anzutreffen.
Die Kultur des Weißen Senfes läßt sich schon frühzeitig bei den alten Griechen und Römern nachweisen. Er wurde als junges, grünes Gemüse gegessen und als Gewürz genutzt. PLINIUS und COLUMELLA erwähnen *Sinapis* häufig und beschreiben die verschiedensten Nutzungen als Gemüse, Salat, Gewürz, Gründüngung und als Ölpflanze.
Nach Deutschland kam Senf wohl durch die Römer. Er wird schon als *Sinape* im Capitulare von KARL DEM GROSSEN beschrieben. Bei BOCK, 1551, (nach BECKER-DILLINGEN) ist zu lesen: »Gaeler Senf- …Pytagoras und seine Jünger haben Senff hoch gepreiset und stets genossen, umb seiner aufsteigenden tugend willen. Diese kunst haben alle bauren gelert, sie essen kein wurst es sei dann Senff dabei, vielleicht drumb das sie witzig werden.« Im gesamten Mittelalter beschreiben alle Kräuterbücher den Senf und geben Hinweise für seine Verwendung als Gewürz, Gemüse und als Heilpflanze. Hierbei steht der Weiße neben dem Schwarzen Senf, wobei es auch des öfteren zur Verwechslung kommt. Folgende Bezeichnungen waren üblich: *Sinapis hortense, senev domestique, zamer Senff, moustarde, Mostaert, sinapi*.
Ende des 19. und Anfang des 20. Jahrhunderts wurde Weißer Senf zur Korngewinnung für die Mostrichindustrie und als Ge-

würz in England, Holland und in Mähren gebaut. Heute stehen größere Flächen in Ungarn, Polen, Marokko und in Kanada. Von dort deckt die Senf- und Gewürzindustrie ihren Bedarf von jährlich etwa 15.800 t in Deutschland.

Nutzung und Verwertung

In Mitteleuropa wird Gelbsenf fast ausschließlich als Gründüngungs- und in beschränktem Umfang als Grünfutterpflanze im späten Stoppelfruchtbau nach Getreide angebaut. Hierzu wurden nematodenresistente Sorten gezüchtet, die gegen den Rübennematoden *Hederodera schachtii* als Fangpflanzen wirken. Für diese Nutzungsrichtung eignet sich *Sinapis alba* besonders, da er infolge seiner Robustheit und Anpassungsfähigkeit nur geringe Ansprüche an Boden und Klima stellt und spät, unter kühlen Temperaturen und im kürzeren Tag ausgesät werden kann. Durch die ausgeprägte Langtagreaktion ist eine spätere Aussaat als Zwischenfrucht günstig, um hohe vegetative Massen zu erzeugen.

Wegen seiner Eignung für extensive Anbaubedingungen ist Weißer Senf neuerdings im Gespräch als Sommerölpflanze, die »Nachwachsende Rohstoffe« für die Industrie liefern kann. Formen mit hohen Erucasäuregehalten können anstelle von Winterraps zur Herstellung von Schmier- und Motorenöl verwendet werden. Hierzu wäre durch die geringe Winterhärte von *Sinapis alba* keine Gefahr für den Qualitätsanbau für Nahrungszwecke gegeben. Es laufen deshalb züchterische Bemühungen, Senf mit hohem Erucasäureanteil und geringem Glucosinolatgehalt, damit die Rückstände der Ölgewinnung als Viehfutter verwendet werden können, zu entwickeln.

Für die Verwendung als Gewürz und zur Mostrichherstellung werden nach wie vor Formen mit möglichst hohem Sinalbingehalten selektiert. Das hierbei anfallende Öl ist nur Nebenprodukt.

Bei der Herstellung von Speisesenf (Mostrich) wird teilweise entöltes Senfmehl in Bottichen mit Wasser, Essig, Salz, Gewürzen und besonderen Kräutern sowie verschiedener Zuckerarten zu einer Maische angesetzt. Nach etwa 1 bis 4 Stunden sind die Senföle enzymatisch freigesetzt. Danach wird die Maische bei Temperaturen unter 60 °C, um die Myrosinase nicht zu inaktivieren, fein vermahlen.

Bildlegenden (von links)

1 Bestand in Vollblüte.
2 Blütenstand mit Marienkäfer.
3 Die Schoten sind stachelig behaart.
4 Die runden Samen sind fein gegrubt und hell- bis goldgelb gefärbt.

Literatur

ANDERSSON, G. & G. OLSSON, 1961: III. Weißer Senf (*Sinapis alba* L.). In: KAPPERT, RUDORF: Handbuch der Pflanzenzüchtung, Bd. V, 2. Aufl., 58–61. Verlag Paul Parey, Berlin.

BECKER-DILLINGEN, J., 1928: Der Weiße Senf (*Sinapis alba* L.) In: Handbuch des Hackfrucht- und Handelspflanzenbaues, 387–391. Verlag Paul Parey, Berlin.

BOGUSLAWSKI, v. E., 1952: Neue Untersuchungen über den Anbau von Sommerölpflanzen. Fette u. Seifen, 54, 737–743.

FRUWIRTH, C., 1924: Weißer Senf. In: Handbuch der landw. Pflanzenzüchtung, Bd. II, 5. Aufl. 184–186. Verlag Paul Parey, Berlin.

HACKBARTH, J., 1941: Weißer Senf (*Sinapis alba* L.). In: Die Ölpflanzen Mitteleuropas, 137–147. Wiss. Verlagsges. Stuttgart.

KLEIN, H., W. SCHUSTER & R. MARQUARD, 1980: Der Einfluß von Sorte, Standort und Schwefeldüngung bei verschiedenen Senfarten auf Qualitätseigenschaften der Rohstoffe für die Mostrichherstellung. Fette, Seifen, Anstrichmittel 82, 5–10.

SCHUSTER, W., 1967: Über die Eignung verschiedener Kruziferen für den späten Stoppelfruchtbau auf Grund von Saatzeitversuchen. Z. Acker- und Pflanzenbau, 125, 158–182.

SCHUSTER, W., R. G. EL-SEIDY & A. ALAVI, 1978: Untersuchungen über Inzuchtdepressionen von I_0 bis I_6 und Heterosiseffekte bei Sinapis alba (Weißer Senf). Z. Pflanzenzüchtung 80, 277–298.

SCHUSTER, W. & H. KLEIN, 1978: Über ökologische Einflüsse auf Leistung und Qualität der Samen einiger Sorten der drei Senfarten *Sinapis alba, B. juncea* und *B. nigra*. Z. Acker- u. Pflanzenbau 147, 204–227.

Kreuzblütler

Ölrettich
(*Raphanus sativus* (L.) var. *oleiferus* (Reihb.) Metzg.)

Biologie

Die Gattung *Raphanus* umfaßt knollenbildende Arten (Rettich, Radieschen) und solche, die eine Pfahlwurzel ausbilden (Ölrettich, Hederich). Auch Winter- und Sommerformen sind bekannt. Die hier genannten Formen besitzen alle n = 9 Chromosomen und sind voll fertil untereinander kreuzbar, so daß eine große Formenmannigfaltigkeit und Zwischenformen von Knollen und Pfahlwurzeln bildenden Arten bestehen. Auch mit dem in Europa weitverbreiteten Unkraut *Raphanus raphanistrum* (Hederich) besteht volle Kreuzbarkeit, worauf beim Samenbau zu achten ist.
MANSFELD unterteilt *Raphanus sativus* L. Spec. in *var. gaganus* – verwilderter Rettich; *var. sativus* – Radieschen; *var. niger* – Rettich; *var. oleiformus* – Ölrettich mit *f. chinensis* und *f. longirostis*.
Ölrettich bildet eine 100 bis 160 cm hohe, stark verzweigte, krautige Pflanze ohne ausgeprägten Haupttrieb. Die **Wurzel** ist eine starke, tief in den Boden eindringende Pfahlwurzel; dies bestimmt maßgeblich den hohen Vorfruchtwert des Ölrettichs. Die **Blätter** sind groß und teilweise wenig gelappt, so daß hohe Blattmassen ausgebildet werden.
Die zahlreichen **Blütenstände** sind lockere Trauben mit relativ großen Blüten. Die **Farbe der Blüten** variiert sehr stark von weiß über weiß-blau, bläulich-violett bis dunkelviolett sowie gelb und rosa; dabei können unterschiedliche Blütenfarben an der gleichen Pflanze vorkommen. Der Blütenbau ist der gleiche wie bei Raps beschrieben. Wie beim Raps kommt **männliche Sterilität** vor, die cytoplasmatisch-kerngenisch gesteuert ist und für eine Hybridzüchtung beim Rettich und Radieschen genutzt wird. Durch Kreuzungen mit Raps entstehen männlich sterile Rapsformen mit *Raphanus*-Plasma, zu denen jedoch bisher keine vollfunktionsfähigen Restorer entdeckt werden konnten.
Ölrettich ist, wie auch die anderen diploiden Kruziferen, weitgehender **Fremdbefruchter**, der Ansatz nach erzwungener Selbstung ist meist weit geringer als bei Raps und Rübsen. Die Bestäubung erfolgt meist durch Insekten, wobei Bienen und Hummeln die weitaus größere Rolle spielen, aber auch Schwebfliegen und Schmetterlinge sind recht häufig zu finden. Windbestäubung ist ebenfalls möglich.

Kreuzungen zwischen *Raphanus*- und *Brassica*-Arten, insbesondere Kohl, gelingen relativ leicht. So konnten *Raphanobrassica*-Amphidiploide und *Brassicaraphanus*-Hybriden mit einer starken Heterosis für das vegetative Wachstum hergestellt werden.

Die **Frucht** ist eine dicke, mehrnervige, in einer langen Spitze auslaufende Schote, deren Klappen fest verwachsen sind, wodurch eine hohe Platzfestigkeit gegeben ist. Die **Samen** sind in ein mehr oder weniger stark ausgebildetes Parenchym-Gewebe eingebettet; die Farbe der Samen ist hell- bis mittel- bis rotbraun. Das **Tausendkorngewicht** liegt zwischen 8 und 14 g. Die Oberfläche der unregelmäßig ovalen bis keilförmigen Samen ist fein genetzt. Der **Ölgehalt** liegt zwischen 38 und 50 %. Das **Fettsäuremuster** zeichnet sich durch mittlere Anteile an Öl-, Linol- und Linolensäure und einen relativ niedrigen Erucasäuregehalt aus (s. Tab. 1). Es ist jedoch anzunehmen, daß auch bei Ölrettich, wie bei den übrigen Kruziferen, Formen unter 2 % C 22:1 und solche mit etwa 50 % selektiert werden können. Der Glucosinolatgehalt der in Europa als Gründüngungs- und Grünfutterpflanzen angebauten Sorten liegt bei 140 µmol/g entfettetes Mehl im Samen.

Geschichte und Verbreitung

Ölrettich ist eine sehr alte Kulturpflanze, die schon 2000 v. Chr. in Ägypten und um 1100 v. Chr. in China nachgewiesen wurde. MANSFELD unterscheidet eine westliche (Ägypten), eine indische und eine chinesisch-japanische Ursprungsgruppe.

Anfang des 19. Jahrhunderts soll Ölrettich aus China nach Mitteleuropa gekommen sein. Er wurde zuerst in Schlesien als Ölpflanze angebaut. THAER empfiehlt 1811 in seinem Buch »Grundsätze der rationellen Landwirtschaft«, den »Chinesischen Oelrettig«, *Raphanus chinensis oleiferus* als Ölpflanze anzubauen: »Sein Ertrag ist scheinbar außerordentlich stark, stärker, wie von irgendeinem anderen Oelgewächse, versichert Fünfzig von Hundert.«

Der Ölrettich hat jedoch in Europa keine Bedeutung als Ölpflanze erlangen können. Später wurde er als schnell wachsende, anspruchslose Futterpflanze auch in Ostpreußen auf leichten Böden angebaut. Dort war er auch Stützpflanze im Körnererbsen-Anbau. Vor und während des letzten Krieges liefen Anbau- und Züchtungsversuche zur

Ölgewinnung, die 1946 von v. BOGUSLAWSKI in Gießen fortgesetzt wurden. Hier entstanden die ersten Sorten, die, nach der Wiedereinführung des freien Handels mit Ölsaaten, als Gründüngungs- und Grünfutterpflanzen genutzt wurden. Neue Sorten wurden in den letzten Jahren gezüchtet, auch solche, die einen hohen Wert als Fangpflanze für den Rübennematoden besitzen. Die Erzeugung des beachtlichen Saatgutbedarfes erfolgt meist aus Gründen der billigeren Produktion in Ungarn und Rumänien.

Nutzung und Verwertung

Ölrettich ist heute ausschließlich als Gründüngungs- und Grünfutterpflanze weit verbreitet. Hierzu übertrifft er alle anderen Kruziferen an Wuchsgeschwindigkeit und Anspruchslosigkeit. Auch als Gemengepflanze mit Leguminosen, Sonnenblumen, Raps u. a. ist Ölrettich bestens geeignet. Bei der Suche nach »nachwachsenden Rohstoffen« für eine industrielle Nutzung bietet er sich an, insbesondere, wenn Flächen extensiv genutzt werden sollen. Hierzu könnten Formen mit den unterschiedlichsten Fettsäuremustern, wie hohe Erucasäure- oder hohe Ölsäure-Typen, durch Mutationsauslösung entwickelt werden.
Die Erträge, die heute bei 16 bis 20 dt/ha liegen, könnten durch Hybridzüchtung für die Kornnutzung erhöht werden. Die Autopolyploidisierung des diploiden Ölrettichs hat bisher keine leistungsfähigeren Sorten gebracht.

Bildlegenden (von links)
1 Bestand in Vollblüte.
2 Ölrettichblüten werden häufig von Schmetterlingen besucht: Hier vom Großen Fuchs (*Vanessa polychloros*).
3 Männlich sterile Blüte vom Ölrettich.
4 Schoten vor der Abreife.
5 Die rotbraunen Samen sind mittelfein genetzt.

Literatur

BOGUSLAWSKI, v. E., 1953: Ölrettich. In: ROEMER, SCHEIBE, SCHMIDT, WÖRMANN: Handbuch der Landwirtschaft Bd. II, 366–369. Verlag Paul Parey, Berlin.

BOGUSLAWSKI, v. E. & CH. WALDECK, 1954: Blütenbiologische Untersuchungen bei Ölrettich (*Raphanus sativus* L. var. *oleiferus* Metzg.). Z. Pflanzenzüchtung 33, 133–150.

HACKBARTH, J., 1944: Der Ölrettich (*Raphanus sativus oleiferus* L.) In: Die Ölpflanzen Mitteleuropas. 173–175. Wiss. Verlagsges., Stuttgart.

OLSSON, G. & S. ELLERSTRÖM, 1980: Polyploidy breeding in Europe. In: TSUNODA, HINATA, GOMEZ-CAMPO: Brassica crops and Wild Allies. 167–190. Japan Scient. Soc. Press, Tokyo.

PRJANISCHNIKOW, D. N., 1930: Ölrettich. In: Spezieller Pflanzenbau. 407–408. Verlag Springer, Berlin.

SCHUSTER, W., 1985: Ölrettich (*Raphanus sativus* L. var. *oleiferus* (Reihb.) Metzg.) In: FISCHBECK, PLARRE, SCHUSTER: Lehrbuch der Züchtung landw. Kulturpflanzen Bd. 2, 2. Aufl., 409–410. Verlag Paul Parey, Berlin.

SCHUSTER, W. & B. BRETSCHNEIDER-HERRMANN, 1967: Untersuchungen über den Einfluß von Temperatur und Tageslänge auf Wachstum und Entwicklung von Ölrettichstämmen im Phytotron mit vergleichenden Beobachtungen an Feldversuchen. Z. Pflanzenzüchtung 58, 383–399.

THAER, A., 1811: Der chinesiche Oelrettig, *Raphanus chinensis oleiferus*. In: Grundsätze der rationellen Landwirtschaft. Bd. 3, 2. Aufl., 113. Realschulbuchhandlung, Berlin.

Leindotter
(*Camelina sativa* (L.) Crtz.)

Biologie
Die Gattung *Camelina* umfaßt 5 Arten, von denen sich *Camelina sativa* als einzige zu einer Kulturpflanze entwickelt hat. Es werden 4 Unterarten unterschieden:
1. subsp. *microcarpa* Andrz. = kleinfrüchtiger Leindotter
2. subsp. *pilosa* (D.C.) Zinger = Winterdotter
3. subsp. *sativa* (L.) Crtz. = angebauter Leindotter
4. subsp. *olentata* Pers = großsamiger Leindotter

Die Chromosomenzahl beträgt 2n = (40) 42. *Camelina sativa* ist einjährig (subsp. *sativa)* bis winterannuell (subsp. *pilosa*).
Leindotter hat eine dünne, spindelförmige **Wurzel**. Auch der **Stengel** ist, wie der ganze Habitus, fein und nur im oberen Drittel verzweigt. Die **Wuchshöhe** beträgt 30 bis 120 cm. Die **Blätter** sind ungeteilt, lanzettlich, die unteren etwas breiter als die oberen, die den Stengel halb umfassen. Der Blattrand ist ganz oder geschweift bis gezähnt, eine **Behaarung** fehlt oder ist nur schwach ausgeprägt.
Die Triebe endigen in traubigen, lockeren **Blütenständen**. Die einzelnen, relativ kleinen Blüten stehen auf 4 bis 8 mm langen Stielen. Die Kronenblätter sind hell- bis dunkelgelb gefärbt. Der Blütenbau ist der gleiche wie bei Raps und Rübsen beschrieben: K 2 + 2, C 4, A 4 + 2, G (2). Der einzelne Blütenstand blüht von unten nach oben und die ganze Pflanze von oben nach unten. Die **Blüte** einer Pflanze dauert 20 bis 30 Tage. Die Befruchtung erfolgt schon 3 bis 4 Stunden nach der Bestäubung. Obwohl 4 Nektarien, wie bei den anderen Kruziferen, ausgebildet sind, wird Leindotter nur wenig von Insekten besucht. Es herrscht demzufolge Selbstbefruchtung vor. Mit Pergamintüten geselbstete Pflanzen bringen 60 bis 70 % der Samen von frei abgeblühten.
Die **Frucht** ist ein verkehrt eiförmiges bis

birnenförmiges Schötchen mit einer Spitze. 8 bis 16 Samen werden in einer Schote ausgebildet. Die **Samen** sind 0,7 bis 2,5 mm lang, keilförmig bis langoval mit Furche, hell-, gelbbraun bis rotbraun gefärbt mit fein gepunkteter Samenschale, das Tausendkorngewicht beträgt 0,8 bis 1,6 g.
Der **Ölgehalt** schwankt zwischen 33 und 42 % (s. Tab. 1). Das **Fettsäuremuster** weicht mit einem höheren α-Linolensäuregehalt, einem geringen Erucasäureanteil und einem relativ hohen Gehalt an Eicosensäure deutlich von dem der übrigen Kruziferen ab (s. Tab. 1). Das Leindotteröl kann demnach mit einem Anteil von 50 bis 60 % Polyenfettsäuren (C 18:2 + C 18:3) zu den trocknenden Ölen gerechnet werden. Der **Eiweißgehalt** mit 25 bis 30 % Rohprotein entspricht etwa dem von Raps, auch ist die Aminosäurezusammensetzung mit der von Raps mit einer beachtlichen biologischen Wertigkeit vergleichbar.
Die Samen der jetzt bekannten Sorten enthalten etwa gleich hohe **Glucosinolatwerte** wie Rapssorten bei Beginn der Züchtung auf Doppelqualität: 17 bis 67 mol/g entfettetes Mehl. Der **Gesamttocopherolgehalt** im Öl liegt zwischen 540 und 760 ppm.

Geschichte und Verbreitung

Die Gattung *Camelina* ist in Südosteuropa und im südwestasiatischen Raum beheimatet. In den dortigen Steppen wächst auch heute noch der Wildtyp *C. sativa* ssp. *microcarpa*, aus dem sich durch Inkulturnahme der als Unkraut im Lein häufig vorkommenden Wildform *C. sativa* ssp. *sativa* entwikkelt hat.
Leindotter ist eine sehr alte Kulturpflanze. Die Kultur begann im Spät-Neolithikum und dehnte sich von Südwest- bis Zentraleuropa aus. Die ältesten Funde einer menschlichen Nutzung stammen etwa aus dem Jahr 2000 v. Chr. Aus der »La Téne«- und »Hallstatt«-Zeit liegen Funde aus Siedlungen in größeren Mengen vor; hieraus kann auf einen selbständigen Anbau, getrennt vom Lein, geschlossen werden. Daneben trat der Leindotter auch als Unkraut im Lein auf.
Aus der Bronzezeit (1800 bis 800 v. Chr.) gibt es zahlreiche Funde, die weit verstreut von der nordöstlichen Türkei über Mitteldeutschland (Dessau) bis Nordholland und Dänemark liegen. Von der Eisenzeit an (800 v. Chr.) werden vermehrt Leindottersamen und -schotenklappen in ganz Europa gefunden.
Es wird, durch Funde erhärtet, angenommen, daß Leindotter etwa um 500 v. Chr. am Niederrhein, in Holland und an der Nordseeküste angebaut wurde. Zu den Ackerfrüchten der Zeit bis etwa 300 n. Chr. gehörten: Gerste, Hafer, Lein, Feldbohnen und Leindotter.
Aus der Zeit der Völkerwanderung liegen nur wenige Hinweise für einen Leindotteranbau vor. Die ältesten sicheren Angaben über eine größere landwirtschaftliche Nutzung stammen aus dem 15. Jahrhundert. Im Mittelalter ging der Anbau zurück, und Leindotter wurde zu einem lästigen Unkraut, da infolge der kürzeren Vegetationszeit die Samen vor der Getreide- oder Flachsernte ausfielen. In den Kräuterbüchern des 16. Jahrhunderts wird Leindotter nur noch als

Unkraut in Flachs und anderen Kulturen in Europa bis Nordasien beschrieben. THAER empfiehlt 1811 den Anbau von Leindotter, »der auch wild wächst« für leichte Böden, da er robust sei und gleichbleibende, wenn auch niedrige Erträge liefert. »... ein Metze soll 18 bis 21 Pfd. Oel geben, welches von einem etwas bitteren Geschmacke ist, und in der Kälte nicht gerinnt«, da es wegen des geringeren Erucasäuregehaltes gegenüber Rüböl nicht ausflockt.

Mit der Intensivierung der Landwirtschaft gingen die Anbauflächen von Leindotter immer weiter zurück, lediglich in rauhen, extensiven Lagen, wie auf der Schwäbischen Alb, hielten sich kleinere Flächen für den Eigenbedarf an Küchenöl bis Anfang der 50er Jahre. Auch in Schweden existierte bis 1952 eine kleine Anbaufläche. In Rußland und in Polen wird jedoch bis heute in bestimmten Gebieten *C. sativa* ssp. *sativa* und ssp. *pilosa* angebaut.

Bedeutung und Nutzung

Wegen seiner Anspruchslosigkeit und Schnellwüchsigkeit auf der einen und seiner besonderen Ölzusammensetzung auf der anderen Seite beschäftigten sich verschiedene Institute und Industrie-Laboratorien in den 50er und 60er Jahren in Deutschland sowie in USA und Kanada wieder mit *Camelina sativa*. Diese Versuche und Untersuchungen zeigten, daß Leindotteröl zu hohe Eicosen- und α-Linolensäuregehalte aufweist, um ein gutes Speiseöl zu liefern. Andererseits ist für eine Verwertung in der Lack- und Farbenindustrie der Anteil an Polyenfettsäuren deutlich geringer als bei Leinöl und deshalb nur in Mischungen mit Leinöl für diese Zwecke geeignet. Außerdem zeigten die kanadischen Tierfütterungsversuche mit Leindotterschrot eine geringere Futteraufnahme und Wachstumsrate bei Geflügel und Schweinen.

Bei der Suche nach »nachwachsenden Rohstoffen« in Europa ist u. a. Leindotter Ende der 70er und Anfang der 80er Jahre wieder ins Gespräch gekommen. Entsprechende Anbauversuche und Untersuchungen ergaben:

1. Die Leistungsfähigkeit in bezug auf Korn- und Ölerträge sowie dem Ölgehalt sind deutlich geringer als bei Raps.
2. Die Fettsäurezusammensetzung der jetzigen Herkünfte und Sorten ergibt weder ein gutes Speiseöl noch ein besonderes Öl für technische Zwecke.
3. Auch die Rückstände der Ölgewinnung sind nicht so wertvoll wie die von 00-Raps.
4. Die Pflanze muß intensiv züchterisch bearbeitet werden, um heute in Konkurrenz mit Raps anbauwürdig zu sein.

So bleibt im Augenblick nur die Anspruchslosigkeit für einen Anbau in einer extensiven Landwirtschaft. Zwei neue Züchtungen sind beim Bundessortenamt eingetragen.

Bildlegenden (von links)

1 Bestand vor Abreife.
2 Blütenstand mit den kleinen hellgelben Blüten.
3 Fruchtstand vor Abreife.
4 Die kleinen hellbraunen bis orangefarbigen Samen sind deutlich gefurcht.

Literatur

BECKER-DILLINGEN, J., 1928: Der Leindotter (*Camelina sativa* (L.) Crtz.) In: Handbuch des Hackfruchtbaues und Handelpflanzenbaues, 384–386. Verlag Paul Parey, Berlin.

DAMBROTH, M., H. KLUDING & R. SEEHUBER, 1982: Pflanzliche Öle als Industriegrundstoffe. Fette, Seifen, Anstrichmittel, 84. 173–179.

FRUWIRTH, C., 1923: Leindotter (*Camelina sativa* Crtz.). In: Handbuch der Landw. Pflanzenzüchtung, Bd. 2, 5. Aufl., 183. Verlag Paul Parey, Berlin.

HACKBARTH, J., 1944: Leindotter (*Camelina sativa* Crtz.). In: Die Ölpflanzen Mitteleuropas, 151–156. Wiss. Verlagsges., Stuttgart.

HEGI, G., 1906–1929: Leindotter (*Camelina sativa* Crtz.) In: Illustrierte Flora von Mitteleuropa, IV/1, 368–371. Verlag Lehmann, München.

KNÖRZER, K.-H., 1987: Entwicklung und Ausbreitung des Leindotters (*Camelina sativa*). Berichte der Deutschen Botanischen Gesellschaft. 91, 187–195.

KÖRBER-GROHNE, U., 1987: Leindotter (*Camelina sativa* Crtz.). In: Nutzpflanzen in Deutschland, 389–396. Verlag Theiss, Stuttgart.

KORSRUD, G.O., M.O. KEITH & J. M. BELL, 1978: A comparison of the nutritional value of *Crambe* and *Camelina* seed Meals with egg and casein. Can. J. Anim. Sci. 58, 493–499.

MARQUARD, R. & H. KUHLMANN, 1986: Untersuchungen über Ertragsleistung und Samenqualität von Leindotter (*Camelina sativa* Crtz.). Fette, Seifen, Anstrichmittel, 88, 245–249.

MIKUSCH, v. J. D., 1952: Die Zusammensetzung von Leindotteröl. Farbe und Lack, 58, 402–406.

RÜTHER, H., 1957: Untersuchungen über den Anbauwert von Leindotter als Ölfrucht. Z. landw. Vers.- u. Unters. Wesen, 3, 571–581.

SEEHUBER, R. & M. DAMBROTH, 1983: Untersuchungen zur genotypischen Variabilität der Ertragskomponenten bei Lein, Mohn und Leindotter. Landbauforschung Völkenrode, 33, 183–188.

SMEJKAL, M., 1971: Überprüfung der tschechoslowakischen Arten in der Gattung *Camelina*. Katreda Botanicky Univ., Bruo (CSFR), 43, 318–337.

THAER, A., 1811: Der Leindotter (*Myagrum sativum*). Grundsätze der rationellen Landwirtschaft. 3. Bd., 2. Aus., 113. Realschulbuchhandl., Berlin.

Kreuzblütler

Ölrauke
(*Eruca sativa* (Lam.) Mill.)

Biologie
Die Gattung *Eruca* umfaßt 14 Arten, von denen außer der Art *sativa* keine zur Kulturpflanze wurde. Innerhalb der Art *Eruca sativa* werden 7 Varietäten unterschieden. Die Chromosomenzahl beträgt n = 11.
Die Ölrauke ist einjährig, in manchen Gebieten mit milden Wintern auch einjährig überwinternd. Die **Wurzel** ist spindelförmig und wenig verzweigt. Der **Stengel** wird 30–80-100 cm hoch und verzweigt sich vom unteren Drittel an. Die **Beblattung** ist verhältnismäßig spärlich, zumal die leierförmigen **Blätter** meist stark gelappt sind. Die **Behaarung** der gesamten Pflanze ist schwach bis fehlend. **Blüten** und Knospen stehen beim Aufblühen in einer Traube, im Laufe der weiteren Entwicklung lockert sie sich auf. Der **Kelch** ist aufrecht abstehend. Die **Kronblätter** sind doppelt so lang wie der Kelch, gelb bis grüngelb gefärbt mit dunklen Adern. An der Basis der Staubfäden sitzen zwei große, reichlich Nektar liefernde Drüsen, die häufig von Bienen und Hummeln besucht werden. Fremdbefruchtung herrscht vor, Selbstbefruchtung ist jedoch möglich. Es bestehen deutliche Unterschiede zwischen Linien im Grad der Selbstbefruchtung. Die **Frucht** steht aufrecht-anliegend am Stengel, sie ist 20 bis 40 mm lang, 4 bis 5 mm breit und endigt in einem flachgedrückten Schnabel. Eine Schote enthält 20 bis 34 Samen. Der **Samen** ist etwa 2 mm lang, 1,6 mm breit und 1,1 mm dick. Das **Tausendkorngewicht** liegt zwischen 2,6 und 3,2 g. Die **Farbe** der Samen ist hellgelb bis gelbbraun und teilweise grünlich.
Der **Fettgehalt** liegt zwischen 24 und 35 % eines Öles mit einem hohem Erucasäureanteil, einem beachtlichen Gehalt an Linolsäure und einem relativ hohen Anteil an gesättigten Fettsäuren (s. Tab. 1). Die Angaben in der Literatur schwanken, wohl infolge unterschiedlicher Genotypen, erheblich. Der **Eiweißgehalt** und die Eiweißqualität entsprechen dem von Raps und Rübsen des früheren Sortentyps. In den Samen und Blättern ist hauptsächlich das Glucosit »Glucoerucin« enthalten, so daß die Rückstände an Wiederkäuer in Futtergemischen verfüttert werden können, jedoch nicht an monogastrische Tiere und Geflügel.

Geschichte und Verbreitung
Die Ölrauke stammt wahrscheinlich von der im Mittelmeerraum weit verbreiteten, wildwachsenden *Eruca sativa* var. *longirostris*

(Uechtr.) Rouy ab. Ein weiteres Verbreitungszentrum für *Eruca sativa* ist in Vorderasien zu finden. Die Inkulturnahme erfolgte schon frühzeitig in Persien, Afghanistan und Indien. Ähnlich wie der Leindotter in Europa war *Eruca* zunächst Unkraut im Lein und wurde später getrennt vom Lein selbst angebaut und durch die Domestikation zu *Eruca sativa*. Die Ölrauke ist eine alte Kulturpflanze, die schon im griechischen und römischen Altertum bekannt war. Sie wird auch heute noch im Mittelmeergebiet als Öl-, Gewürz-, Salat- und Gemüsepflanze auf kleineren Flächen kultiviert.

Im Mittelalter wurde sie, bis in die Neuzeit, in den mitteleuropäischen Gärten als Gewürz- und Heilpflanze angebaut. Auch als gute Bienenweide war sie im Mittelalter bekannt.

Eine Beachtung als Ölpflanze in Deutschland erfuhr *Eruca sativa* aber erst durch SCHEIBE, der Pflanzen und Samen von der Hindukusch-Expedition 1936 mitbrachte, eine planmäßige Züchtung begann und Anbauversuche durchführte. Eine Sorte wurde während des Krieges im Versuchsanbau geprüft: »Scheibes Ölrauke«. Zu einem großflächigen Anbau kam es jedoch nicht, da die Korn- und Ölerträge mit 12 bis 16 dt/ha vergleichsweise niedrig lagen.

Nutzung und Bedeutung

Der hohe Erucasäuregehalt kann für eine Verwertung des Ölraukenöles als Schmier- und Motorenöl von Interesse sein, deshalb ist eine Erprobung des Anbaues in neuerer Zeit wieder in Erwägung gezogen worden. Jedoch kann *Eruca sativa* beim jetzigen Leistungsniveau der vorhandenen Herkünfte und Sorten nur in einem extensiven Landbau Verwendung finden, falls sie nicht züchterisch bearbeitet und verbessert werden kann. Auch bei Berücksichtigung der Nutzungsmöglichkeit als Bienenweide, wegen ihrer langen Blühdauer und der reichlichen Nektar- und Pollenproduktion, wird heute kaum ein großflächiger Anbau erfolgen.

Als weitere Nutzung kommt ein Anbau als Grünfutter- und Gründüngungspflanze, wie bei einigen anderen Kruziferen in Betracht. Auch hierzu ist die Leistungsfähigkeit, gemessen an Raps, Ölrettich oder *Sinapis alba* zu gering.

Bildlegenden (von links)

1 Bestand der Ölrauke bei Abblüte.
2 Die Blüte ist relativ groß, hellgelb mit deutlicher Äderung.
3 Die Schote ist plattgedrückt.
4 Die Samen sind oval, abgeflacht mit einer grobnetzigen Äderung.

Literatur

BOGUSLAWSKI, v. E., 1953: Ölrauke (*Eruca sativa* Lam.). In: RÖMER, SCHEIBE, SCHMIDT, WÖRMANN : Handbuch der Landwirtschaft, Bd. II, 2. Aufl., 377. Verlag Paul Parey, Berlin.

HACKBARTH, J., 1944: Die Ölrauke (*Eruca sativa* Lam.). In: Die Ölpflanzen Mitteleuropas. 169–172. Wiss. Verlagsges., Stuttgart.

HEGI, G., 1929: *Eruca sativa* Mill. In: Illustrierte Flora von Mitteleuropa, Bd. IV/1, 476–477. Verlag Lehmanns, München.

KAUFFMANN, H. P. & H. FIEDLER, 1938: Beiträge zur Erschließung neuer Ölquellen VI. Raukenöl. Fette und Seifen, 45, 299–302.

SCHARRER, K. & R. SCHREIBER, 1940: Über die Verdaulichkeit der Ölrauke. Tierernährung 12, 278–296.

SCHEIBE, A., 1941: Die Ölrauke, eine für Deutschland neue Ölpflanze. Landw. Jahrbuch, 91, 199–233.

Kreuzblütler

Krambe
(*Crambe abyssinica* L.)
Abessinischer Meerkohl
(*Crambe abyssinica* Hochst.)

Spanischer Meerkohl (*Crambe hispanica* L.)

Biologie

Die Gattung *Crambe* (Meerkohl) umfaßt 20 Arten. Die ausdauernden, krautigen Formen (Sektion *Sarcocrambe* D.C.) sind in Innerasien beheimatet, während die einjährigen Pflanzen (Sektion *Leptocrambe* D.C.) aus dem Mittelmeergebiet stammen. Als Kulturpflanzen zur Ölgewinnung sind *Crambe abyssinica* und *Crambe hispanica* anbauwürdig.

Der abessinische Meerkohl ist einjährig, mit einer tiefgehenden **Pfahlwurzel** und einer **Stengellänge** von 50 bis 150 cm. Die Pflanze ist von der Basis her mehr oder weniger verzweigt, im unteren Teil deutlich behaart, oben kahl. Die unteren Blätter sind rundoval bis herzförmig, länger gestielt mit unregelmäßigem Rand. Die oberen Blätter sind klein, fast lanzettlich. Die **Blüten** stehen in einer lockeren Traube. Die Einzelblüte ist klein, die Kronenblätter sind weiß, nicht stark auffallend. Der Blütenaufbau entspricht dem anderer Kruziferen: 4 lange und 2 kurze Staubblätter, die am Grunde 2 reichlich Honig absondernde Nektarien tragen, so daß die Pflanze stark von Bienen und Hummeln besucht wird (Bienenweide). Dementsprechend herrscht Fremdbefruchtung vor, bei erzwungener Selbstung oder bei ungünstiger Witterung ist auch Selbstbefruchtung möglich; so können, wie bei den übrigen Kruziferen, homozygote Linien erstellt werden.

Die **Frucht** ist in der Anlage eine zweiteilige Gliederschote, bei der jedoch nur der vordere Teil fruchtbar ist. Der Fruchtdurchmesser liegt zwischen 1,0 und 4,5 mm. Die **Samen** sind kugelig, 1,8 bis 2,5 mm im Durchmesser. Das **Tausendkorngewicht**

schwankt zwischen 4 und 11 g. Das Erntegut besteht aus geschlossenen, blaß gelblichen, rundlichen Schotengliedern mit Samen und einigen nackten, graugrünen bis gelblichen Samen. Der Schalenanteil beträgt etwa 30 % des Gewichtes der Gesamtfrucht. Der Gehalt an nackten Samen ist stark wechselnd, woraus die großen Unterschiede in den Angaben des Fettgehaltes resultieren.

Die Heimat von *Crambe abyssinica* erstreckt sich von den nordafrikanischen Steppen über Äthiopien bis in die Türkei. *Crambe abyssinica* hat n = 45 Chromosomen.

Der **spanische Meerkohl** unterscheidet sich nur unwesentlich von *Crambe abyssinica*. Der Stengel ist am Grunde etwas länger behaart, die Blätter sind weniger deutlich gestielt und die Früchte dunkler gefärbt. *Crambe hispanica* ist im Mittelmeergebiet, Syrien, Palästina bis Spanien beheimatet. Die Chromosomenzahl beträgt n = 30. Es wird weiter eine *Crambe hispanica* var. *glabrata* mit n = 15 Chromosomen beschrieben. Die beiden Arten, *C. abyssinica* und *C. hispanica,* sind miteinander kreuzbar.

Beide Arten enthalten im Samen 50 bis 55 %, in der Frucht 30 bis 45 % Rohfett. Das Öl ist durch einen hohen Erucasäuregehalt von 55 bis 62 % gekennzeichnet (s. Tab. 1), so daß es für eine industrielle Verarbeitung als Schmieröl und für die Kunststoffherstellung besonders interessant ist. Die Samen enthalten, wie die von Raps des alten Types, verschiedene Glucosinolate, vor allem epi-Pogoitrin, die das bei der Ölgewinnung anfallende Schrot nur begrenzt verwendbar machen. Nur bis 15 % des Eiweißfutteranteils in der Ration für Rinder können ohne Schädigung bzw. ohne Leistungsverluste durch Krambe-Schrot ersetzt werden.

Geschichte

Nach den vorliegenden Berichten wurden abessinischer und spanischer Meerkohl erst um 1930 in Südost-Rußland in Kultur genommen, da dort wegen des starken Befalls durch *Orobanche* (Würger) der Sonnenblumenanbau eingeschränkt werden mußte. Man begann mit Krambe-Material aus dem Hochland von Abessinien zu züchten. Die Versuche zur Domestizierung gingen auch während des 2. Weltkrieges in der Nord-Ukraine bis nach Baschkirien weiter. In dieser Zeit wurde *Crambe abyssinica* auch in Polen und in Deutschland bekannt. So wurden Anfang der 60er Jahre von Bernburg (Sachsen-Anhalt) aus ebenfalls Anbauversuche mit *Crambe abyssinica* unternommen, die gute Ergebnisse im Vergleich mit Senf, Öllein u. a. zeigten, jedoch nicht mit Winterraps.

Auf der Suche nach Alternativfrüchten für die Überproduktion der nordamerikanischen Landwirtschaft an Mais und Weizen, Ende der 50er – Anfang der 60er Jahre, wurde *Crambe* in Amerika »entdeckt«. In Kanada sollen großflächige Anbauten wegen starker Krankheitsanfälligkeit inzwischen wieder eingestellt worden sein. Von dort aus ist die Pflanze auch bei uns als »nachwachsender Rohstoff« ins Gespräch gekommen. In Amerika wurden 3 Sorten, »Prophet«, »Meyer« und »Indy« gezüchtet.

Wie groß die Anbaufläche heute ist, kann schlecht geschätzt werden.

Bedeutung und Nutzen

Der hohe Wert von Krambe liegt in dem hohen Ölgehalt der Samen sowie in dem höchsten Erucasäureanteil von allen bekannten Ölpflanzen. Auch sind die kurze Vegetationszeit von 80 bis 90 Tagen von Aufgang bis Reife, ihre Anspruchslosigkeit und eine gute Trockenresistenz für viele Anbaugebiete von Interesse.

Dem stehen die relativ niedrigen Erträge von 20 bis 30 dt/ha (in 2jährigen Versuchen) entgegen. Auch ist der Glucosinolatgehalt von 12 bis 14 % = 100 bis 120 µmol/g entfettetes Mehl störend bei der Verwertung des Schrotes. Der Rohfettgehalt in der Frucht (mit Schote) betrug in den amerikanischen Versuchen im 4jährigen Mittel 42 bis 45 %, in den Versuchen in Sachsen-Anhalt lagen die Erträge bei 21 dt, maximal 30 dt/ha und der Fettgehalt bei 38 %.

Eine weitere züchterische Bearbeitung in Nutzungsrichtung »schnellwachsender, nachwachsender Rohstoff« für eine nicht intensive Landnutzung könnte für Europa interessant sein.

Außer der Nutzung von Krambe als Ölfrucht wird die Eignung für eine Grünfuttergewinnung im Stoppelfruchtbau wegen ihrer Schnellwüchsigkeit erwähnt.

Der **Gemeine Meerkohl** (*Crambe maritima* L.), der an Stränden vom Mittelmeer bis zur Nordsee vorkommt, ist mit nur 40 % Öl in den Samen und durch seine besonderen Ansprüche an den Salzgehalt des Grundwassers als Ölpflanze wenig geeignet. In Rußland, in den küstennahen Wüsten und Halbwüsten mit den salzigen Böden wird *Crambe maritima* als Gemüse- und Futterpflanze feldmäßig angebaut.

Als wildwachsende Gemüsepflanze ist der **Tataren-Meerkohl** (*Crambe tatarica* Jacq.) in Westsibirien, Südrußland, Siebenbürgen, Ungarn, Serbien bis Istrien und Niederösterreich weit verbreitet. Diese Pflanze ist ein ausdauernder Halbstrauch von 60 bis 90 cm Höhe. Die über 5 bis 10 cm dicke und bis 1,2 m lange, süßschmeckende Wurzel wird als Salat oder mit den Blättern zusammen als Gemüse gegessen.

Bildlegenden (von links)

1 Teilbestand bei Blühbeginn.
2 Die Blüten sind klein, weiß gefärbt.
3 Reife Fruchtstände.
4 Die Schoten sind kugelig rund und enthalten nur einen Samen.

Literatur

HEGI, G., 1906 u. 1958: *Crambe* L. Illustrierte Flora von Europa, Bd. IV/1, 298; Bd. IV/1, 2. Aufl., 493. Verlag Lehmanns, München.

HEIDT, K., 1945: Meerkohlarten (*Crambe abyssinica* L., *Crambe abyssinica* Hochst., *Crambe maritima* L., *Crambe tatarica* Jacq.) als ertragreiche Öl-, Gemüse- und Futterpflanzen. Pflanzenbau, 20, 170–176.

HINMAN, W. C., 1986: Neue Kulturpflanzen. Spectrum der Wissenschaft, September, 90–94.

LEPPIK, E. E. & G. A. WHITE, 1975: Preliminary Assessment of *Crambe*-Germplasm ressources. Euphytica, 24, 681–689.

LESSMAN, K.J., 1975: Variation in *Crambe abyssinica* Hochst. J. Amer. Chemists Soc., 62, 5386–5389.

WHITE, G. A., 1975: Distinguishing characteristics of *Crambe abyssinica* and *Crambe hispanica*. Crop Science 15, 91–93.

ZIMMERMANN, H.-G. & F. RAGALLER, 1961: Die neue Sommerölfrucht *Crambe abyssinica* Hochst. und ihr Ertragspotential sowie dessen Beeinflussung durch einige Ertragsfaktoren. Albrecht-Thaer-Archiv 5, 438–467.

Silberblatt/Silbertaler
(*Lunaria annua* L.)

Biologie
Die Pflanze hat viele Namen, die meist von der rundlichen, geldstückähnlichen Form und dem Silberglanz der Schoten abgeleitet sind: Peterspfennig, Sulwergroschen, Judassilberling u. s. w. *Lunaria annua* ist einjährig überwinternd bis dreijährig, 30 bis 100 cm hoch. Der **Stengel** ist mehr oder weniger stark verzweigt und stark behaart. Die **Wurzel** ist ebenfalls stark verzweigt und stellenweise zu Speicherorganen verdickt. Die **Blätter** sind im unteren Drittel langgestielt, oben kurz gestielt bis aufsitzend, breit-herzförmig und kurz zugespitzt. Die Blätter sind durch kurze, anliegende Härchen rauh. Die **Blüten** stehen in zusammengesetzten Trauben. Die **Kelchblätter** sind grün, an der Spitze violett mit kantigem Rand und behaart. Die **Kronblätter** sind verhältnismäßig groß, verbreitert, purpurrot, violett, selten weiß. Die **Frucht** ist eine breite, rundliche bis elliptische, flache Schote mit glänzender Scheidewand. Die **Samen** sind rund bis nierenförmig, flügelig umrandet, etwa 8 bis 9 mm lang und 6 bis 7 mm breit; das **Tausendkorngewicht** beträgt 18 bis 22 g. Die Samen enthalten 30 bis 40 % Öl, das durch einen hohen Anteil langkettiger Fettsäuren gekennzeichnet ist (siehe Tabelle 1); 38 bis 48 % Erucasäure (C 22:1) und 22 bis 25 % Nervonsäure (C 24:1).

Geschichte und Verbreitung
Die Heimat von *Lunaria annua* ist wahrscheinlich der Mittelmeerraum, wo sie heute noch weit verbreitet ist. Man findet sie in Gärten als Zierpflanze, kultiviert und verwildert im nördlichen und westlichen Mittelmeergebiet, in Nordspanien bis zum Balkan und im Banat. In Mitteleuropa hat sie sich bis Schleswig-Holstein ausgebreitet. Sie ist verwildert an Wegen, auf Schuttplätzen, an Mauern oder Waldrändern meist auf frischen, humosen Böden zu finden.

Nutzung
Wegen ihrer leuchtenden Blüten im zeitigen Frühjahr und wegen der silbrigen, großen Früchte, die sich gut für Trockensträuße eignen, wird sie in Gärten und Parkanlagen oft flächig kultiviert. Die Samen wurden früher als Gewürz wie Senf verwendet.
Der hohe Anteil an langkettigen Fettsäuren und besonders an der selten bei Pflanzen vorkommenden Nervonsäure (C 24:1) macht das Öl für eine industrielle Nutzung

Fettsäuremuster von *Limnanthes alba* in % der Triglizeride:

C 20:1 Δ 5	C 22:1 Δ 5	C 22:1 Δ 13	C 22:2 Δ 5,13	Rest
62,6	2,6	9,7	22,1	3,0

Berechneter Gehalt an Wax-Ester:
C 40 = 44,1 mol %; C 42 = 37,2 mol %; C 44 = 18,6 mol %.

interessant. Über Möglichkeiten einer landwirtschaftlichen Nutzbarmachung und über Ertragsleistungen liegen bisher keine Erfahrungen vor.
Eine weitere Quelle für **»langkettige Fettsäuren«** ist, neben *Crambe abyssinica* und *Lunaria annua*, die in den letzten Jahren in USA intensiv anbautechnisch und züchterisch bearbeitete **»Meadowfoam«** (Wiesenschaum) *Limnanthes alba* (Weißer Sumpfschnabel = **Weiße Sumpfblume**). 1986 wurden in Oregon/USA etwa 400 ha mit dieser einjährigen Pflanze bestellt.
Die Samen von *Limnanthes alba* enthalten 20 bis 30 % fettes Öl mit 95 % C 22 und C 20 Fettsäuren im Öl, die für die Produktion von Spermölsubstituten verwendet werden können (siehe oben).

Bildlegenden (von links)
Silberblatt ist in drei Blütenfarben in mitteleuropäischen Gärten zu finden:
1 rotviolett
2 blauviolett
3 weiß
4 Blütenstand
5 Fruchtstand mit den rundovalen, flachen Schoten, nach denen die Pflanze ihren Namen hat.
6 Die Samen sind ebenfalls rundoval und stark abgeflacht.

Das Mehl von *Limnanthes alba* nach Extraktion enthält in der Trockensubstanz:

	Rohprotein	Rohfett	Rohfaser	Asche
Gesamt Samen	23,4	0,7	27,8	9,4
Geschälter Samen	35,7	2,6	12,8	9,0

Diese interessante Ölpflanze und eventuell andere *Limnanthes*-Species, wie *L. gracilis* und *L. douglasii* erscheinen durchaus auch in Süd- bis Mitteleuropa anbauwürdig.

An weiteren Pflanzen mit einem hohen Anteil an **langkettigen Fettsäuren** im Öl der Samen werden genannt:

Pflanzenart	Ölgehalt im Samen %	Fettsäure Art	Fettsäure Gehalt im Öl %
Große Mondblume *Selenia grandis*	18,5	C 20	58
Alabamische Laevenworthia *Laevenworthia alabamica*	18,0	C 20	50
Rasenbildende Marschallia *Marschallia caespitosa*	25,6	C 20	44

Literatur

AIN, S. K., R. O. PIERCE & H. HAUPTLI, 1977: Meadowfoam: potential new oil crop. California Agriculture March, 18–20.

HEGI, G., 1958: *Lunaria annua* L. (Silberblatt). Illustrierte Flora von Europa, Bd. IV/1, 2. Aufl., 268–270. Verlag Lehmanns, München.

HIRSINGER, 1987: Oleochemische Rohstoffe und die besondere Bedeutung neuer Ölsaaten. Henkel-Referate 23, 20–28.

MILLER, R. W., M. E. DAXENBISCHLER, F. R. EARLE & H. S. GENTRY, 1964: Search for the New Industrial Oils. VIII, The Genus Limnanthe, JAOCS, 41, 167–169.

RADATZ, W. & W. HONDELMANN, 1961: Samenölhaltige Pflanzen der Wildflora als potentielle Nutzpflanze für die Gewinnung von Industriestoffen. Landbauforschung Völkenrode, 31, 227–240.

RÖBBELEN, G., 1986: Mittel- und langfristige Perspektiven für Öl und fetthaltige Pflanzen als industrielle Rohstofflieferanten. In: Nachwachsende Rohstoffe, Teil II, 50–74. Verlag Kordt, Bochum.

In der **Familie** der **Kruziferen** gibt es **weitere Arten**, die fettes Öl in ihren Samen enthalten, dessen Nutzung bisher aus mancherlei Gründen, meist wegen ihres Wildpflanzencharakters oder zu geringen Leistungspotentials, nicht erfolgt ist:

Kulturpflanzen

Kohl-Arten (*Brassica oleracea* L. spec.) mit einer großen Zahl von Kultur- und Wildformen. Die Samen enthalten 28 bis 38 % Öl des alten Rapstypes.

Rettich und **Radieschen** (*Raphanus sativus* L.). Wurzelgemüse. Der Samen enthält etwa 40 % Öl, das in seiner Fettsäurezusammensetzung dem von Ölrettich entspricht.

Gartenkresse (*Lepidium sativum* L.). Salatpflanze. Der Ölgehalt der Samen liegt bei 25 %. Das Fettsäuremuster entspricht einem halbtrocknenden Öl.

Brunnenkresse (*Nasturtium officinale* L.). Salat, Heilpflanze. Der kleine Samen (TKG = 0,18 bis 0,20 g) enthält 24 % Öl.

Goldlack (*Cheiranthus cheiri* L.). Zierpflanze. Es sind im Samen etwa 25 % Öl, das aus 42 % Linolsäure, 38 % Erucasäure, 12 % Ölsäure, 4 % Linolensäure und 3 % Palmitinsäure besteht.

Levkoje (*Matthiola incana L.*). Zierpflanze und Schnittblume. Die Samen enthalten 25 bis 30 % fettes Öl, das aus 60 bis 70 % Linolensäure und 8 bis 12 % Linolsäure besteht.

Nachtviole (*Hesperis matronalis* L.). Gewürzpflanze. Die Samen haben ein Tausendkorngewicht von etwa 125 g, sie enthalten 25 bis 30 % eines dünnflüssigen, leicht bitter schmeckenden Öles.

Färberwaid = Deutscher Indigo (*Isatis tinctoria* L.). Blauen Farbstoff liefernde, zweijährige bis ausdauernde Pflanze. In ganz Europa verbreitet. In den Steppengebieten Inner- und Vorderasiens beheimatet. War schon den Römern als Kulturpflanze bekannt. Im Mittelalter zur Gewinnung eines blauen Farbstoffes angebaut. Heute wieder Anbau- und Züchtungsversuche als nachwachsender Rohstoff. Die schmalen bis länglichen, gelben bis braunen 3 x 1 mm großen Samen enthalten 10 bis 13 % fettes Öl mit 26 bis 30 % Linolen-, 25 bis 30 %

Eruca-, 12 bis 14 % Eicosen-, 14 bis 18 % Öl-, 10 bis 14 % Linolsäure und 6 bis 8 % gesättigte Fettsäuren.

Wildpflanzen

Hederich (*Raphanus raphanistum* Murch.). Unkraut auf leichteren Böden. Die Samen enthalten 30 bis 40 % Öl, das in seiner Zusammensetzung dem des Ölrettichs entspricht.

Ackersenf (*Sinapis (= Brassica) arvensis* L.). Weit verbreitetes Unkraut auf schwereren Böden. In den Samen sind etwa 24 bis 38 % fettes Öl enthalten mit 5 % C 16:0, 34 % C 18:1, 25 % C 18:2, 15 % C 18:3, 12 % C 20:1 und 5 bis 7 % C 22:1.

Hirtentäschelkraut (*Capsella bursa pastoris* (L.) Med. Weit verbreitetes Unkraut. Die Samen enthalten 20 bis 35 % fettes Öl.

Hellerkraut (*Thlaspi arvense* L.). Unkraut der schwereren Böden. Die Samen haben 30 bis 34 % Öl, das zu 20 bis 38 % aus Eicosen-, 18 bis 38 % Linolen- und 8 bis 14 % Ölsäure sowie 7 bis 10 % Stearidonsäure (C 18:4) besteht.

Acker-Schöterich (*Erysimum cheirandoides* L.). Unkraut auf schweren Böden. Samen länglich 1,0 bis 1,2 mm, enthalten 20 bis 30 % Öl mit 25 bis 28 % Linol-, 36 bis 38 % Linolen- und 16 bis 20 % Erucasäure.

Weißer Ackerkohl (*Coringia orientalis* L.). Ein Unkraut, das aus dem östlichen Mittelmeer stammt und als solches nach West- und Mitteleuropa und Südrußland verschleppt wurde. Der Ölgehalt der Samen beträgt 25 bis 35 % mit 25 bis 30 % Eruca- und 22 bis 28 % Eicosensäure, 3 bis 5 % Nervonsäure und 24 bis 29 % Linolsäure.

Graukresse (*Berteroa incana* (L.) DC.). Auf trockenen warmen Standorten verbreitet. Ein- bis mehrjährige 30 bis 50 cm hohe Pflanze mit 26 bis 30 % Öl in den 1,5 bis 2,0 mm großen Samen, das zu 48 bis 50 % aus Linolensäure, 22 bis 26 % Linol-, 14 bis 16 % Ölsäure und 6 bis 8 % Palmitin- und Stearinsäure besteht.

Echtes Barbarakraut (*Barbarea vulgaris* R. Br.). Unkraut auf feuchten Standorten, in ganz Europa und Asien beheimatet. Die 1,3 bis 1,5 mm großen Samen enthalten 25 bis 36 % fettes Öl mit 20 bis 28 % Öl-, 24 bis 26 % Linol- und 8 bis 10 % Linolensäure, sowie 24 bis 26 % Eruca- und 10 bis 12 % Eicosensäure.

Besenrauke (*Descurainia sophia* (L.) Webb.). Einjährige, überwinternde, 20 bis 50 cm hohe, in ganz Europa verbreitete Wildpflanze. Je Pflanze werden mehrere 100.000, etwa 1 mm kleine ovale Samen ausgebildet, die 26 bis 40 % fettes Öl enthalten mit 18 bis 22 % C 18:2, 35 bis 40 % C 18:3, 12 bis 14 % C 20:1 und 8 bis 10 % C 22:1.

Viele weitere Kräuter und Wildpflanzen der verschiedensten Gattungen aus der Familie der Kruziferen: z. B. *Erucastrum* L., *Diplotaxis* L., *Lesquerella* L., *Alliaria* L., *Sinaphidendron* DC., *Hutera* L., *Hirschfeldia* L. u. a. enthalten fettes Öl in ihren Samen

Literatur

HACKBARTH, J., 1944: Die Ölpflanzen Mitteleuropas. Wiss. Verlagsges., Stuttgart.

HANF, M., 1982: Ackerunkräuter Europas. BASF Aktiengesellschaft, Ludwigshafen.

HARBERD, D. J. & E. D. McARTHUR, 1980: Meiothic Analysis of some Species and Genus Hybrids in the *Brassiceae*. In: TSUNODA, HINATA, GOMEZ-CAMPO: Brassica Crops and Wild Allies, 65–87. Japan Scient. Soc. Press, Tokyo.

JART, A., 1978: The Fatty Acid Composition of Varios Cruciferous Seeds. JOACS 55, 873–875.

REGEL, v. C., 1945: Pflanzen in Europa liefern Rohstoffe. 2. Aufl., 115–138. Schweizerbart'sche Verlagsbuchhandlung, Stuttgart.

Korbblütler
(*Compositae*)

Die zweite große Familie, die in ihren Früchten fettes Öl speichert, ist die der Kompositen. Die Früchte sind Achänen mit einem mehr oder weniger großen Kern(Samen)-Anteil. Sie umfaßt mehr als 14.000 Arten, die über die ganze Erde verbreitet sind. Die Formenmannigfaltigkeit und auch die Anpassungsfähigkeit an wechselnde Klima- und Bodenverhältnisse sind sehr groß. Da alle Arten Insektenbestäuber und damit weitgehend Fremdbefruchter sind, entstehen laufend neue Genotypen.

Sonnenblume
(*Helianthus annuus* L.)

Biologie

Die bedeutendste ölliefernde Pflanze in der Familie der Kompositen ist die Sonnenblume, mit einer besonders großen Formenmannigfaltigkeit und Variabilität in der Gattung *Helianthus*. Unter den 49 Arten sind nur zwei landwirtschaftliche Kulturpflanzen: *Helianthus annuus*, die einjährige Sonnenblume, die als Ölpflanze genutzt wird, und *Helianthus tuberosus*, der Topinambur, der als Futter und zur Invertzucker- und Alkoholgewinnung Verwendung findet. Jedoch sind verschiedene andere einjährige Arten, die teilweise als Zierpflanzen angebaut werden, mit ihren vielfältigen Eigenschaften wichtige Genquellen für Kreuzungen zwischen Kultur- und Wildformen unter Anwendung der zell- und gentechnologischen Methoden in der Sonnenblumenzüchtung.

Infolge der spontan auftretenden Bastardierung innerhalb der Art *Helianthus annuus* und zwischen den Arten ist die Variabilität der morphologischen und physiologischen Merkmale sehr groß.

So bei der **Wurzel**, die zwischen einer 4 bis 5 m tief gehenden Pfahlwurzel, über ein Wurzelwerk mit einer mittellangen Pfahlwurzel und dichten Seitenwurzeln bis zu einer flachen, intensiven Durchwurzelung variiert. Dadurch können Formen für die unterschiedlichsten Boden- und Klimabedingungen selektiert werden.

Der **Stengel** zeigt eine noch stärkere Variation: von Zwergtypen mit 40 cm Wuchshöhe bis Gigasformen bis zu 5 m Länge; von Einstengeligkeit bis zu Mehrfachverzweigung mit und ohne Hauptkorb; mit einer dichten Beblattung durch eine geringe Internodienlänge bis zu wenigen Blättern mit großen Abständen zwischen den Nodien; dicken Stengeln von 10 cm Durchmesser bis 1 cm; von guter Standfestigkeit bis zu weichen Stengeln, die frühzeitig lagern; von dichter, stacheliger Behaarung bis unbehaart glatten

Formen. Die **Blüten**- und die **Fruchtkörbe** variieren in der Form von flach, nach außen gewölbt (konvex), trichterförmig, nach innen gewölbt (konkav) bis zum unregelmäßigen Schrumpfkorb.
Auch in der Haltung des Korbes (Blütenstandes) zeigt sich eine starke genetische Variation von aufrecht, über geknickt bis zu stark überhängend. Die Züchtung bevorzugt Formen zwischen abgeknickt bis leicht überhängenden Kandelabertypen. Aufrecht nach oben stehende Körbe werden stark von Vögeln ausgefressen.
Die **Blätter** der Sonnenblume stehen wechselständig. Ihre Größe, Form und die Ausbildung des Blattrandes sind vielförmig. Da die Blätter über ihre Größe, Zahl (Dichte) und Effektivität maßgeblich die Assimilationsleistung bestimmen, sind sie ein wichtiges Selektionsobjekt für die Ertragsleistung. Die Blätter und die Blütenknospen zeigen einen deutlich ausgeprägten **Heliotropismus**. Dies befähigt zu hohen Assimilationsraten. Die Blütenstände sind nach dem Aufblühen nicht mehr heliotrop. Sie blicken überwiegend in östliche Richtung.
Der zusammengesetzte **Blütenstand** der Sonnenblume ist durch die Zahl, Größe, Farbe und Form der Hüllkelchblätter, der Zungenblüten und der Korbblüten außerordentlich vielförmig. So finden wir bei *Helianthus annuus* neben großen, dicht besetzten Blütenkörben mit gelben Zungen- und Röhrenblüten auch zitronengelb, braun, rot bis schwarzrot gefärbte – und Scheibenblüten mit allen Kombinationen zwischen diesen Farben, die als Zierpflanzen genutzt werden.
Für die Ölnutzung werden große, voll und dicht mit Blüten und Früchten besetzte Körbe selektiert, da die Zahl der Früchte pro Pflanze ein wesentlicher Ertragsfaktor ist. Der Korbdurchmesser kann von 5 cm bis 50 cm variieren und die Zahl der Früchte je Korb von 100 bis 8.000.
Die Korb-, Scheiben- oder **Röhrenblüten** bestehen aus fünf zusammengewachsenen Kronenblättern, einem unterständigen Fruchtknoten, einer aus fünf Staubblättern zusammengewachsenen Antherenröhre, einem Griffel mit zweilappiger Narbe und zwei kleinen Kelchblättern. Der Pollen ist relativ groß und stachelig. Die Blühdauer einer Korbblüte beträgt etwa 10 bis 12 Stunden. Die Blüte ist für eine vorwiegende Fremdbefruchtung eingerichtet. So sind heute für die Kornnutzung zur Ölproduktion nur noch Hybridsorten, deren F_1-Pflanzen höchste Leistungen bringen, im Anbau. Hier wird eine männlich sterile Mutterlinie mit einer Restorer-Linie, die Gene besitzt, welche die Fertilität in den Nachkommen wieder herstellen (dominante Gene), gekreuzt.
Die Röhrenblüten und auch die Früchte sind spiralig im Korb angeordnet. Die Blüte eines Korbes dauert 4 bis 12 Tage, je nach Witterungsverlauf. Dabei blühen die Röhrenblütchen täglich in zentrischen Kreisen von 1 bis 6 Reihen. Die **Frucht** ist eine Achäne, eine besondere Form der Nuß mit lederartiger Fruchtschale, die aus vier Schichten besteht. Die Farbe der Fruchtschale entsteht durch das Zusammenwirken von drei teilweise durchsichtigen Schichten. Sie variiert von weiß, weiß gestreift, grau, grau ge-

streift bis schwarz und violett-schwarz. Der Anteil der Schale an der Gesamtfrucht liegt zwischen 10 und 60 %. Zur Erzeugung von hohen Ölerträgen wird ein geringer Schalenanteil gewünscht. Dementsprechend liegt der **Ölgehalt** der Frucht zwischen 12 bis 60 %. Aber auch im Kern kann der Ölgehalt von 26 bis 72 % schwanken. Als weiterer wichtiger Bestandteil der Frucht für eine Nutzung in der Human- und Tierernährung ist ein **Eiweißgehalt** von 9 bis 24 % zu nennen.

Geschichte

Die Urheimat der Sonnenblume liegt im Raum von Nord-Mexiko bis zum südlichen Kanada. Schon frühzeitig erfolgte eine Kultivierung und Nutzung durch die Indianer. Aus Arizona und Neu-Mexiko sind Funde von Früchten der Kulturformen aus 3000 v. Chr. bekannt. Die Nutzung durch die Ureinwohner bestand in der Verwendung zur direkten Ernährung als gemahlene Kerne, zusammen mit Maismehl zur Brotherstellung, in der Medizin und bei religiösen Zeremonien. Auch von einer Ölnutzung zum Einfetten des Körpers und der Haare wird berichtet.

Durch die Spanier wurde 1510 die Sonnenblume nach Europa gebracht. Von Spanien breitete sie sich in Europa nach Osten und Norden zuerst in den botanischen und bald danach in den Hausgärten aus. Nur in kleinem Umfang begann man im 17. Jahrhundert die Kerne in der Konditorei und geröstet als Kaffee-Ersatz zu nutzen. Obwohl schon 1716 einem Engländer ein Patent »Gewinnung von Öl aus der Sonnenblume zur Verwendung in der Weberei und in der Lederverarbeitung« erteilt wurde, blieb die Ölgewinnung aus Sonnenblumenkernen in Europa bis zu Beginn des 19. Jahrhunderts fast unbekannt.

Nach Rußland brachte PETER DER GROSSE im 18. Jahrhundert die Sonnenblume aus Holland.

In den Jahren 1830 bis 1840 begann die kommerzielle Ölnutzung in Rußland. Mitte des 19. Jahrhunderts wurden im Gebiet von Woronesch 200.000 t Sonnenblumenöl produziert und in der Ukraine sowie im Kuban-Gebiet schon 150.000 ha Sonnenblumen angebaut.

Ende des 19. Jahrhunderts wanderte der Sonnenblumenanbau zur Ölgewinnung von Süd-Rußland in die angrenzenden Balkan-Länder Bulgarien, Rumänien, Ungarn und Jugoslawien. Im Ersten Weltkrieg erfolgte unter dem Einfluß der Lebensmittelverknappung, besonders von Fett und Eiweiß, eine stärkere Ausweitung des Anbaues mit Versuchen im nördlichen Europa. Nach dem 1. Weltkrieg ging der Anbau allgemein wieder zurück und erlebte im 2. Weltkrieg einen erneuten Aufschwung. In die Zeit zwischen 1936 und 1952 fallen auch Anbau- und Züchtungsversuche in Deutschland. Im westlichen Teil Deutschlands werden diese, wie in den Balkanländern und in Frankreich, bis heute fortgeführt.

Im letzten Viertel des 19. Jahrhunderts kam die Sonnenblume durch russische Auswanderer zurück nach Amerika, wo die ersten Siedler den Sonnenblumenanbau der Indianer nicht übernommen hatten.

(Darstellung 10)

Sonnenblumen-Anbau auf 1.000 ha in Europa

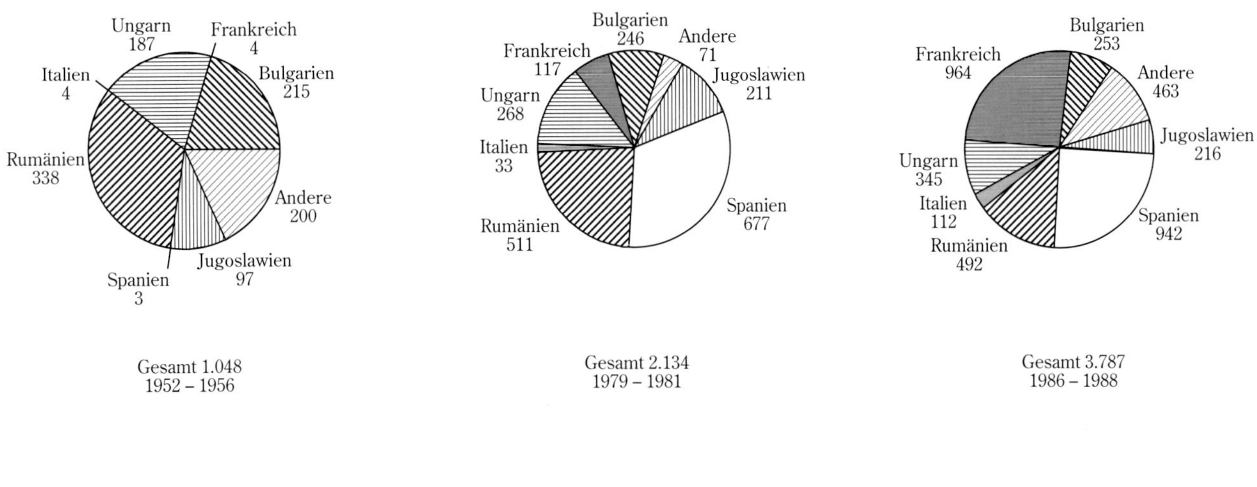

Starke Impulse erhielt der Sonnenblumenanbau weltweit durch zwei wesentliche Fortschritte in der Züchtungsforschung:

1. In den 50er Jahren konnte PUSTOVOIT in Krasnodar/UdSSR den Fettgehalt in der Sonnenblumenfrucht durch Senkung des Schalenanteils und gleichzeitige Steigerung des Ölgehaltes im Samen auf 48 bis 52 % erhöhen.
2. Die Entdeckung der cytoplasmatisch/kerngenisch gesteuerten männlichen Sterilität 1969 durch LECLERCQ in Clermont-Ferrand/Frankreich.

Hierdurch war es möglich, hoch ertragreiche Hybridsorten mit hohem Ölertrag zu entwickeln, so daß eine starke Anbauerweiterung und Produktionssteigerung einsetzte (s. Tab. 2, 3 u. Darst. 10).

Wirtschaftliche Bedeutung
Diese ernorme Anbauausdehnung und der starke Anstieg der Produktion (s. Tab. 2) sind neben der hohen Ertragsleistung auf die Wertschätzung, die das Sonnenblumenöl in der menschlichen Ernährung hat, zurückzuführen. So wird der überwiegende Anteil der Sonnenblumenproduktion der Speiseöl- und Margarineproduktion zugeführt. Infolge der ernährungsphysiologisch günstigen Zusammensetzung des Sonnenblumenöls mit einem hohen Anteil an der essentiellen Linolsäure, dem beachtlich hohen Tocopherolgehalt und seinem angenehmen Geschmack ist Sonnenblumenöl ein ausgezeichnetes Speiseöl für Salate. Neue Züchtungen haben **Linolsäureanteile** von 70 bis über 80 %, sie ermöglichen die Herstellung einer gesundheitsfördernden Diät-Margarine. Es ergeben sich folgende zahlreiche Nutzungsmöglichkeiten der Sonnenblumenfrucht (nach DORREL in CARTER; siehe unten):

Mit den vielen Nebenprodukten, die aus der Frucht gewonnen werden können und mit den seit einigen Jahren entdeckten Formen mit **Ölsäureanteilen** von 80 bis 90 % der Gesamtfettsäuren ist die Sonnenblume ein wichtiger »nachwachsender Rohstoff« für die industrielle Nutzung (siehe Abschnitt »Biologie der Pflanzenöle«).

Neben der Ölnutzung spielt die Verwertung des mit 18 bis 22 % in der Gesamtfrucht (= 48 bis 52 % im entfetteten Mehl) recht beachtlichen **Rohproteins** für die menschliche und tierische Ernährung eine wichtige Rolle, obwohl das Eiweiß der Sonnenblume nicht so vollwertig wie Soja- und Rapseiweiß ist. Es besteht ein Defizit für die essentiellen Aminosäuren Lysin und Leucin.
Der Anteil von Sonnenblumenfrüchten für die **»Nichtölnutzung«** nimmt ständig zu: Geschälte Sonnenblumenkerne, mit Salz leicht geröstet als »Knabberfrüchte«, als »Vollwert-Nahrung«, als »Zusatz in Brot und anderem Gebäck«. Hierzu werden spezielle Sorten mit hohem Eiweißgehalt, geringem Fettanteil, großen, locker sitzenden Kernen und großen Früchten, die sich leicht schälen lassen, gezüchtet. Groß ist die Zahl der Verwendungsmöglichkeiten und Rezepte für geschälte Sonnenblumenkerne.
Ein nicht zu unterschätzender Markt ist die Nutzung von gestreiften und weißen Sonnenblumenfrüchten für die **Vogel- und Kleintierfütterung**.

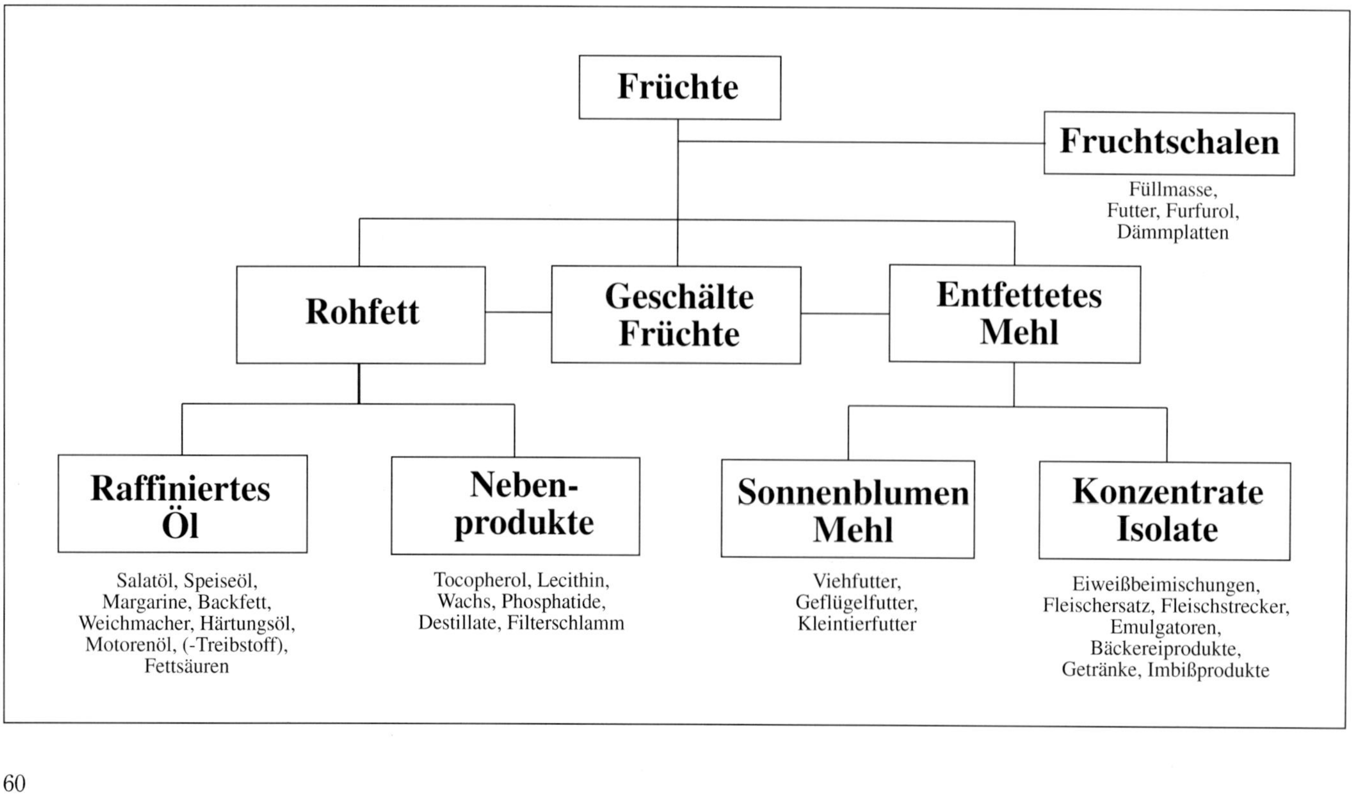

Korbblütler

Korbblütler

Eine weitere Nutzung der Sonnenblume liegt in der Verwendung als **Grünfutterpflanze** und zur **Silagegewinnung** sowie im Stoppelfruchtanbau zur **Gründüngung**. Hier kommt eine gute Resistenz gegen den Rübennematoden zur Wirkung.
An weiteren Nebennutzungen kommt in Frage: Sonnenblumenstengel wegen ihres hohen Gehaltes von 43 bis 48 % α-Zellulose zur Papierherstellung und zur Zellulosegewinnung, als Holzersatz in den trockenen Steppengebieten, zur Herstellung von Dämmplatten und zur Pottaschegewinnung. Aus den Fruchtkörben kann Pektin gewonnen oder sie können zu Futtermitteln verarbeitet werden.
Nach alten Berichten wurden die jungen Sonnenblumenpflanzen und -knospen als Gemüse gegessen. Blätter und Blüten werden in der Volksheilkunde als Tee bei Erkrankungen der Atemwege und gegen Malaria sowie andere fiebrige Krankheiten angewendet. Nicht unerwähnt bleiben darf der Nutzen der Sonnenblume als wertvolle **Bienenweide**; 25 bis 50 kg Honig liefert 1 ha Sonnenblumen in einer Blühperiode.
Große Fortschritte konnte die Sonnenblumenzüchtung in den letzten Jahren erzielen. In der ganzen Welt wird intensiv weitergearbeitet: besonders an der Resistenz gegen die verschiedensten Krankheiten und Schädlinge, die in großer Zahl auftreten; an der physiologischen Eignung für höchste Leistungen in bestimmten Anbaugebieten, besonders an trockenresistenten Formen; an der weiteren Verbesserung von qualitativen Inhaltsstoffen, aber auch an der Erhöhung des Fett- und Eiweißgehaltes. Eine Verbreiterung der Formenmannigfaltigkeit für die gewünschten Eigenschaften wird durch Kreuzungen zwischen den verschiedenen *Helianthus*-Arten verfolgt, unter Anwendung der modernen Biotechniken wie: Embryo-Kultur nach der interspezifischen Kreuzung, Gewebe- und Zellkultur zur Erhaltung und Vermehrung der neuen Genkombinationen; Übertragung von bestimmten Genen aus Wildformen in *Helianthus annuus*, Zellverschmelzungen u. a. m. Vieles wird erst durch weitere intensive Forschung, in näherer oder weiterer Zukunft möglich sein.

Bildlegenden (von links)

1 Voll blühender Sonnenblumenbestand in der Morgensonne.
2 Feldbestand der frühen Hybridsorte »Frankasol«.
3 Neben Bienen und Hummeln besuchen häufig auch Schmetterlinge die Sonnenblume; Admiral (*Pyrameis atalanta*) auf Blütenkorb.
4 Blütenstand einer männlich sterilen (ohne Staubgefäße) Mutterlinie für die Hybridherstellung.
5 Sonnenblumenknospe etwa 5 – 6 Tage vorm Aufblühen mit Marienkäfer auf Blattlausjagd.
6 Die mittelspäte Hybridsorte »Semira« in einem Sortenversuch.
7 Röhrenblüten (Scheibenblütchen) eines fertilen Korbes am Nachmittag des zweiten Blühtages.
8 Groß ist die Variabilität in der Blütenform und -färbung von *H. annuus*, die als Zierpflanzen und Schnittblumen genutzt werden.
9 Die Färbung der Fruchtschale (Achäne) wird durch 3 verschieden gefärbte Schichten bestimmt, so daß auch hier eine große Variabilität besteht.

Literatur

BONJEAN, A., 1986: Tournesol de France. Union des Coopé-relatives de Semences de Tournesol, CST.

CARTER, J. F., 1978: Sunflower Science and Technology. Series Agronomy 19, Amer. Soc. Agr., Madison, Wisc.

HUGGER, H., 1989: Sonnenblumen. Züchtung, Anbau, Verbreitung. Verlag Eugen Ulmer, Stuttgart.

LECLERCQ, P., 1969: Une stérilité mâle cytoplastique chez le tournesol. Ann. Améluor, Plantes 19, 99–106.

MILLER, J. F., 1987: Sunflower. In: FEHR, W. R.: Principles of Cultivar Development. II. Crop Species. MacMillan, New York, 626–668.

PUSTOVOIT, V.S., 1964: Conclusions of work on the selection and seed produktion of sunflowers (russ.). Agrobiology 5, 682–697.

SCHUSTER, W., 1991: Die Züchtung der Sonnenblume. Beiheft zu Z. Pflanzenzüchtung 14, Verlag Paul Parey, Berlin.

SKORIC, D., 1988: Sunflower Breeding. Journal of Edible Oil Industrie »Ulgarstvo«, 25, 1–91.

VRANCEANU, A. V., 1974: Floarea-soarelui (rumän.). Academiei Rep. Soc. Romania, Bucuresti.

ZIMMERMANN, H. G., 1958: Die Sonnenblume. Dt. Bauernverlag, Berlin.

Saflor/Färberdistel
(*Carthamus tinctorius* L.)

Biologie
Saflor gehört innerhalb der Familie der Kompositen zur Gruppe der Distelgewächse (Tribus *Centaureae*). Hier ist sie die einzige Kulturpflanze neben weiteren 25 Wildarten. *Carthamus tinctorius* ist mit den ebenfalls n = 12 Chromosomen aufweisenden *C. palaestinus* und *C. oxpacanthus* voll fertil kreuzbar.
Die **Pflanze** wird 60 bis 140 cm hoch mit einer starken Variabilität in der Wuchsform und Verzweigung. Sie bildet eine tiefgehende **Pfahlwurzel** mit einem hohen Aneignungsvermögen von Wasser aus, woraus ihre gute Trockenresistenz resultiert. Die **Blätter** sind steif und meist stachelig gezähnt, die **Blütenköpfe** distelartig, 3 bis 4 cm breit und von stachelig gezähnten Hüllblättern umgeben. Die langen **Blütenblätter** enthalten einen gelben und einen roten Farbstoff. Neben den weitverbreiteten stacheligen Formen konnten schon frühzeitig unbestachelte selektiert werden, die jedoch allgemein weniger ertragreich sind. Ein Blütenkopf enthält 20 bis 100 Blütchen mit längerem, aber ebenfalls wie bei der Sonnenblume aus 5 Blütenblättern zusammengewachsenem Kelch. Auch bilden die 5 Antheren eine Röhre.
Das einzelne Blütenköpfchen blüht, je nach Witterung, von außen nach innen in zwei bis fünf Tagen. Der Haupttrieb blüht zuerst und die ganze Pflanze von oben nach unten. Es herrscht Fremdbefruchtung durch Insekten vor, aber auch Selbstbefruchtung ist möglich. Männliche Sterilität wird gefunden, jedoch bisher noch nicht eine für die Hybridzüchtung geeignete, cytoplasmatisch und kerngenisch gesteuerte Form. Die **Frucht** ist eine keilförmige Achäne (TKG 25 bis 50 g) mit einer relativ dicken Fruchtschale (Schalenanteil 35 bis 40 %), so daß der Ölgehalt der Frucht mit 26 bis 30 % relativ niedrig liegt. Es wurden einzelne Genotypen mit nur 21 % Schalenanteil und einem Ölgehalt von 43 bis 58 % im Kern (Samen) selektiert. Dadurch ist durch eine Intensivierung der Züchtung eine ähnliche Ölleistung wie bei der Sonnenblume erreichbar.
Die **Ölqualität** ist aus ernährungsphysiologischer Sicht mit 70 bis 80 % Linolsäure (s. Tab. 1) höher einzustufen als bei der Sonnenblume (»Distelöl«). Auch wurden Formen mit einem Ölsäuregehalt über 80 % selektiert, die als »nachwachsender Rohstoff« für eine industrielle Nutzung von hohem Wert sein können.

Korbblütler

Geschichte und Verbreitung

Die Frage nach der Urheimat des Saflors konnte bisher nicht eindeutig geklärt werden. Als wahrscheinliche Wildform wird *Carthamus oxyacanthus* genannt. Die Pflanze stammt wahrscheinlich aus Kleinasien und Vorderindien. Es werden zwei primäre Genzentren (Entstehungsgebiete) angenommen: die Gebirgslagen Afghanistans und Äthiopien. Andere Autoren sind der Meinung, daß die Heimat des Saflors im arabischen Raum gelegen haben muß. Die ältesten Funde stammen aus Ägypten aus der Zeit 1600 v. Chr. Auch soll die Färbung der Mumienleinwand und -binden sowie anderer Gewebe in Ägypten aus gelber und roter Saflorfarbe bestanden haben. Auch in Indien und Anatolien ist der Saflor eine alte Kulturpflanze, die zur Öl- und Farbstoffgewinnung angebaut wurde. Von der heutigen Türkei ausgehend, verbreitete sich die Pflanze im Mittelmeerraum und kam mit den Römern auch nach Mitteleuropa. Die erste Nennung von Saflor in Deutschland stammt von ALBERTUS MAGNUS (1200 bis 1280). Nach L. FUCHS (1543) heißt es in einem Kräuterbuch: »Der wilde Saflor würt an vilen orten unseres Teutschen Lands in gärten und äckern gepflanzt jährlich wie andere frucht.« Die Blüten wurden zerkleinert zum Gelbfärben von Speisen benutzt. Die Früchte fanden Verwendung in der Medizin. Ende des 16. bis zum Anfang des 18. Jahrhunderts gab es in wärmeren Gegenden Deutschlands und Österreichs einen recht beachtlichen feldmäßigen Safloranbau, der vorwiegend zum Färben von Lebensmitteln Verwendung fand. Dieser Anbau ging mit den Importen von Safran aus dem Orient bis auf ganz geringe Reste zurück. 1927 gab es noch einige Anbauflächen in Thüringen und in der Pfalz. In Bauerngärten in Kärnten (Österreich) findet man heute noch Reste des Safloranbaues. Die milchreifen Früchte werden hier als Gewürz in der »Kirchweihsuppe« verwendet.

1936 brachte SCHEIBE neue Saflorformen von der deutschen Hindukusch-Expedition mit nach Deutschland, und es begannen Neuzüchtungen und Anbauversuche mit Saflor als Ölpflanze. 1940 wurde eine Sorte »Scheibes Saflor« in die Sortenliste eingetragen und für den Anbau zugelassen. Nach dem 2. Weltkrieg erlosch das Interesse für Saflor in Europa wieder sehr schnell. Erst mit der Entdeckung der ölsäurereichen Formen für die industrielle Verwertung als »nachwachsender Rohstoff« und als »Alternativ-Frucht« anstelle der Überproduktion an Getreide, ist Saflor wieder interessant für einen europäischen Anbau geworden. Über die Entwicklung des Anbaues und der Produktion in der Welt und in Europa berichten die Tabellen 1 und 2. Die Haupterzeugungsländer der Welt sind heute: Indien mit 1 Mio. ha und Mexiko mit 290.000 ha Anbaufläche. Der europäische Anbau beschränkt sich auf 16.000 ha in Spanien und 1.000 bis 2.000 ha in Portugal.

Wirtschaftliche Bedeutung

Die größte Bedeutung von Saflor liegt in seiner **Trockenresistenz**. In Trockengebieten kommt er ohne oder mit geringer Bewässerung aus. Aber auch die höhere

Nachfrage nach einem Speiseöl mit einem hohem Gehalt an der essentiellen **Linolsäure** für die Humanernährung hat den Anbauwert gesteigert. Hinzu kommt das Interesse der Industrie für pflanzliche Öle mit einem hohen Anteil an **Ölsäure**. Jedoch muß die Pflanzenzüchtung die Erträge und den Fettgehalt in den Früchten weiter steigern.

Ein geringes Interesse für einen Anbau besteht in der Nutzung als **Grünfutter**, **Heu** oder zur **Silagegewinnung**. Diese Nutzungsrichtungen werden sich allein auf Trockengebiete beschränken. Hierfür sind unbestachelte Formen besonders geeignet.

Ebenso ist eine Nutzung der Blüten als **Farbstoffträger** kaum noch gefragt. Eventuell könnte das Interesse für natürliche Farben in der Kosmetik und in der Lebensmittelindustrie steigen.

Die **Rückstände der Ölgewinnung** können wie bei der Sonnenblume als Viehfutter, Eiweißkonzentrate u. a. genutzt werden. Hierzu besteht jedoch, mehr noch als bei der Sonnenblume, die Notwendigkeit für eine züchterische Verbesserung des Schalenanteils, Erhöhung des Eiweißgehaltes (ohne Abnahme des Ölanteils) und der Veränderung der Aminosäurezusammensetzung. Weitere interessante Zuchtziele bestehen in der Erhöhung der Trockenresistenz und damit verbunden der Salztoleranz. Auch eine höhere Frostresistenz für einen Winteranbau kann wertvoll sein.

Eine weitere zur Farbstoffgewinnung in Europa angebaute Pflanze, die fettes Öl in ihren Samen speichert, ist der **Färberwau** (*Reseda luteola* L.), aus der Familie der *Resedaceae*. Der Ölgehalt beträgt, wie auch bei der als Zierpflanze genutzten Art *Reseda lutea* L., **Gelber Wau**, 32 bis 38 %. Das Öl enthält hohe Anteile von Linolen- und Linolsäure, so daß es sich gut für die Lack- und Farbenherstellung eignet.

Bildlegenden (von links)

1 Saflorbestand in Abreife auf einem trockenen Standort in Südspanien.
2 Blütenstand der Färberdistel.
3 Fruchtstände bei Abreife.
4 Die Saflorfrüchte haben eine relativ dicke, weiß- bis elfenbeinfarbige Schale.

Literatur

DEOKAR, A. & G. D. PATH, 1979: Heterosis in safflower. Indian J. Agri. Sci. 49, 82–86.

KNOWLES, P. F. & M. D. MILLER, 1965: Safflower. Div. Agri. Sci. Univ. California 532.

KNOWLES, P. F., 1980: Safflower. In: Hybridization of Crop Plants. 535–548. Agron. Crop Sci. Soc. Amer., Madison, Wisc.

LENNERTS, L., 1984: Saflorsaat. Ölschrote, Ölkuchen, pflanzliche Öle und Fette. Verlag Alfred Strothe, Hannover, 98–102.

SCHEIBE, A., 1938: Zucht- und Anbauerfahrungen mit Saflor (*Carthamus tinctorius* L.). Pflanzenbau 15, 129–159.

SCHUSTER, W., 1985: Saflor. In: FISCHBECK, PLARRE, SCHUSTER. Lehrbuch der Züchtung landw. Kulturpflanzen. Bd. 2, 2. Aufl., 312–326. Verlag Paul Parey, Berlin.

Korbblütler

Guizotia/Nigersaat/Nug
(*Guizotia abyssinica* (L.) Cass. = *G. oleifera* DC.)

Biologie
Guizotia abyssinica ist in Abessinien und Ostafrika beheimatet. Dort als »Ramtill-« oder »Gingellikraut« bezeichnet. Die einjährige Pflanze wird 1 bis 2 m hoch und ist stark verzweigt. Der untere Teil des **Stengels** ist fast kahl, im oberen klebrig-rauh. Die **Blätter** sind lanzettlich, gezähnt, gegenständig, oben wechselständig. Die **Blütenstände** sind mittelgroße Köpfchen, die einzeln in den Blattwinkeln und am Ende der Seitentriebe auf mittellangen Stielen, mit gelben, nur weiblichen Strahlenblüten stehen. Die kleinen Korbblüten sind heterogam mit spreublattartigen Hüllblättern, die außen laubblattartig vergrößert sind. Die Blütenkrone ist behaart, es wird kein Pappus ausgebildet. Die **Früchte** haben eine dünne Fruchtschale, sind schwarz, auch braun, glänzend etwas kantig, spitz zulaufend, 3,5 bis 5 mm lang, 1 bis 1,5 mm dick. Das Tausendkorngewicht beträgt 2 bis 3 g.
Der **Ölgehalt** liegt bei 35 bis 45 %. Das Öl ist ein ausgezeichnetes Speiseöl mit gleich hohem und höherem Linolsäureanteil wie Saflor (= 60 bis 80 % C 18:2). Der **Ölsäureanteil** ist mit 2 bis 6 % vergleichsweise niedrig; weiter enthält das Öl etwas (2 bis 3 %) Erucasäure und 10 bis 12 % gesättigte Fettsäuren (s. Tab. 1).
Der **Eiweißgehalt** ist mit 18 bis 24 % Rohprotein beachtlich hoch, so daß die Rückstände der Ölfabrikation infolge des geringen Schalenanteils ein gutes Viehfutter abgeben.

Geschichte und Verbreitung
Guizotia abyssinica ist eine weit verbreitete, schon früh zur Ölgewinnung in Abessinien und Ostafrika genutzte Pflanze. Von dort hat sie sich bis nach Ostindien und in ganz Afrika verbreitet. Auch in Mitteleuropa ist sie adventiv zu finden. Wahrscheinlich hat sie sich aus Abfällen der Vogelfütterung angesiedelt und ist verwildert. Dies zeugt von einer guten Anpassungsfähigkeit und Robustheit.
In Äthiopien werden jährlich etwa 400.000 ha »Noog« mit Kornerträgen von 6 dt/ha = Produktion von 200.000 t angebaut und in Indien 135.000 t »Niger-« oder »Ramtill-Saat« erzeugt. Ein Teil dieser Produktion wird nach USA, Japan und Italien exportiert. Seit den 20er Jahren werden in Rußland Anbauversuche durchgeführt, nachdem der Sonnenblumenanbau infolge eines verstärkten Auftretens von *Orobanche* (Würger) gefährdet war.

Nutzung

Wie schon betont, ist das Guizotia-Öl ein ernährungsphysiologisch wertvolles Speiseöl, das auch in Europa in der Nährmittelindustrie Absatz findet. Die jetzigen »Sorten« (Herkünfte) sind spätreif, so daß sie nur in wärmeren Gebieten in Italien, Spanien u. ä. gut gedeihen. Die Erträge sind in keinem Fall konkurrenzfähig mit Saflor oder gar mit Sonnenblumen. Auch fallen die Früchte leicht aus den lockeren Köpfchen.

Weiter wird Guizotia in ihrer Heimat als Grünfutterpflanze genutzt, auch liefert sie eine gute Bienenweide.

Wenn Guizotia eine in Europa anbauwürdige Ölpflanze werden soll, muß noch viel züchterische Arbeit investiert werden.

Bildlegenden (von links)

1 Bestand in Vollblüte.
2 Blütenstand von Guizotia.
3 Der Blütenstand ist eine kleine Korbblüte.
4 Die Blütenstände einer Pflanze reifen entsprechend ihres Aufblühens ungleichmäßig ab.
5 Die Früchte sind keilförmige Achänen.

Literatur

HACKBARTH, J., 1944: *Guizotia abyssinica* Cass. In: Die Ölpflanzen Mitteleuropas. 345. Wiss. Verlagsges., Stuttgart.

HEGI, G., 1918: *Guizotia abyssinica* (L.) Cass. »Ramtill-« oder »Gingellikraut«. In: Illustr. Flora von Mitteleuropa. Bd. VI/1, 332. Verlag Lehmanns, München.

REGEL, von C., 1945: Pflanzen in Europa liefern Rohstoffe. 2. Aufl., 133. E. Schweizerbart'sche Verlagsbuchhandlung, Stuttgart.

REHM, S., 1989: Weitere Ölpflanzen. In: Handbuch der Landwirtschaft und Ernährung in den Entwicklungsländern. 2. Aufl., Bd. 4, 236- 238. Verlag Eugen Ulmer, Stuttgart.

REHM, S. & G. ESPIG, 1984: Die Kulturpflanzen der Tropen und Subtropen. 2. Aufl., 110–111. Verlag Eugen Ulmer, Stuttgart.

WESTPHAL, A. & E. KELBER, 1973: Performance, Oil Content and Oil Quality of Noog (*Guizotia abyssinica*) and Sunflower (*Helianthus annuus*). In: Proc. Annual Res. Seminar, 1972, Addis Abeba, 40–46.

Korbblütler

Ölmadie
(*Madia sativa* Mol.)

Biologie
Die einjährige Pflanze stammt aus Südamerika. Ihr chilenischer Name ist »Madi«. Der **Stengel** wird 30 bis 100 cm hoch, ist dicht mit Drüsenhaaren bedeckt, die ein klebriges, unangenehm riechendes ätherisches Öl absondern. Der Stengel ist fest, aufrecht und reich beblättert mit geringer Verzweigung im oberen Drittel. Die **Laubblätter** sind lanzettlich, spitz, ganzrandig. Die unteren Blätter stehen gegenständig und die oberen wechselständig. Auch die halbstengelumfassenden Blätter sind dicht mit Drüsenhaaren bedeckt.

Die **Blütenköpfchen** sind mittelgroß und sitzen auf kurzen Stielen. Ein Kranz von Hüllblättern gibt den Köpfchen eine fast kugelige Form. Die nur weiblichen **Zungenblüten** sind grünlich-gelb, sie überragen die Hüllblätter nur wenig. Die **Scheibenblüten** stehen locker, sind zwittrig, vormännlich, mit gelber Kronenröhre. Der flache **Blütenboden** mißt 2 bis 3 cm im Durchmesser, zwischen Zungen- und Röhrenblüten steht ein Kranz von **Spreublättern**. Die **Früchte**, die bei Reife leicht ausfallen, sind bananenförmig gekrümmt, grau gefärbt mit Längsriefen und feiner Punktierung. Das Tausendkorngewicht beträgt 8 bis 9 g.

Die Früchte enthalten 30 bis 40 % fettes Öl, das zu den halbtrocknenden Ölen zu rechnen ist. Es besteht aus 50 bis 60 % Linolsäure und 12 bis 14 % Linolensäure sowie einem Ölsäureanteil von 10 bis 12 % und einem verhältnismäßig hohen Anteil von 12 bis 18 % gesättigten Fettsäuren (s. Tab. 1).

Geschichte und Verbreitung
Die Pflanze wurde schon vor der spanischen Invasion von den Indianern als Ölpflanze genutzt. Auch heute noch wird sie an der Westküste von Chile angebaut. Im vorigen Jahrhundert wurde sie nach Europa eingeführt. In Südosteuropa entwickelten sich einige Anbaugebiete. Von dort gelangte sie auch nach Süddeutschland, wo es zu kleineren Anbauversuchen kam, die jedoch wegen der geringen Ertragsfähigkeit und der unangenehmen Drüsenhaare bald wieder eingestellt wurden. Der Anbau von *Madia sativa* beschränkt sich heute auf Botanische Gärten und Pflanzenbau-Sortimente.

Neuerdings findet Ölmadie wieder Interesse als »nachwachsender Rohstoff« wegen ihrer Anspruchslosigkeit und dem für die Ernäh-

rung und industrielle Nutzung beachtlichen Fettsäuremuster.
Soll jedoch aus *Madia sativa* eine heute anbauwürdige Kulturpflanze werden, muß sie züchterisch stark verändert werden.

Literatur

BOGUSLAWSKI, von E., 1953: Ölmadie (*Madia sativa* Mol.). In: RÖMER, SCHEIBE, SCHMIDT, WÖRMANN: Handbuch der Landwirtschaft. Bd. II, 2. Aufl., 379–380. Verlag Paul Parey, Berlin.

HACKBARTH, J., 1944: Die Ölmadie (*Madia sativa* Mol.). In: Die Ölpflanzen Mitteleuropas, 179–180. Wiss. Verlagsges., Stuttgart.

REHM, S. & G. ESPIG, 1984: Ölpflanzen. In: Die Kulturpflanzen der Tropen und Subtropen. 2. Aufl., 111. Verlag Eugen Ulmer, Stuttgart.

Bildlegenden (von links)
1 Teilbestand in Blüte.
2 Die ganze Pflanze ist dicht mit klebrigen Drüsenhaaren besetzt.
3 Haupt- und Nebenblütenköpfchen blühen und reifen nacheinander.
4 Die Achänen sind längsgerieft und gepunktet.

Korbblütler

Mariendistel
(*Silybum marianum* (L.) Gaertner)

Biologie

Die Pflanze hat viele Namen: Frauen-, Milch-, Silberdistel, Heilandsdistel, Christi-Krone u. a. m. Die Namen »Mariendistel« und »Milchdistel« sind durch eine Legende entstanden, nach der die weißen Flecken und Streifen auf den Blättern von der Milch der Muttergottes herrühren sollen. Bei der Heiligen HILDEGARD hieß sie »Vehedistel« (= Venusdistel?).

Die Gattung *Silybum* umfaßt nur zwei Arten: die hier beschriebene *Silybum marianum* und *S. eburneum* Cossonet Durien, die in Spanien und Nordafrika verbreitet ist.

Silybum marianum wächst in kühleren Gebieten einjährig und im Winter-Regen-Klima einjährig überwinternd. Die **Wurzel** ist eine tiefgehende, spindelförmige Pfahlwurzel. Die junge Pflanze bildet eine kräftige Rosette, aus der sich ein aufrechter, kräftiger, je nach Standraum mehr oder weniger stark verzweigter und im unteren Teil reichlich beblatteter 60 bis 200 cm hoher **Stengel** entwickelt. Die **Laubblätter** sind ungestielt, länglich-oval, ausgebuchtet gelappt, die Ränder dicht mit kräftigen Dornen besetzt, glänzend grün mit weißlichen Flecken und Marmorierungen. Die oberen Blätter stehen stengelumfassend, die unteren sitzend an den Stengeln. Die **Blütenköpfe** werden am Ende der Stengel und Seitenäste gebildet, sie sind mittelgroß (4 bis 6 cm lang), eiförmig und von mehreren stacheligen Hüllblatt-Kränzen umgeben. Auf dem flachen Korbboden entwickeln sich 100 bis 150 radiär angeordnete purpur-violettfarbige, selten weiße, fünfzipflige **Röhrenblüten**. Diese blühen täglich in Kreisen auf und insgesamt innerhalb von 4 bis 5 Tagen ab. Die Kelchblätter der Einzelblüten sind zu einem **Pappus** umgebildet und die fünf **Antheren**, wie bei der Sonnenblume, zu einer Röhre verwachsen. Der verhältnismäßig große, mit klebrigen Höckern versehene Pollen wird in die Röhre entleert und durch Feghaare am Griffel nach außen geschoben, nachdem die zweiästige Narbe schon längere Zeit geöffnet ist. Es herrscht Protandrie (Vormännlichkeit). Der Blütenbau und der Blühverlauf der Röhrenblütchen begünstigen also die Fremdbefruchtung, wie auch bei anderen Korbblütlern, ohne die Selbstbefruchtung ganz auszuschließen. Als Bestäuber kommen Bienen und Hummeln, aber auch kleinere Insekten wie Schwebfliegen und Rapsglanzkäfer in Betracht.

Nach der Befruchtung welken die Röhren-

blüten schon am nächsten Tag ab, und die kampylotrope Samenanlage im unterständigen Fruchtknoten wächst zum Samen bzw. mit der Fruchtknotenwand zur **Frucht** (Achäne) heran. Die Achänen sind 6 bis 7 mm lang, glatt, braun-schwarz mit Flekken und einem weißen, seidigen Pappus, der leicht abfällt. Das Tausendkorngewicht beträgt 28 bis 35 g.

Auch bei dieser vorwiegend fremdbefruchtenden Komposite treten deutliche Inzuchtdepressionen nach über mehrere Generationen fortgeführten Selbstungen, vor allem im Gesamt- und Kornertrag, in der Wuchshöhe und in der gesamten Vitalität der Pflanze auf. Auf der anderen Seite zeigen sich nach Handkreuzungen deutliche Heterosiseffekte.

Die **Früchte** von *Silybum marianum* enthalten 26 bis 28 % Rohprotein, 25 bis 35 % fettes Öl mit einer Fettsäurezusammensetzung, die der Sonnenblume entspricht: 55 bis 72 % Linolsäure, 15 bis 20 % Ölsäure (je nach Klima des Standortes wechselnd), 8 bis 14 % gesättigte Fettsäuren (s. Tab. 1). Die Tocopherolgehalte liegen bei 500 bis 800 mg/kg Öl. Es ist demnach ein ausgezeichnetes Speiseöl.

Die hohe Wertschätzung der Pflanze seit altersher kommt jedoch durch hohe Gehalte an flavonoiden Stoffen in den Früchten (Samen und Fruchtschale): Silybin, Silydianin und Silychristin, die unter dem Begriff »Silymarin« zusammengefaßt werden. Der Silymaringehalt kann zwischen 1,5 und 5,0 % liegen.

Geschichte und Verbreitung
Die Mariendistel ist demnach in erster Linie eine wertvolle Heil- und Arzneipflanze. Sie stammt wahrscheinlich aus den mediteranen und vorderasiatischen Steppen und hat sich von dort fast über die ganze Erde ausgebreitet. Heute ist sie verwildert und teilweise Bestände bildend im ganzen Mittelmeerraum, in den Balkanländern, in Süd- und Mittelrußland, in den Kaukasusländern, in Kleinasien, Syrien bis Persien anzutreffen; auch nach Nord- und Südamerika und Südaustralien wurde sie eingeschleppt. Nach Mitteleuropa kam die Pflanze sicher als Heilpflanze durch die Römer. Heute ist sie verwildert in Norddeutschland, Dänemark, Belgien und England zu finden. Diese weltweite Verbreitung in die unterschiedlichsten Klimaräume spricht für eine große Anpas-

sungsfähigkeit. Teilweise, besonders in warmen Klimalagen, ist die Mariendistel ein lästiges Unkraut.
In Mitteleuropa wird die Mariendistel unter den verschiedensten Bezeichnungen in allen Kräuter- und Heilbüchern des Mittelalters beschrieben und ihre Vorzüge hervorgehoben, ebenso in den neuzeitlichen Büchern und Schriften über Heilpflanzen und Volksheilkunde. Hier wird vor allem die Wirksamkeit der Früchte bei Milz-, Leber- und Gallenbeschwerden betont. Aber auch die Blüten und Blätter werden in der Volksheilkunde gegen allerlei Beschwerden empfohlen.

Nutzung und Anbau

In neuerer Zeit besteht ein beachtlicher Bedarf der Pharmaindustrie an Silymarin für die Herstellung von wirksamen Leberpräparaten. Dieser wird vornehmlich aus Importen von Früchten aus Argentinien, der Türkei und anderen Mittelmeerländern gedeckt. Anbauversuche in Mitteleuropa ergaben recht beachtliche Erträge an Früchten von maximal 16 dt/ha, so daß 20 bis 30 kg/ha »Silymarin« und etwa 500 kg/ha Rohfett erzeugt werden können.
In der Doppelnutzung Öl, das dem Saflor-Öl (Distelöl) entspricht, und »Silymarin« für die Pharmaindustrie, liegt der eventuelle Anbauwert auch für mitteleuropäische Landwirte.
Die Pflanzenzüchtung kann die Leistungsfähigkeit im Korn- und Ölertrag und im Wirkstoffgehalt und -ertrag sicher wirksam verbessern. Erste Untersuchungen und Ansätze hierzu sind vielversprechend.

Bildlegenden (von links)

1 Teilbestand bei Blühbeginn.
2 Die gesamte Pflanze ist schon im Knospenstadium dicht mit Stacheln und Stachelhaaren besetzt.
3 Der Blütenstand der Mariendistel hat keine Schaublüten.
4 Im Blütenkorb blühen die Röhrenblüten vergleichsweise gleichmäßig ab.
5 Bei Reife ist jede Frucht mit einem Kranz Flughaaren besetzt (Pappus).
6 Beim Drusch reiben sich die Pappi leicht ab, und die grauschwarzen, glatten Achänen stehen für eine Weiterverarbeitung zur Verfügung.

Literatur

HEGI, G., 1928: *Silybum marianum* (L.) Gaertn. In: Illustrierte Flora von Mitteleuropa. Bd. IV/2, 917–919. Verlag Lehmanns, München.

HEINZ, B., 1987: Züchterische Bearbeitung von Mariendistel-Populationen (*Silybum marianum* Gaertner). Dissertation Universität Gießen.

MARQUARD, R. & A. VÖMEL, 1982: Gehalte und Zusammensetzung der Samenlipide von *Silybum marianum* (L.) Gaertn. Fette Seifen Anstrichmittel, 84, 54–59.

VÖMEL, A., J. HÖLZL, A. CEYLAN & R. MARQUARD, 1977: Der Fett- und Flavonoidgehalt der Früchte von *Silybum marianum* Gaertn. unter extrem variierten ökologischen Bedingungen. Z. Akker- und Pflanzenbau, 144, 90–102.

Korbblütler

Ringelblume
(*Calendula officinalis* L.
= *C. vulgaris*)

Biologie
Der Name Ringelblume entstand durch die inneren, ringförmigen Früchte.
Die Ringelblume ist einjährig, selten überwinternd oder zweijährig. Die **Wurzel** ist spindelförmig, tiefgehend mit reichlich faserigen Nebenwurzeln. Der aufrechte, filzig behaarte **Stengel** wird 30 bis 80 cm lang und ist wenig, meist nur im oberen Drittel verästelt. Die **Laubblätter** sind ebenfalls behaart, länglich-lanzettlich bis verkehrt eiförmig, ganzrandig, ungestielt, sitzend, mittel bis hellgrün. Die mittelgroßen (bis 5 cm Durchmesser) **Blütenköpfchen** sitzen an mehr oder weniger langen, aufrechten Stielen. Die lanzettlich, pfriemlich zugespitzten, bewimperten **Hüllkelchblätter** sind schüsselförmig angeordnet. Die **Zungenblüten** sind 15 bis 20 mm lang, orange oder dottergelb gefärbt. Die **Scheibenblüten**, die in Spiralen wie bei der Sonnenblume angeordnet sind, tragen die gleiche Färbung wie die Strahlenblüten. Bei einigen Formen, die als Zierblumen kultiviert werden, sind die Röhrenblüten alle in Strahlenblüten umgewandelt und bilden gefüllte Köpfchen (f. *lingulata*).
Die Blütenköpfchen der Ringelblume öffnen sich am Vormittag gegen 8 bis 9 Uhr und schließen ihre Zungenblüten wieder um 5 bis 6 Uhr nachmittags. Die Blühdauer eines Blütenstandes beträgt 4 bis 5 Tage, wobei die Scheibenblüten täglich in 2 bis 3 Kreisen aufblühen. Der **Pollen** ist verhältnismäßig groß und mit locker verteilten Stacheln besetzt. *Calendula* wird nicht allzu reichlich von Insekten besucht, daher soll Selbstbefruchtung vorherrschend sein.
Der Ansatz an eingekrümmten, kahnförmigen äußeren bis ringförmigen inneren Früchten ist im allgemeinen reichlich. Die kahnförmigen Früchte sind am Rücken kurzstachelig, die äußeren Achänen grob quergerieft. Das **Tausendkorngewicht** beträgt 3,9 bis 15,2 g. Die Achänen enthalten 18 bis 20 % (in den Samen 40 bis 46 %) fettes Öl mit 55 % der Konjuenfettsäure »Calendulasäure« (C 18:3 Δ 8, 10, 12) im Öl.
Die **Blüte** der Ringelblume riecht, infolge ihres Gehaltes an ätherischen Ölen, nicht sehr angenehm, balsamisch-harzig. Die Pflanze enthält etwa 19 % Bitterstoff, 3 % Calendulin (zu Heilzwecken genutzt), 2,5 % Gummi, 3,5 % Harz, 7 % Äpfelsäure und im roten Farbstoff der Blüten verschiedene Cholesterinester.

Korbblütler

Geschichte und Verbreitung
Die Herkunft und Abstammung von *Calendula officinalis* ist nicht geklärt, sie stammt wahrscheinlich aus dem Mittelmeergebiet.

Es wird angenommen, daß sich *Calendula officinalis* aus der überall in den Mittelmeerländern bis West-Frankreich und Süddeutschland verbreiteten, wildwachsenden *Calendula arvensis* L. (= *Calendula officinalis* ssp. *arvensis* L.) entwickelt hat. Auch ist nicht völlig geklärt, ob sie bereits im Altertum bekannt war. Erst in den Schriften der heiligen HILDEGARD VON BINGEN wird sie im 12. Jahrhundert als Heilpflanze mit dem Namen »Ringulo« und »Ringella« erwähnt. Von da an ist sie in allen Kräuter- und Heilpflanzenbüchern zu finden. Schon im 16. Jahrhundert werden eine »gefilt« *Caltha sativa* und eine »einfach« Ringelblume *Caltha simplex* beschrieben.
Gegenwärtig wird die Ringelblume wegen ihrer Anspruchslosigkeit und der langen Blühdauer weit verbreitet als Zierpflanze kultiviert. Sie ist in Bauerngärten, auf Friedhöfen, als Wegbegrenzung in Parkanlagen vom Mittelmeer bis Finnland zu finden. Sie wird schnell zum Unkraut, da ihre Früchte leicht ausfallen. So ist sie in vielen Gegenden auf Schutthalden, an Wegrändern, in Obst- und Weingärten verwildert anzutreffen.

Nutzung und Bedeutung
Neben der Nutzung als Zierpflanze für robuste Verhältnisse steht die Verwendung als Heilpflanze. Die oben genannten Inhaltsstoffe, vor allem in den Blüten, machen eine vielseitige Anwendung in der Volksmedizin, aber auch in der Pharma-Industrie möglich. Die ganzen Blüten oder auch nur die gelborange gefärbten Zungenblüten werden getrocknet als Tee, für Aufgüsse, zur Herstellung von Extrakten, in Salben u. a. m., ähnlich wie Arnika, verwendet. Die Hauptanwendung geschieht in Salben zur Wundbehandlung. Auch zum Färben von Lebensmitteln kann der aus den Blüten gewonnene Farbstoff dienen.
Im Mittelalter wurden die fleischigen, duftenden Laubblätter mit Essig und Öl als Salat gegessen.
Die besondere Fettsäurezusammensetzung von *Calendula officinalis* (s. Tab. 1) hat die Aufmerksamkeit der fettverarbeitenden Industrie gewonnen. Es besteht ein erhebliches Interesse an der Erzeugung von natür-

Weitere **Konjuenfettsäuren** im Öl der Samen haben außer *Calendula officinalis*:

Pflanzenart	Ölgehalt in Samen %	Fettsäure-Typ	Gehalt im Öl %
Baldrian *Valeriana officinalis*	26 – 34	Δ 9/11/13	40
Springkraut *Impatiens edgeworthii*	50 – 53	Δ 9/11/13/15	60
Spornblume *Centranthus macrosiphon*	28 – 32	Δ 9/11/13	65

Bildlegenden (von links)
1 Bestand in Vollblüte.
2 Bei weitem Standraum verzweigt sich die Einzelpflanze stark.
3 Die leuchtend rotgelb bis orange gefärbten Blütenköpfe machen *Calendula* zu einer beliebten Zierpflanze.
4 Blütenköpfe beim Abreifen.
5 Die Früchte der Ringelblume sind je nach Stand im Fruchtkorb verschieden groß und unterschiedlich gekrümmt.

lichen Konjuensäuren in höheren Konzentrationen, besonders, wenn es sich um Triensäuren mit konjugierter Stellung handelt.
Die Ringelblume wird zwar als Heilpflanze zur Gewinnung der Blütenköpfe feldmäßig angebaut, zu einer in großen Flächen anbauwürdigen Ölpflanze fehlen ihr doch einige Eigenschaften, wie gleichmäßige Abreife, Ausfallfestigkeit, höhere Kornerträge. Diese Merkmale sind bei intensiver züchterischer Bearbeitung sicher zu verbessern. Auch lassen sich neue Anbaustrategien entwickeln, wenn ein entsprechender Absatz bei gewinnbringenden Preisen geboten wird.

Literatur

BUCHHOLZ, H., G. RÖBBELEN, D. SCHLIEPHAKE & H. ZÖBELEIN, 1986: Natürliche Öle und Fette. II, 72. In: Nachwachsende Rohstoffe. Verlag J. Kordt, Bochum.

HEGI, G., 1928: *Calendula officinalis* L. In: Illustrierte Flora von Mitteleuropa. Bd. VI/2, 801–803. Verlag Lehmanns, München.

STEINEGGER, E. & R. HÄNSEL, 1972: Lehrbuch der allgemeinen Pharmakognosie. 3. Aufl. Verlag Springer, Berlin.

Korbblütler

Spitzklette, gemeine (*Xanthium strumarium* L.) und **amerikanische** (*Xanthium echinatum* Murray nec Willd. = *X. riparium* Lasch)

Biologie
Die Gattung *Xanthium* umfaßt 5 Arten, die in fast allen gemäßigten und wärmeren Zonen der Erde verbreitet sind.

Die Spitzklette bildet eine starke, weitverzweigte **Wurzel** aus. Der **Stengel** wird 60 bis 120 cm, bei *Xanthium echinatum* bis 150 cm hoch, er ist je nach Standraum mehr oder weniger stark verzweigt. Die **Laubblätter** sind verhältnismäßig groß mit langem Stiel, herzförmig-dreieckig, doppelt gezähnt bis gelappt. Stengel und Blätter sind weich behaart, durch Eintrocknen später rauh.
Xanthium gehört zu den unter Kompositen seltenen »anemophilen« (windbestäubenden) Formen. Die weiblichen Blüten entfalten sich deutlich früher als die männlichen. Der **Blütenstand** ist monözisch diklin, d. h., die beiden Geschlechter stehen getrennt auf einer Pflanze. Die männlichen Köpfchen sind kugelig mit Drüsenhaaren besetzt, 5 bis 6 mm lang, mit reichlichen Blütchen, grünlich. Je zwei fruchtbare weibliche Blüten stehen zusammen in einer länglichen 14 bis 18 mm langen, zweischnäbeligen, mit widerhakigen Stacheln besetzten Fruchthülle. Die je Blüte zweilappigen Narbenäste ragen lang aus der Hülle heraus. Die »Stacheln« der Fruchthülle sind umgewandelte Hüllblätter, also »Blattdornen«. Kelch und Staubblätter fehlen in den weiblichen Blüten, und die Krone ist nur noch andeutungsweise zu erkennen. Die beiden fest miteinander verwachsenen Hüllblätter umschließen je zwei Früchte zu einer **Scheinfrucht**. *Xanthium echinatum* unterscheidet sich von *Xanthium strumarium* durch: Schnabel der

Fruchthülle hakenförmig, dichte Stacheln, Scheinfrucht bei Reife gelb bis dunkelbraun, sehr rauh, die Pflanze riecht aromatisch.
Die **Früchte** enthalten 38 bis 42 % Öl, das mit seinem hohen (60 bis 65 %) Linolsäuregehalt, einem mittleren Ölsäureanteil (26 bis 28 %) und etwa 10 % gesättigte Fettsäuren (s. Tab. 1) zu den hochwertigen Speiseölen zählt. Weiter enthalten die Früchte 42 bis 44 % Eiweiß.

Abstammung und Verbreitung
Beide *Xanthium*-Arten stammen wahrscheinlich aus Amerika. In welcher Zeit die Einschleppung nach Europa erfolgte, ist nicht klar feststellbar. Im Jahr 1542 war die Pflanze in Europa schon bekannt. In FUCHS: »De historia stirpium Commentarii« aus diesem Jahr, ist sie abgebildet mit der Namensbezeichnung »Bettlerläuse«, »Igelsketten«. Heute sind die Arten der Gattung *Xanthium* in ganz Europa zu finden von Süd-Westen bis nach Holland und Dänemark, von den russischen Steppen über Ost- und Mitteldeutschland bis Frankreich und England. Sie sind auf Schuttplätzen, in Flußauen, Wegrändern, Ufern und als Unkraut in Äckern verbreitet.
In den Jahren zwischen 1930 bis 1960 wurden in Rußland Versuche zum Anbau dieser Arten durchgeführt, die jedoch zu keinem positiven Ergebnis führten.

Nutzung und Verwendung
Der beachtliche Gehalt an Öl mit einer aus ernährungsphysiologischer Sicht hochwertigen Fettsäurezusammensetzung, verbunden mit einem hohen Proteingehalt, macht *Xanthium* als Rohstofflieferant interessant. Auch sind ihre Anpassungsfähigkeit und Anspruchslosigkeit positiv zu beurteilen. Bleibt jedoch ihr Wildpflanzencharakter: ungleiche Abreife, lange Vegetationszeit und geringe Ertragsleistungen. Es sollen Erträge von 8 bis 30 dt/ha Ölsaat – 160 bis 680 kg/ha Öl geerntet worden sein.
Auch als Heilpflanze wurde die Spitzklette genutzt: Der ausgepreßte Saft aus Stengeln und Blättern hilft gegen Flechten und andere Hauterkrankungen und ein Aufguß aus Wurzeln gegen Drüsenschwellungen. Alle *Xanthium*-Arten enthalten einen gelben Farbstoff, der früher zum Färben verwandt wurde. Die Römer benutzten ihn zum Blondfärben der Kopfhaare.
Eine Chance für einen Anbau in Europa scheint dort, wo Sonnenblumen und Raps angebaut werden können, nicht gegeben zu sein.

Korbblütler

In der großen Familie der Korbblütler (*Compositae*) gibt es in Europa noch viele Arten, die in ihren Früchten und Samen reich an Öl sind und vielfach besondere Fettsäuren enthalten. Es sind weitverbreitete Wildpflanzen. Einige sollen hier genannt werden:

Die **große Klette** (*Arctium lappa* L.) mit 16 bis 18 % Öl in den Früchten.

Die **Ackerkratzdistel** (*Cirsium arvense* L.) enthält in der Frucht 20 bis 30 % fettes Öl mit 70 bis 75 % Ölsäure und 20 bis 26 % Linolsäure.

Die **Kornblume** (*Centaurea cynaus* L.), die auch als Heil- und Farbpflanze gesammelt wurde, hat 26 bis 30 % Öl.

Der **Sudanlattich** (*Laduca scariola* L. var. *oleifera*), mit dem in Rußland schon in den 30er Jahren Anbauversuche gemacht wurden, enthält in seinen Achänen 40 bis 44 % Öl mit einem hohen Linolsäureanteil.

Der **Wasserdost** (*Eupatorium cannabinum* L.), kann als Heil-, Farb-, Faser- und Honigpflanze genutzt werden. Der Ölgehalt beträgt 22 bis 28 %.

Die **Benedikte** (*Cnicus benedictus* Gaertn.), Kraut und Samen sind officinell und wurden früher in den Mittelmeerländern angebaut. Die Früchte enthalten 24 bis 28 % fettes Öl bestehend aus [illegible] Linolsäure und 4 % gesättigten Fettsäuren.

Eine weitere große Zahl von Arten, die zur Familie der Kompositen gehören und fettes Öl von 15 bis 40 % in ihren Früchten enthalten, sind wildwachsende Pflanzen auf Grün- und Ackerland, an Wegrändern und auf Schutthalden (siehe REGEL und RADATZ & HONDELMANN).

Einige dieser Arten bilden besondere Fettsäuren aus, die für die Oleochemie wertvoll sein können:

Wermut (*Artemisia absinthium* L.) hat 30 bis 34 % Öl in seinen Früchten mit etwa 20 % Dimorphecol- und 9 % Artemisolsäure neben 40 bis 45 % Linolsäure.

Kronen-Wucherblume (*Chrysanthemum coronarium* L.). Die Früchte enthalten 22 bis 45 % Öl mit 16 % Coronarsäure, 56 bis 60 % Linolsäure und 24 % Ölsäure.

Wiesen-Pippau (*Crepis biennis* L.). Die 30 bis 120 cm hohe zweijährige Pflanze mit 2,5 bis 3,5 cm großen Blütenköpfchen ist in ganz Europa zu finden und wächst vornehmlich auf frischen Lehmböden. Die olivgrünen, 6 bis 8 mm großen, rauh gerippten Achänen haben 32 bis 36 % Öl, das zu 65 bis 70 % aus Vernolsäure, 10 bis 12 % Ölsäure und 14 bis 16 % Linolsäure besteht.

Stinkender Pippau (*Crepis foetida* L.) ist auf trockeneren, steinigen bis sandigen Böden zu finden. Die Pflanze ist 10 bis 50 cm hoch und riecht unangenehm. Der Stengel enthält einen gelblichen Milchsaft. Die 8 bis 15 mm langen Früchte sind teilweise geschnäbelt, gerippt und querrunzelig. Sie enthalten 22 bis 28 % fettes Öl mit 36 bis 60 % Crepeninsäure, 27 bis 40 % Linolsäure und 6 bis 8 % Ölsäure.

Kapringelblume (*Dimorphotheca sinuata*). Sommerblume, 20 bis 40 cm hoch, mit orange bis tiefvioletten Blüten, auch als Schnittblume geeignet. Die Achänen enthalten 32 bis 36 % Öl, das zu 65 bis 68 % aus Dimorphecolsäure (Δ 9-OH-C 18 conj. dien), 12 bis 14 % Linolsäure und etwa 10 % Ölsäure besteht.

Wilder Lattich (*Lactuca serriola* L.); überwinternde, einjährig bis zweijährige Wildpflanze an Wegrändern, Schuttplätzen, auf trockenen sandigen Böden. Blütenköpfe hellgelb, klein. Die 3 bis 4 mm großen Früchte mit Schnabel und Pappus enthalten 40 bis 42 % Öl mit 60 bis 70 % Linolsäure und 20 bis 25 % Ölsäure.

Rauher Sonnenhut (*Rudbeckia hirta* L.): Ein- oder zweijährige Zierpflanze mit 15 cm großen Blütenköpfen, goldgelben Zungen- und schwarzbraunen Röhrenblüten. Die Achänen enthalten 30 bis 35 % Öl, das zu 70 bis [illegible] % aus Linolsäure besteht.

Schwarzwurzel (*Tragopogon porrifolius* L.). Aus dem Mittelmeerraum stammende zweijährige Pflanze, deren Wurzeln bei uns als Gemüse genutzt werden. Die Achänen enthalten 20 bis 24 % Öl mit 43 % Epoxystearinsäure (C 18:0-Epoxy).

Bildlegenden (von links)

1 Spitzklette am Wegrand.

2 Die beiden Geschlechter stehen in getrennten Blüten auf einer Pflanze. Die Bestäubung erfolgt durch Wind.

3 Die weiblichen Blüten stehen zu zweit in einer stacheligen Fruchthülle.

4 Früchte der Spitzklette: Je zwei Hüllblätter sind fest um zwei Früchte verwachsen und bilden eine Scheinfrucht.

Literatur

BOGUSLAWSKI, von E., 1953: Spitzklette (*Xanthium riparium* Lasch und *Xanthium strumarium* L.). In: RÖMER, SCHEIBE, SCHMIDT, WÖRMANN: Handbuch der Landwirtschaft. Bd. II, 2. Aufl. 380. Verlag Paul Parey, Berlin.

HÄRDT, H., 1950: Die Spitzklette. Mitt. d. [illegible]

HEGI, G., 1918: *Xanthium strumarium* L. und *Xanthium echinatum* Murray nec Willd. Illustrierte Flora von Mitteleuropa. Bd. VI/1, 499–501. Verlag Lehmanns, München.

LANG, K., 1951: Probleme auf dem Gebiet der Fetternährung. Fette und Seifen 53, 731–740.

RADATZ, W. & W. HONDELMANN, 1981: [illegible] Pflanzen der Wildflora als potentielle Nutzpflanzen für die Gewinnung von Industriegrundstoffen. Landbauforschung Völkenrode 31, 227–240.

REGEL, von C., 1945: Fette und Öle. In: Pflanzen in Europa liefern Rohstoffe. 2. Aufl., 107–109.

TISCHLER, J. & A. PATZENHAUER, 1950: Über die Zusammensetzung des Samens der Spitzklette *Xanthium riparium*. Fette und Seifen 52, 137–140.

Hülsenfrüchtler
(*Leguminosae*)

In der Familie der Hülsenfrüchtler sind vorwiegend eiweißliefernde Pflanzen zu finden, jedoch auch vier wichtige Ölpflanzen. Die Leguminosen zählen, in bezug auf den Nährstoffertrag je Fläche, dank ihrer Symbiose mit Knöllchenbakterien zu den leistungsfähigsten Kulturpflanzen der Erde.

Sojabohne
(*Glycine max* (L.) Merr. = *Glycine hispida* Max.)

Hülsenfrüchtler

Biologie
Innerhalb der Familie der *Leguminosae* gehört die Sojabohne zur Unterfamilie *Papilinatae* und hier zur Gattung *Glycine* mit 9 Arten, die unterteilt werden in: Subgenus *Glycine* mit 6 Arten, Subgenus *Bracheata* mit einer Art und Subgenus *Soja* mit 2 Arten. Die Grundzahl der Chromosomen ist n = 20. Es treten recht häufig haploide, triploide, tetraploide, pentaploide und hexaploide Formen sowie aneuploide mit 2n = 78 und 38 Chromosomen auf. *Glycine wightii* und der Subgenus *Bracheata* haben 2n = 22 und 44 Chromosomen. Ohne Fertilitätsstörungen können nur die beiden Arten *Glycine soja* und *Glycine max* im Subgenus *Soja* miteinander gekreuzt werden.
Im **Habitus** ist die Sojabohne der Buschbohne ähnlich. Sie bildet eine tiefgehende **Pfahlwurzel**, die bis zu 2 m in den Boden eindringt, mit zahlreichen Nebenwurzeln aus. Haupt- und Nebenwurzeln sind, wenn die spezifischen Bakterien (*Rhizobium japonicum*) im Boden vorhanden sind oder das Saatgut mit diesen geimpft wurde, mit zahlreichen Knöllchen besetzt. Es bestehen enge Beziehungen zwischen Sorten und spezifischen Bakterienstämmen.
Der **Wuchstyp** der oberirdischen Pflanze ist sehr vielförmig von kurzen Buschformen mit 30 bis 50 cm Höhe bis zu 2 m hohen rankenden und halbrankenden Typen. Die **Verzweigung** ist ebenfalls sehr verschieden. Sie variiert von »an der Basis ansetzend« mit »Verzweigungen 2. und 3. Ordnung« bis »nur im oberen Drittel verzweigt« oder »unverzweigt«. Die Wuchsform und die Verzweigung werden stark durch den Standraum und andere Wachstumsbedingungen modifiziert.
Die **Blätter** sind dreiteilig, sie stehen unten gegenständig und oben wechselständig. Die **Blattgröße** variiert stark. Blätter und Stengel sind meist stark behaart. Die **Blüten** der Sojabohne sind klein, nur 5 bis 7 mm lang und stehen gepaart oder zu mehreren in den Blattachseln. Die Blüten öffnen sich früh am Morgen. Die Narbe ist jedoch schon 24 Stunden vor der Blütenöffnung empfängnisfähig. Unter kühlen Wachstumsbedingungen zeigen einige Linien und Sorten überhaupt keine Blütenblätter und blühen in der geschlossenen Knospe ab. Die Sojabohne ist vorwiegend Selbstbefruchter. Eine natürliche Fremdbefruchtung kommt nur zu 0,5 % vor, wenn Insekten in die Blüten, die meist nur wenig Nektar produzieren und vielfach

nur kleine blaßviolette oder rötliche bis weiße Blütenblätter aufweisen, eindringen. Es können jedoch Linien selektiert werden, die stärker zur Fremdbefruchtung neigen. Auch männlich sterile Formen werden gefunden. Mit diesen wurde versucht, eine Hybridzüchtung zu betreiben, da auch bei der Sojabohne deutliche Mehrleistungen (Hybrideffekte) in F_1 auftreten, jedoch bisher ohne größeren Erfolg. Um genetische Neukombinationen zu erhalten, muß vorwiegend noch von Hand (mit spitzer Pinzette oder Nadel und Brillenlupe) kastriert und bestäubt werden, wobei die Aussichten auf Gelingen der Kreuzung zwischen 0 und 10 % liegen.

Ein **Blütenstand** blüht 6 bis 8 Tage von unten nach oben und eine Pflanze 2 bis 6 Wochen.

Die **Hülsen** sind in Größe und Form sehr verschieden. Ihre Länge schwankt von 2 bis 6 cm mit 1 bis 6 **Samen**. Die **Samen** sind rund, rundoval oder eiförmig mit einem für die verschiedenen Linien typisch ausgebildeten Nabel. Die Größe der Samen variiert ebenfalls sehr stark von einem **Tausendkorngewicht** von 45 g bis zu 480 g. Die **Kornfarbe** ist entweder hellgelb, goldgelb bis braun, grün, schwarz, teilweise gescheckt, gesprenkelt oder marmoriert. Die hohe Wertschätzung der Sojabohne liegt in ihrem **Nährstoffgehalt** begründet, wie aus obiger Zusammenstellung zu ersehen ist.

Durchschnittliche Zusammensetzung von Sojasamen in Gewichts-% (ORHÖFER).

	Gesamtanteil	Protein	Fett	Kohlenhydrate	Asche
Gesamt	100	40	21	34	4,9
Keimblätter	90	43	23	29	5,0
Samenschale	8	9	1	86	4,3
Keimling	2	41	11	43	4,4

Aber auch die **Qualität** der Sameninhaltsstoffe ist hoch und aus ernährungsphysiologischer Sicht besonders wertvoll. Das Protein der Sojabohne ist eines der wenigen pflanzlichen Eiweiße, das als vollwertig bezeichnet werden kann, da es mit 39 % an essentiellen Aminosäuren im Protein dem Hühnerei am nächsten kommt.

Auch die Fettsäurezusammensetzung mit 48 bis 52 % Linolsäure und 23 bis 32 % Ölsäure sowie 8 bis 12 % gesättigten Fettsäuren (s. Tab. 1) ist für die Verwendung in der Ernährungsindustrie recht günstig. Weiter liegt der **Tocopherolgehalt** des Sojaöles, dem als Antioxidans und Vitamin E eine besondere Bedeutung zukommt, mit 920 bis 2800 mg/kg Öl beachtlich hoch. Ebenso ist der Anteil an **Phospholipiden** (Lecithin) beachtlich, so daß eine Lecithingewinnung aus Sojabohnen erfolgen kann.

Geschichte und Verbreitung

Die Sojabohne zählt zu den ältesten Kultur-

pflanzen der Erde. Schon 2800 v. Chr. wurde sie in China kultiviert. Sie soll eine Kulturrasse der in Ost-Asien verbreiteten *Glycine soja* (L.) Sieb. et Zucc. = *Glycine ussurienus* Regel Masch sein. Im 17. Jahrhundert kam sie erst nach Indonesien und von dort nach Polynesien. Die Verbreitung erfolgte danach über die Molukken nach Vorderindien, Ceylon, Palästina und Nordafrika. Erst 1829 kam sie in die Vereinigten Staaten von Amerika, wo sie später ihre stärkste Anbauausdehnung erfuhr. Seit der Mitte des 18. Jahrhunderts wird sie in den botanischen Gärten in Europa kultiviert. Um 1840 werden die ersten landwirtschaftlichen Anbauversuche in Frankreich, Österreich-Ungarn, Oberitalien, vor allem in Istrien und Südtirol, in der Ukraine und auch in Deutschland (Stuttgart-Hohenheim) durchgeführt. Es wird berichtet, daß der deutsche Artillerie-Hauptmann WEHRHAN 1872 ein paar Samen aus dem botanischen Garten von Montigny bei Metz mitgenommen und auf seinem Gut bei Meissen ausgesät hat. Die daraus entstandenen Flächen vertrockneten jedoch in dem anhaltend trockenen Sommer 1876. Prof. HABERLANDT begann 1875 in Wien mit ausgedehnten Kulturversuchen. 1877 beteiligten sich schon 148 Personen in den Ländern Österreich, Ungarn, Kroatien, Polen, Deutschland, Schweiz und in Holland an dem Versuchsanbau mit Sojabohnen. HABERLANDT hielt die Sojabohne für frostbeständiger als die Gartenbohne und dürreverträglicher als viele andere Pflanzen. Nach dem Ableben von HABERLANDT 1878 nahm das Interesse an der Sojabohne in Mitteleuropa wieder stark ab, es hielten sich nur einige Anbauten in Gärten als Kaffee-Ersatz. Zum Feldanbau kam es lediglich in wärmeren Gegenden Süddeutschlands, wie in Unterfranken, im Oberrheintal und im Donautal, am Gardasee und am Luganer See. Im 1. Weltkrieg nahmen die Anbauversuche wieder stärker zu, und es kam in kleinerem Umfang zu Anbauten in der Pfalz, bei München, in der Uckermark, in Böhmen, Mähren und in Niederösterreich, in der Steiermark und in Ungarn. Die in kühlen, regnerischen Sommern völlig unzureichenden Erträge, selbst mit den frühreifenden Sorten, ließen keinen großflächigen Anbau aufkommen, obwohl die Sojabohne eine große Formenmannigfaltigkeit und dadurch Anpassungsfähigkeit besitzt. In der Welt dehnte sich der Sojabohnenanbau stetig aus, vor allem von Nord-Amerika ausgehend. Nach Europa wurden die Importe infolge des starken Wachstums der Bevölkerung laufend erhöht, 1924 wurden 137.000 t und 1933 schon 1.183.00 t Sojabohnen importiert. In den 30er Jahren wurden dagegen die Importe im Rahmen der Autarkiebestrebungen laufend gedrosselt und kamen im 2. Weltkrieg zum Erliegen. Dafür wurde die Züchtung von angepaßten Sorten stark gefördert. Es entstand eine »Reichssoja-Züchtung« mit Schwerpunkt in Gießen (George SESSOUS, Helene HERB-MÜLLER, Oskar RICHTER). 1940 wurden in Deutschland 1.823 ha Sojabohnen angebaut. In der Sortenliste des Reichsnährstandes von 1939 sind 5 deutsche und 2 österreichische Sorten aufgeführt, davon 3 mit schwarzen Samen. Die Sortenliste des Bundessortenam-

tes von 1952 nennt nur noch 2 Sorten: »Bürklins Wachenheimer« und »Dieckmanns Heimkraft«. 1978 wurden zwei Neuzüchtungen aus Gießen in die Sortenliste eingetragen: »Gieso« und »Olima«, die jedoch keine Anbaubedeutung in Europa erlangen konnten. In der Sortenliste von 1990 stehen 3 neue Sorten, die zum Teil auch in Frankreich und in Italien zuglassen sind.

Wie stark Anbau und Produktion von Sojabohnen in der Welt und in Europa zugenommen haben, zeigen Tabelle 1 und 2: Von 1948 bis 1952 ist die Anbaufläche von 16,0 Mio. ha auf 53,0 Mio. ha gestiegen, und die Produktion wurde, da die Erträge erhöht werden konnten, von 20,6 Mio. t auf 98,3 Mio. t gesteigert. Auch in Europa nahm die Anbaufläche von 37.000 ha 1952 bis 1956 auf 964.000 ha 1986 bis 1988 zu, wie aus Darstellung 11 hervorgeht. Dabei wurde der Anbau vor allem in Italien, aber auch in Frankreich enorm ausgedehnt. So werden zur Zeit in Europa etwa 2,3 Mio. t Sojabohnen produziert (s. Tab. 2).

Durch die Überproduktion an Getreide und der Suche nach Alternativ- Früchten werden auch in Deutschland die Anbauversuche in neuer Zeit wieder aufgegriffen. In der Pfalz, in Südhessen, in Rheinhessen und im südlichen Baden-Württemberg konnte man im letzten Jahr größere Flächen sehen. Die Erträge liegen mit den neuen Sorten bei 25 bis 35 dt/ha.

Bedeutung und Nutzung

Die große Bedeutung der Sojabohne als Weltkulturpflanze für die Ernährung der Menschheit liegt, wie schon erwähnt, in ihren besonders hochwertigen Sameninhaltsstoffen und den vielseitigen Verwendungsmöglichkeiten der gesamten Pflanze. Hierbei spielt jedoch ihre Nutzung als Öl- und Eiweißlieferant für die menschliche Ernährung die größte Rolle, wobei das Eiweiß meist eine Veredelung über die Nutztiere erfährt. Die Wertschätzung des Soja-Extraktionsschrotes, das bei der Ölgewinnung anfällt, trat erst in den 50er Jahren ein, nachdem das Toastverfahren angewendet wurde. Durch das Toasten (Behandlung mit heißem Wasserdampf) des extrahierten Schrotes werden die Trypsinhemmfaktoren und auch die Hämaglutenine, die einen negativen Einfluß auf die Verdaulichkeit des Eiweißes und der stickstofffreien Extraktionsstoffe ausüben, zerstört.

In Europa werden zur Zeit meist **Sorten** aus dem nördlichen Teil der USA und aus Kanada angebaut, die eine geringere Kurztagsreaktion zeigen oder »tagneutral« sind bzw. Langtagcharakter aufweisen und deshalb an die Klimaverhältnisse in Europa besser angepaßt sind. Es darf angenommen werden, daß in den speziellen Anbauländern Europas gezüchtete Sojasorten bessere Leistungen zeigen werden. So laufen fast in allen Ländern, von Schweden bis Spanien und Rumänien, diesbezügliche Bemühungen. Die Vielförmigkeit der Sojabohne und die recht häufig auftretenden Mutationen sowie die Möglichkeit der Kreuzungen zwischen Sorten aus allen Teilen der Welt geben die Chance, ertragreiche, an die jeweiligen Klimaverhältnisse angepaßte Formen zu

(Darstellung 11)

Soja-Anbau auf 1.000 ha in Europa

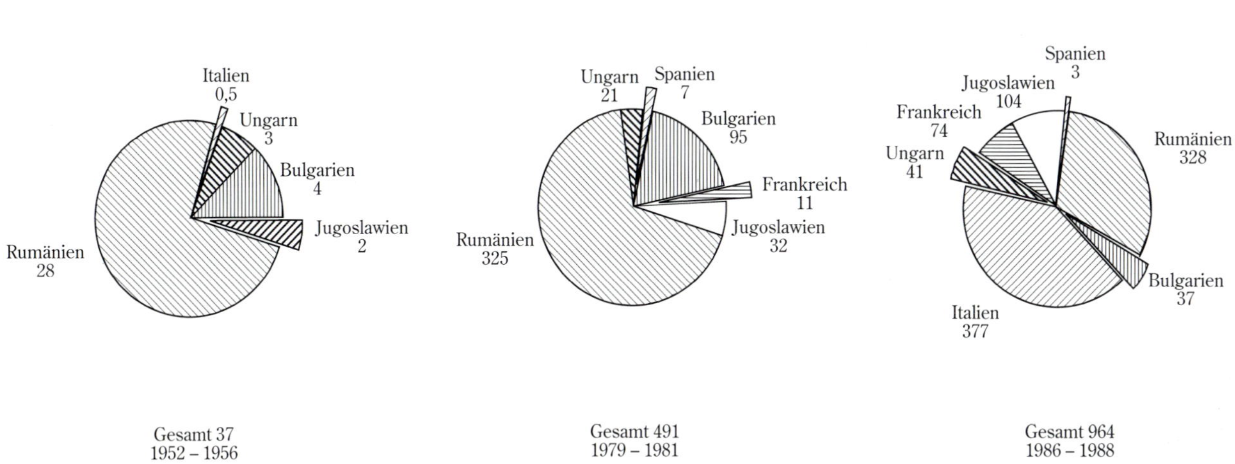

Hülsenfrüchtler

züchten. An **Zuchtzielen** stehen im Vordergrund:

1. Hoher **Samenertrag** durch eine hohe Kornzahl je Pflanze und diese durch möglichst viele Hülsen je Pflanze. Auch das Tausendkorngewicht wirkt sich positiv auf den Flächenertrag aus. Einer Erhöhung des Tausendkorngewichtes sind jedoch Grenzen gesetzt, da große Samen schlechter ausreifen (SOLDATI & KELLER).
2. **Ertragssicherheit** durch eine den jeweiligen Verhältnissen angepaßte Reaktion auf Tageslänge und Temperatur (SCHUSTER & JOBEHDAR-HORNARNEJAD) sowie **Kältetoleranz** für nördliche Anbaugebiete (SCHMID & KELLER). Weitere Zuchtziele für die Verbesserung der Ertragssicherheit sind: gute **Standfestigkeit** durch einen festen, nicht unbedingt kurzen Stengel, relativ **hoher Ansatz der untersten Hülsen**, damit keine Verluste beim Mähdrusch eintreten. Auf eine optimale Wechselwirkung zwischen **Kohlenstoff- und Stickstoffassimilation** sowie in der **Symbiose** mit *Rhizobium japonicum*-Stämmem sollte gezüchtet werden.
3. Verbesserung der **Samenqualität:** durch möglichst gleichmäßig große Samen mit gelber Samenfarbe und hellem Nabel; durch hohen **Rohprotein- und Fettgehalt** sowie hohen **Tocopherolanteil**; durch Erhöhung des **Methioningehaltes,** um das Eiweiß zu verbessern. Auch die **Fettsäurezusammensetzung** kann für eine technische Nutzung des Sojaöles durch Verringerung der Linolensäure (C 18:3 < 3 %) zugunsten der Ölsäure (C 18:1) verbessert werden. Weitere qualitative Zuchtziele sind: hoher Anteil an Phospholipiden (Lecithin), keine Trypsin-Inhibitoren und Hämaglutenine u. a., keine negativen Sameninhaltsstoffe wie Tannine usw.

Eine spezielle Züchtung für die Nutzung der Sojabohne als **Grünfutter- und Silagepflanze** erscheint nicht notwendig, jedoch erfordert die Verwendung der Samen als Gemüse für den direkten menschlichen Verzehr einige Besonderheiten, wie große Samen und das Fehlen von Eiweißblockern (Trypsininhibitoren).

Bildlegenden (von links)

1 Frühreife ist für viele Gebiete, verbunden mit Kälteverträglichkeit, Voraussetzung für einen Anbau; Sortenunterschiede.
2 Blühende Sojapflanze.
3 Die Blüte ist meist sehr unscheinbar, und die Abblüte erfolgt unter Selbstbestäubung geschlossen.
4 Die Blüten stehen zu drei bis fünf in den Blattachseln.
5 Aufrechter Stand zur Reife ist eine wichtige Voraussetzung, um Ernteverluste zu vermeiden.
6 Groß ist die Variabilität in der Ausfärbung der Samenschale.
7 Für die Nährmittelproduktion werden gelbsamige Typen mit hellem Nabel bevorzugt.

Literatur

ENKEN, V. B., 1959: Sojabohne. Moskva: Sel'chozgiz.

FAO, 1987: Production Yearbook, Vol. 39, Rom.

HERB-MÜLLER, H., 1944: Soja (*Glycine hispida* Max.). In: RÖMER, RUDORF: Handbuch der Pflanzenzüchtung Bd. IV, 176–187. Verlag Paul Parey, Berlin.

JAETL, M. E., 1971: Sojabohne. In: v. BLANCKENBURG CREMER: Handbuch der Landwirtschaft und Ernährung in den Entwicklungsländern Bd. 2, 371–378.

JOHNSON, H. W., 1961: Soybean Breeding. In: KAPPERT, RUDORF: Handbuch der Pflanzenzüchtung 2. Aufl. Bd. V, 67–88. Verlag Paul Parey, Berlin.

LENNERTS, L., 1984: Sojabohnen. In: Ölschrote, Ölkuchen, pflanzliche Öle und Fette. 24–36. Verlag Alfred Strothe, Hannover.

NORMAN, A. G., 1978: Soybean Physiology, Agronomy and Utilization. Academic Press, New York.

MARQUARD, R. & W. SCHUSTER, 1980: Protein- und Fettgehalt des Kornes sowie Fettsäuremuster und Tocopherolgehalte des Öles bei Sojabohnensorten von stark differenzierten Standorten. Fette, Seifen, Anstrichmittel 82, 137–142.

SCHEIBE, A., 1953: Die Sojabohne (*Glycine soja* (L.) Sieb et Zucc.). In: RÖMER, SCHEIBE, SCHMIDT, WÖRMANN: Handbuch der Landwirtschaft. 2. Aufl., Bd. II, 309–314. Verlag Paul Parey, Berlin.

SCHMID, J. & E. R. KELLER, 1979: Das Verhalten kältetoleranter Sojabohnensorten unter suboptimalen Temperaturbedingungen. Schweiz. landw. Forschung 18, 351–371.

SCHUSTER, W., 1985: Sojabohne. In: FISCHBECK, PLARRE, SCHUSTER: Lehrbuch der Züchtung landw. Kulturpflanzen. 2. Aufl. Bd. 2, 175–185. Verlag Paul Parey, Berlin.

SCHUSTER, W., 1985: Sojabohne. In: REHM. Handbuch der Landwirtschaft und Ernährung in den Entwicklungsländern. 2. Aufl. Bd. 4, 182–190. Verlag Eugen Ulmer, Stuttgart.

SCHUSTER, W. & R. JOBEHDAR-HORNARNEJAD, 1976: Die Reaktion verschiedener Sojabohnensorten auf Photoperiode und Temperatur. Z. Acker- und Pflanzenbau 142, 1–19.

SOLDATI, A. & E. R. KELLER, 1977: Abklärung von Komponenten des Ertragsaufbaues bei der Sojabohne unter verschiedenen klimatischen Bedingungen in der Schweiz. Schweizer landw. Forschung 16, 257–278.

WILCOX, J. R., 1987: Soybeans: Improvement, Production and Uses. Amer. Soc. Agron., Washington, D. C.

Erdnuß
(*Arachis hypogaea* L.)

Biologie
Die Erdnuß gehört in der Familie der *Leguminosae* zur Unterfamilie der *Faboideae*. *Arachis* umfaßt etwa 30 bis 40 Arten, die meist als diploide Wildarten mit 2n = 20 Chromosomen in Südamerika verbreitet sind. Die kultivierte Erdnuß *Arachis hypogaea* ist amphidiploid mit 2n = 40 Chromosomen. *A. hypogaea* wird in zwei Subspezies unterteilt: ssp. *africana* = liegende und halbaufrechte Formen; ssp. *asiatica* = aufrecht wachsende Typen. Andere Autoren unterscheiden (siehe REHM): ssp. *hypogaea* = meist liegend, Samen mit Keimruhe und ssp. *fastigiata* – meist aufrecht, Samen ohne Keimruhe.
Arachis hypogaea ist eine krautige Pflanze mit ausgeprägter **Pfahlwurzel** und einem meist aufrechten 20 bis 50 cm hohen **Stengel**. Die zahlreichen **Seitentriebe** sind aufrecht, halbaufrecht bis kriechend, sie entstehen an der Stengelbasis. Die **Blätter** sind paarig gefiedert und bestehen aus vier bis sechs länglich ovalen, ganzrandigen Blättchen. An der Blattbasis stehen zwei mittelgroße lanzettliche **Nebenblättchen**. Die **Blüten** entwickeln sich einzeln oder zu mehreren in den Blattachseln. Es sind mittelgroße, leuchtend gelb gefärbte Schmetterlingsblüten, die sich fast ausschließlich selbst befruchten. Die Blüten öffnen sich am frühen Morgen und verblühen nach erfolgter Selbstbefruchtung schon nach wenigen Stunden. Eine Fremdbefruchtung durch Insekten kommt gelegentlich vor. Die Blühdauer einer Pflanze beträgt 1 bis 2 Monate. Dabei bilden von den 600 bis 1000 Blüten je Pflanze höchstens 20 % Früchte, die durch die lange Blühzeit ungleichmäßig ausreifen. Nach der Befruchtung streckt sich die Basis des Fruchtknotens und bildet einen geotrop nach unten 0,5 bis 6,0 cm in den Boden wachsenden Fruchtstiel (Karpophor). An der Spitze des Karpophors entwickelt sich im Boden die Frucht. Die nicht in die Erde

eindringenden Fruchtstiele bilden keine Früchte.
Die **Frucht** ist eine derbe, stark genetzte Hülse in der 1 bis 4 Samen ausgebildet werden. Die Samen sind von einer rot, braun oder violett gefärbten dünnen Samenschale, die leicht abzulösen ist, umgeben.
Es besteht bei der Erdnuß eine sehr effektive **Symbiose** mit VA-Mykorrhiza, die an den Wurzeln und an den Fruchtträgern zahlreiche Knöllchen ausbilden.
Die Erdnuß gilt als eine tagneutrale bis kurztagbeeinflußte Pflanze. Sie stellt hohe Temperaturansprüche: Für die Keimung sind 30 bis 34 °C und für die weitere Entwicklung 25 bis 30 °C optimal. Bei Temperaturen über 35 °C treten jedoch Störungen in der Blütenbildung auf. Dies begrenzt ihren Anbau auf etwa 40 °N und 35 °S. Die Ansprüche an die Wasserversorgung sind gering, bei guter Verteilung und frühreifen Sorten reichen 300 bis 500 mm aus. Die Ansprüche an den Boden sind ebenfalls nicht sonderlich hoch, selbst schwere Böden sind für den Anbau geeignet, wenn sie keine Staunässe aufweisen. Die **Fruchterträge** schwanken je nach Anbaubedingungen zwischen 15 und 45 dt/ha.
Die Erdnuß ist durch ihre hohen **Nährstoffgehalte** in den Samen eine wertvolle Kulturpflanze: 40 bis 50 % Öl, 26 bis 32 % Rohprotein mit einem hohen Cystinanteil und 10 bis 14 % N-freie Extraktstoffe. Der Samenanteil an der Frucht schwankt zwischen 50 und 80 %. Die Hülsen haben über 50 % Rohfaser. Die **Fettsäurezusammensetzung** mit 40 bis 62 % Ölsäure und 13 bis 35 % Linolsäure (s. Tab. 1) ist sowohl als Speisefett als auch für die Oleochemie interessant.

Geschichte und Verbreitung

Die Urheimat der Erdnuß ist wahrscheinlich Brasilien, wo noch heute wildwachsende *Arachis*-Arten vorkommen. Schon frühzeitig, vor etwa 3000 Jahren, muß über die Inkulturnahme durch die Indianer die heutige Erdnuß *Arachis hypogaea* entstanden sein.
Nach der Entdeckung Amerikas im 15. Jahrhundert fand die Erdnuß eine schnelle Verbreitung in den Tropengebieten der übrigen Welt. Die Portugiesen brachten sie nach dem Indischen Archipel und die Spanier von Mexiko zu den Philippinen. Von dort kam sie nach Indonesien und später im 18. Jahrhundert nach China und Indien, wo sie heute die größten Anbauflächen innehat.
Nach Afrika, wo sie ebenfalls heute eine wichtige Kulturpflanze ist, kam die Erdnuß wahrscheinlich schon im 16. Jahrhundert von Südamerika über den Sklavenhandel. Sie wurde hier zu einem der Hauptnahrungsmittel für die Sklaventransporte.
Nach Europa kam die Erdnuß jedoch erst gegen Ende des 18. Jahrhunderts, obwohl sie schon 1547 von dem Spanier OVIEDO und 1579 von dem spanischen Arzt MONARDES ausführlich beschrieben wurde. Die ersten Anbauversuche erfolgten in Spanien und Frankreich. Vor allem in Frankreich entstand seit den 60er Jahren des 19. Jahrhunderts durch die Importe aus den afrikanischen Kolonien eine Ölmühlenindu-

strie, die vorwiegend Erdnußöl herstellte. In deutschen Ölmühlen wurden 1875 900 t, 1877 bereits 7.400 t und 1914 80.000 t Erdnüsse verarbeitet. Der Anbau von Erdnüssen hält sich in Europa wegen der weniger günstigen Klimabedingungen in bescheidenen Grenzen, wie die Darstellung 12 zeigt: 1986 bis 1988 = 13.000 ha mit einer Produktion von 25.000 t.
Auch ist keine Zunahme des Anbaues wie bei anderen Ölfrüchten gegeben.
Ebenso sind die in europäischen Ölmühlen verarbeiteten Mengen an Erdnüssen in dem letzten Jahrzehnt stark zurückgegangen. Dies dürfte in den Preisen gegenüber anderen Ölfrüchten begründet sein, hat aber sicher auch mit den neueren Erkenntnissen über den Gehalt an »Aflatoxinen« in Erdnüssen und deren Wirkung zu tun. Die Importe in Deutschland, die nach dem 2. Weltkrieg noch 20.000 bis 30.000 t im Jahr betrugen, wurden im Laufe der 60er Jahre fast völlig eingestellt.
»Aflatoxin« ist ein hochgiftiges Stoffwechselprodukt des Pilzes *Aspergillus flavus*, das 1961 im Erdnußmehl entdeckt wurde. Im Laufe der 60er Jahre wurden weiter »Aspertoxin« und »Parasiticol« auf Erdnüssen gefunden. Die *Aspergillus*-Arten wachsen bei 14 bis 15 % Feuchtigkeit, 75 bis 80 % Luftfeuchte und Temperaturen von 18 bis 35 °C sehr schnell und können große Mengen ihrer Toxine bilden. Durch sorgfältige Lagerung der Erdnußernten und der Produkte muß die Ausbreitung der Pilze verhindert werden.

Nutzung und Entwicklung

Durch den hohen Öl- und Eiweißgehalt ist die Erdnuß eine vielseitig zu nutzende Kulturpflanze. In Afrika wird die Erdnuß hauptsächlich zur menschlichen Ernährung verwendet: Erdnüsse geröstet oder frisch direkt verzehrt; der bei der Ölgewinnung durch Kochen und Abschöpfen des Öls anfallende Brei wird gegessen; Erdnußmehl, gemischt mit Weizen- oder Maniokmehl, wird zu verschieden Speisen zubereitet; Erdnuß grob oder fein zerkleinert, mit Zukker oder Sirup zu Leckereien verarbeitet u. a. m. Wie die Sojabohne werden auch die Erdnußkerne geröstet als »Kaffee« verwendet (»Austria-Kaffee«). In USA wird seit etwa 100 Jahren »Erdnuß-Butter« hergestellt, die dort ein geschätztes Diät-Nahrungsmittel ist. Weiter dient die Erdnuß als Mandelersatz in der Bäckerei. In Argentinien und Peru wird ein berauschendes Getränk aus Erdnüssen hergestellt (»chicha de mani«). In der ganzen Welt werden große Mengen als »Naschwerk« verzehrt: geröstet, mit und ohne Salz; kandierte Erdnüsse; mit Schokolade überzogene Erdnüsse u. a. m.
Die rohfaserreichen Schalen (Hülsen) dienen als Brennmaterial, für die Papierherstellung und für die Herstellung von Dämmplatten.
Aus der vielseitigen Verwendung ergeben sich für die Züchtung folgende Zuchtziele:

1. Erhöhung des **Ertragspotentials** durch gezielte Kombinationszüchtung über Kreuzungen mit unterschiedlichen Sorten, Herkünften und unterschiedlichen Arten, sowie Polyploidie-Züchtung.

(Darstellung 12)

Erdnuß-Anbau auf 1.000 ha in Europa

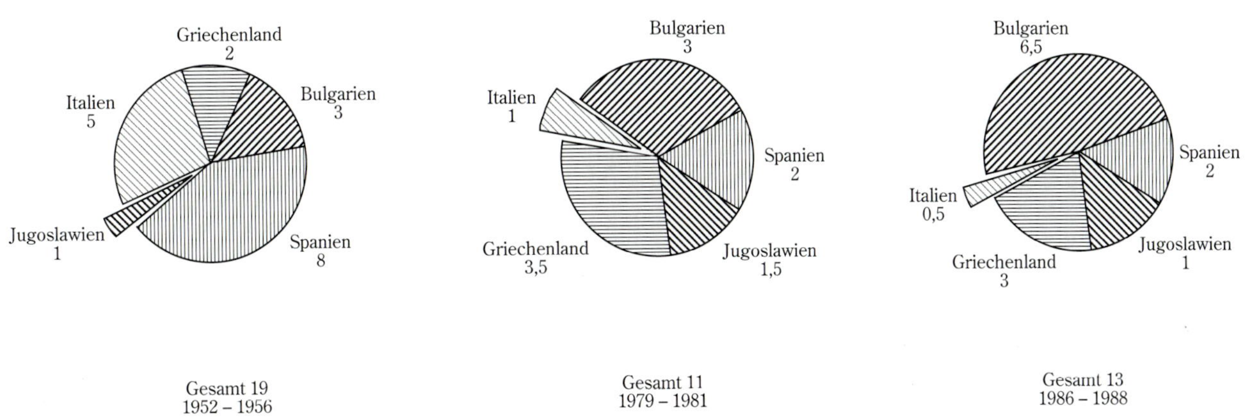

2. **Anpassung** an gegebene Wachstumsbedingungen wie Trockenstreß, Bewässerung, Tageslänge und Temperatur, durch Selektion in den entsprechenden Lagen.

3. **Gleichmäßige Abreife, dichte Lage der Hülsen, große Hülsen mit mehr Samen,** hohes Tausendkorngewicht u. a. durch Kreuzung und nachfolgende Selektion.

4. **Resistenz** gegen Krankheiten und Schädlinge durch Einkreuzung von Wildarten; bei Fertilitätsstörungen Anwendung der Embryokultur.

5. **Resistenz** gegen *Aspergillus flavus* durch interspezifische Kreuzungen und Zellkultur-Selektion.

6. Verbesserung der **Qualität** von Sameninhaltsstoffen durch Mutationsauslösung und Selektion über Halbkörner bzw. Zellkulturen: höhere Öl- und Eiweißgehalte, mehr Ölsäure für die Oleochemie, Verbesserung des Aminosäuremusters u. a.

Wie zu ersehen, ist diese wertvolle Kulturpflanze noch in mancherlei Hinsicht verbesserungsfähig.

Bildlegenden (von links)
1 Teilbestand von Erdnuß bei Blühbeginn.
2 Die Blüte ist verhältnismäßig groß und leuchtend gelb gefärbt. Es herrscht Selbstbefruchtung vor.
3 Nach der Befruchtung wächst die Basis des Fruchtknotens und bildet einen unterirdischen Fruchtstiel mit der Frucht an der Spitze (hier ausgegraben).
4 Früchte und Samen der Erdnuß.

Literatur

BUNTING, A. H., R. W. GIBBONS & J. C. WYNNE, 1985: Groundnut (*Arachis hypogaea*). In: SOMMERFIELD & ROBERTS: Grain Legume Crops, 747-800. Collins, London.

HIEPKO, G. & H. KOCH, 1989: Erdnuß. In: REHM: Handbuch der Landwirtschaft und Ernährung in den Entwicklungsländern. 2. Aufl. Bd. 4, 190–201. Verlag Eugen Ulmer, Stuttgart.

LENNERTS, L., 1984: Erdnüsse. In: Ölschrote, Ölkuchen, pflanzliche Öle und Fette, 80–89. Verlag Alfred Strothe, Hannover.

REHM, S. & G. ESPIG, 1984: Erdnuß. In: Die Kulturpflanzen der Tropen und Subtropen, 96–100. Verlag Eugen Ulmer, Stuttgart.

Weiße Lupine
(*Lupinus albus* L.)

Biologie
Die Weiße Lupine, auch Öllupine genannt, gehört innerhalb der Familie *Leguminosae* zur Unterfamilie der *Fabaceae* und zum Tribus *Genisteae*. Die Gattung *Lupinus* umfaßt etwa 300, meist in Amerika und wenige im Mittelmeergebiet heimische Arten. Davon sind nur fünf zu Kulturpflanzen entwickelt: *Lupinus albus*, *Lupinus luteus*, *Lupinus angustifolius*, alle aus dem Mittelmeerraum, *Lupinus mutabilis*, *Lupinus polyphyllus*, beide aus der Neuen Welt.
Bei *Lupinus albus* werden zwei Varietäten unterschieden:
var. *vulgaris* Alefeld = Stengel 20 bis 100 cm hoch.
var. *termis* Alefeld = sizilianische oder ägyptische Lupine, Stengel 50 bis 150 cm hoch, Blütenstiele und Kelche stärker abstehend, behaart; im südlichen und östlichen Mittelmeergebiet verbreitet.
Die Weiße Lupine bildet eine starke **Pfahlwurzel** mit kräftigen Seitenzweigen, die dicht mit Knöllchen besetzt sind. Der **Stengel** ist zuerst eintriebig, nach der Blüte des Haupttriebes bilden sich 3 bis 4 Nebentriebe in den oberen Blattachseln, die ebenfalls nach ihrem Abblühen je einen Trieb 2. Ordnung ausbilden. Bei günstiger Witterung und genügend Feuchtigkeit können noch weitere Nebentriebe gebildet werden. Die **Laubblätter** sind 5 bis 9 fiedrig, groß, seidig-zottig behaart und verteilen sich über die ganze Pflanze. Die **Blüten** stehen an den Enden der Triebe in verschoben quirlförmiger Anordnung in ziemlich lockeren Trauben. Der Kelch hat ungeteilte Lippen und ist seidig behaart. Die Kronblätter sind reinweiß oder weiß mit hellblauen bis blauen Spitzen. Im Schiffchen liegt der kräftige, rechtwinklig gebogene Griffel und je fünf große und kleine Staubgefäße, diese entleeren die Pollen schon beim Öffnen der Blüten, so daß **Selbstbefruchtung** die Regel ist. Es kann jedoch auch zu Fremdbefruchtung (etwa 1 bis 2 %) durch pollensammelnde Insekten wie Hummeln und Bienen kommen. Die Blüten haben keinen Nektar. Nur ein Teil der etwa 20 bis 30 Blüten je Blütenstand kommen zur Fruchtbildung. Für Kreuzungen von Hand muß im Knospenstadium kastriert werden. Die untersten Knospen des Haupttriebes werden am Schiffchen aufgeschlitzt, die Blütenblätter auseinandergebogen und die Antheren mit der Pinzette entfernt. Die kastrierten Blüten müssen mit Pergamintüten vor Fremdbefruchtung ge-

schützt und nach 1 oder 2 Tagen mit dem gewünschten Vaterpollen belegt werden. Die **Hülsen** sind 6 bis 11 cm lang, gelb, dicht behaart, geschnäbelt und bei Zuchtsorten nicht platzend. Sie stehen schräg aufrecht an der Blütenachse. Die Zahl der weißen bis gelblich-weißen Samen je Hülse schwankt von 3 bis 6. Die Form der Samen variiert von fast quadratisch bis rundoval. Das **Tausendkorngewicht** liegt je nach Sorte zwischen 220 und 800 g.

Der **Nährstoffgehalt** in den Samen ist mit 34 bis 45 % Rohprotein und 8 bis 21 % Rohfett (s. Tab. 1) beachtlich hoch. Auch bei *Lupinus albus* gelang es, wie bei *Lupinus luteus* und *Lupinus angustifolius* bitterstoffarme Formen mit nur etwa 0,01 bis 0,04 % Gesamtalkaloid zu selektieren. Die **Aminosäurezusammensetzung** ist nicht ganz so günstig wie bei der Sojabohne. Einige essentielle Aminosäuren werden zu wenig gebildet, um das Lupineneiweiß als vollwertig bezeichnen zu können (biologische Wertigkeit um 60, Soja 67). Dagegen sind aber keine Trypsin-Hemmstoffe wie bei der Sojabohne vorhanden. Das **Fettsäuremuster** (s. Tab. 1) mit 10 bis 12 % gesättigten Fettsäuren, 50 bis 70 % Ölsäure und 18 bis 22 % Linolsäure ergibt, wie das Erdnußöl, ein hochwertiges Nahrungsmittel, aber auch ein interessantes Produkt für die Oleochemie. Die Zahl der Chromosomen beträgt bei *Lupinus albus* 2n = 50, *L. luteus* 2n = 52, *L. angustifolius* 2n = 40.

Geschichte und Verbreitung

Die Heimat der Weißen Lupine liegt im Mittelmeergebiet. Hier hat die Domestikation schon Jahrtausende v. Chr. im ägyptischen, griechischen und römischen Altertum begonnen, wie Berichte der alten Schriftsteller beweisen. In mediteranen Gebieten wachsen heute noch Primitivformen neben modernen Kultursorten. FRIEDRICH DER GROSSE soll die ersten Versuche zur Einführung der Weißen Lupine veranlaßt haben, sie scheiterten an der Spätreife der importierten Herkünfte. Im 16. und 17. Jahrhundert wurde *Lupinus albus* als Arzneipflanze in Hausgärten kultiviert. Während die Gelbe und Blaue Lupine in der Mitte des 19. Jahrhunderts auf den leichten Sandböden in Osteuropa als »Kulturbringer« (Bodenerschließung und Stickstoffsammlung mit Hilfe der Knöllchenbakterien) als Gründüngungspflanze eingeführt wurde, begannen die Anbauversuche mit *Lupinus albus* zur Eiweiß- und

Ölgewinnung erst in der Zeit der Not im 1. Weltkrieg. Hier fanden Untersuchungen zur Nutzung der gesamten Pflanze als Nahrungs- und Rohstoffquelle statt. 1918 lud die »Vereinigung für Angewandte Botanik« in Hamburg zu einem »Lupinen-Festessen« ein: Auf einem Tischtuch aus Lupinenfaser (aus der reifen Pflanze) wurden serviert: Lupinensuppe, Lupinenbeefsteak in Lupinenöl gebraten und mit Lupinenextrakt gewürzt, als Nachtisch Lupinenbutter und Lupinenkäse mit einem Lupinenschnaps und zum Schluß einen Lupinenkaffee. Zum Händewaschen lagen Lupinenseife und Handtücher aus Lupinenfaser bereit. Auch Schreibpapier aus Lupinenfaser und Umschläge mit Lupinenklebstoff wurden angeboten. Mit der Importunmöglichkeit verschwanden diese »Hilfsgüter« wieder schnell. Erst mit den Autarkiebestrebungen nach 1933 wurde die »Öllupine« wiedcrentdeckt. Nachdem bei der Gelben und Blauen Lupine »süße« = bitterstoffarme Typen in Müncheberg/Mark am Kaiser-Wilhelm-Institut gefunden wurden (v. SENGBUSCH u. a. 1927 bis 1933), gelang dies etwas später auch bei der Weißen Lupine. Während des 2. Weltkrieges wurde die weiße »Süßlupine« im mittleren Ostdeutschland auf milden Lehmböden in größeren Flächen angebaut. Nach dem Krieg erloschen der Anbau und die Züchtungsarbeiten infolge Unsicherheit der Erträge durch Krankheitsbefall und geringe Ausreife. Das Interesse an *Lupinus albus* als Öllupine ist jedoch nicht verschwunden. Eine solch wertvolle Kulturpflanze, die besser als die Sojabohne in kühleren Gebieten gedeiht, muß die Pflanzenzüchter herausfordern.

Nach Angaben auf dem 3. Internationalen Lupinen-Kongreß 1984 werden auf der Erde etwa 3 Mio. ha Lupinen angebaut, von denen 0,96 Mio. zur Kornnutzung verwendet werden. In Europa (ohne Rußland) dienen 0,15 Mio. ha der Korngewinnung, dagegen stehen in Australien 0,5 Mio. Körnerlupinen in Kultur.

Nutzung und Entwicklung

Durch die Züchtung von »süßen«, bitterstoffarmen Sorten wurde die Nutzungsmöglichkeit der Weißen Lupine sehr erweitert. Wie schon betont, kann sie eine der wertvollsten eiweiß- undölliefernden Kulturpflanzen für Europa sein. Auch eine Nutzung als Grünfutter- und Gründüngungspflanze mit 20 % Eiweiß in der Grünmasse auf sandigem Lehm bis Lehmböden im Stoppelfruchtanbau kommt in Betracht. Hier stört jedoch das hohe Tausendkorngewicht und der damit verbundene hohe Saatgutbedarf. Der Grund für ihre stockende Verbreitung (1949 standen zwei Sorten, 1959 fünf, 1969 wiederum nur zwei, 1979 eine und 1989 keine weiße, nur noch zwei gelbe Süßlupinen in der Sortenliste des Bundessortenamtes) ist die Unsicherheit der Erträge von Jahr zu Jahr. In den 40er und 50er Jahren wurde von Müncheberg/Mark ausgehend noch eine intensive Züchtung, auch von privaten Zuchtfirmen, mit *Lupinus albus* betrieben. Diese wurde jedoch, da kein Anbau in größeren Flächen in Gang kam, bald eingestellt. Nur über eine Intensivierung der pflanzenzüchterischen Bemühungen wird

Hülsenfrüchtler

die Weiße Süßlupine eine Kulturpflanze in Europa werden. *Lupinus luteus* und *L. angustifolius* haben mit 5 bis 9 % zu geringe Ölgehalte, um als ölliefernde Pflanzen angebaut zu werden. An wichtigen Zuchtzielen stehen im Vordergrund:

1. Verbesserung der **Ertragssicherheit** durch Anpassung an die jeweiligen Anbaubedingungen. Dies bedeutet, Züchtung unter den unterschiedlichsten Verhältnissen in Europa. Weiter gehört hierzu die Resistenzzüchtung gegen Krankheiten und Schädlinge, vor allem *Ceratophorum sebosum, Fusarium* sp. und Virosen.
2. Die Erhöhung des **Ertragspotentials**, das mit 16 bis 34 dt/ha angegeben wird, durch einen höheren Hülsenansatz je Pflanze. Eine Ertragssteigerung über ein hohes Tausendkorngewicht ist für nördliche Anbaugebiete nicht zu empfehlen, da große Samen schlechter ausreifen.
3. Verbesserung der **Qualität** der Sameninhaltsstoffe. Als **alkaloidarm** (= süß) dürfen nur Sorten mit < 0,04 % Gesamtalkaloid in den Samen bezeichnet werden; in den grünen Pflanzenteilen können bis 0,05 % in der Trockenmasse enthalten sein. Als Zuchtziel ist weniger als 0,01 % Gesamtalkaloid anzustreben. Der **Ölgehalt,** der bei *Lupinus albus* mit 10 bis 18 % angegeben wird, sollte auf über 20 % und der **Proteingehalt**, der bei den jetzigen Sorten zwischen 34 und 45 % liegt, bis auf 50 % gesteigert werden. Die gleichzeitige Erhöhung des Eiweiß- und Fettgehaltes ist durch eine Verringerung des Anteiles der **Samenschale** möglich. Eine Verbesserung der **Eiweißqualität** durch Erhöhung des Methionin- und Tryptophon-Anteiles ist anzustreben.
   Die **Ölqualität** zur Verwendung in der Öltechnik kann durch höhere Ölsäurewerte (C 18:1) auf über 70 % gesteigert werden.

Diese vielfältigen Zuchtziele können nur durch den Einsatz moderner Methoden erreicht werden: Mutationsauslösung und Selektion über Zellkulturen, Artkreuzungen unter Einsatz der Embryokultur u. a. m.

Bildlegenden (von links)
1 Zwei unterschiedliche Sorten von *Lupinus albus*.
2 Die Blüten stehen am Ende der Triebe in lockeren Trauben.
3 Selbstbefruchtung herrscht vor, jedoch kommt es nicht selten zu Fremdbefruchtung durch pollensammelnde Hummeln und Bienen.
4 Die Hülsen der modernen Zuchtsorten sind unbehaart und platzfest.
5 Die Samen sind elfenbeinfarbig und variieren stark in der Größe zwischen den Sorten.

Literatur

HACKBARTH, J., 1941: Züchtung und Anbau der Weißen Lupine. Mitt. f. d. Landw. 56, 774–776.

HACKBARTH, J., 1944: Die Öllupine (*Lupinus albus* L.). In: Die Ölpflanzen Mitteleuropas. 281–285. Wiss. Verlagsges., Stuttgart.

HACKBARTH, J. & H. J. TROLL, 1959. Lupinen als Körnerleguminosen und Futterpflanzen. In: KAPPERT-RUDORF: Handbuch der Pflanzenzüchtung Bd. IV, 2. Aufl., 1–51. Verlag Paul Parey, Berlin

HEGI, G., 1924: *Lupinus*. In: Illustrierte Flora von Mitteleuropa. Bd. IV/3, 1148–1156. Verlag Lehmanns, München.

PLARRE, W., 1985: Lupinen (*Lupinus* spec.). In: FISCHBECK-PLARRE-SCHUSTER: Lehrbuch der Züchtung landw. Kulturpflanzen. 2. Aufl., Bd. 2, 185–196. Verlag Paul Parey, Berlin

PLARRE, W., 1989: *Lupinus* spec. In: REHM: Handbuch der Landwirtschaft in den Entwicklungsländern. 2. Aufl., Bd. 4, 259–265. Verlag Eugen Ulmer, Stuttgart.

SENGBUSCH, v. R., 1942: Süßlupinen und Öllupinen. Landw. Jahrbücher 91, 763–874.

Anden-Lupine
(*Lupinus mutabilis* Sweet.)

Biologie
Lupinus mutabilis, die Südamerikaner nennen sie »Tarwi«, gehört ebenfalls zum Tribus *Genisteae* in der Unterfamilie der *Fabaceae*. Sie stammt jedoch aus dem Genzentrum der Neuen Welt (Süd-, Mittel- und Nordamerika). Hier sollen etwa 200 Arten, andere Autoren nennen über 500, vorkommen. Die große Zahl von Arten ist durch Bastardierungen zwischen den verschiedenen Formen, die 2n = 48 Chromosomen besitzen, zu erklären. Andere Lupinen-Arten der Neuen Welt haben 36 oder 96 Chromosomen. Die einheitliche Grundzahl ist demnach n = 6, danach ist *Lupinus mutabilis* eine oktoploide Form. Da keine Wildform gefunden wurde, wird angenommen, daß *Lupinus mutabilis* aus einer Synthese aus *L. ornatis, L. douglasi* und *L. pubescens* entstanden ist. Aber auch andere Lupinenarten aus Südamerika können die Stammeltern sein, da fertile Kreuzungen zwischen verschiedenen Arten gelingen.
Lupinus mutabilis bildet, wie *Lupinus albus*, eine starke, tief in den Boden eindringende, reichlich verzweigte **Pfahlwurzel** aus, die bis in die feinen Haarwurzeln reichlich mit Knöllchen besetzt ist. Die **oberirdische Pflanze** hat einen aufrechten Wuchs, ist je nach Wachstumsbedingungen mehr oder weniger verzweigt und wird 1,0 bis 2,5 m hoch. Es werden mehrere Etagen von Fruchtständen übereinander ausgebildet. Zur Reife verholzt der Stengel, was sich günstig auf die Standfestigkeit, jedoch weniger positiv für eine Grünfutternutzung auswirkt.
Die Pflanze ist dicht mit kahlen, gefingerten, an mittellangen Stielen sitzenden Blättern von gelb-grüner bis dunkelgrüner Farbe besetzt. Die Färbung der Pflanze variiert bei hohem Anthocangehalt nach violett-grün. Die **Blüte** verändert ihre Farbe während des Abblühens (deshalb mutabilis) von weiß, rosa, hellblau zu violett, purpur oder dunkel-

violett. Die Fahnenmitte ist leuchtend gelb. Selbstbefruchtung herrscht vor, jedoch kommen auch 5 bis 10 % Fremdbefruchtung durch Insektenbesuch vor. Die **Hülsen** sind 5 bis 12 cm lang, unbehaart, gelb bis hellbraun gefärbt und enthalten je 3 bis 9 Samen. Sie sind platzfest und stehen am Fruchtstiel. Die **Samen** haben ein **Tausendkorngewicht** von 80 bis 450 g, meist 200 bis 380 g, sind rund bis eiförmig, teilweise abgeplattet, linsenförmig mit einem Durchmesser von 5 bis 15 mm. Die Kornfarbe variiert von weiß, über gelblich, grau, braun bis schwarz, wobei Scheckungen, Sprenkelungen und Marmorierungen vorkommen. Die Samenschale ist dünn, und ihr Anteil am Gesamtgewicht der Samen beträgt weniger als 12 %. Der Samen enthält 38 bis 56 % Rohprotein (Mittel 43 bis 45 %) und 12 bis 25 % Rohfett (Mittel 18 bis 20 %). Die **Proteinqualität** ist infolge eines geringeren Methionin- und Cystin-Anteiles etwas geringer als bei der Sojabohne. Die **Fettsäurezusammensetzung** des »Tarwi«-Öles (s. Tab. 1) ist für die Verwendung als Speiseöl günstiger als Soja-Öl. Es enthält weniger Linolensäure (C 18:3 = 1 bis 5 %) und hat dafür mehr Ölsäure (C 18:1 = 30 bis 60 %), wobei der Linolsäureanteil etwa gleich hoch ist.
Auch *Lupinus mutabilis* enthielt, wie die anderen kultivierten Lupinen, zunächst einen hohen Anteil von bis zu 4 % Gesamtalkaloid, das einen bitteren Geschmack verursacht und bei kleineren Säugern toxisch wirken kann oder Gesundheitsschäden beim Menschen und größeren Tieren verursacht. Durch ein größeres Züchtungsprogramm seit 1972 (v. BAER und GROSS) konnten bitterstoffarme Formen mit Werten von 0,4 bis 0,1 % und eine Linie mit nur 0,0075 % Alkaloid gefunden werden. Daneben wurden alte technische Verfahren, wie Auswaschen, Dampfbehandlung u. a., mit gutem Erfolg weiterentwickelt.

Geschichte und Verbreitung

Lupinus mutabilis stammt aus dem Hochland der Anden, im Gebiet des heutigen Peru, Bolivien und Ecuador. Es wird angenommen, daß es sich um eine sehr alte Kulturpflanze handelt. Samen von *Lupinus mutabilis* wurden aus der Zeit 800 v. Chr. gefunden. Zur Zeit der spanischen Eroberung betrug nach Berichten der Anteil an »tanwi«, »tarkui« oder »chocho«, wie die Indianer *Lupinus mutabilis* nannten, etwa

5 % an der Nahrung. Dies entspräche etwa 100.000 ha. Bis heute hat sich der Mischanbau mit Quinoa (Reismelde) oder Mais erhalten. Diese Mischkultur bringt Vorteile in bezug auf die Abwehr von Schädlingen durch den hohen Bitterstoffgehalt der Lupine und gibt Schutz vor Frost und Wind. Schon frühzeitig verstand es die Urbevölkerung, die Alkaloide aus den Samen durch Kochen und nachfolgende Wässerung zu entfernen und so genießbar zu machen. Das Kochwasser fand Verwendung zur Bekämpfung von Schädlingen, als Medizin gegen Hauterkrankungen, Würmer und Rheumatismus.

Nach der spanischen Eroberung änderten sich auch die Eßgewohnheiten der Indios. Neue Kulturpflanzen wurden angebaut, wie Weizen, Phaseolusbohnen, Erbsen u. a., die *Lupinus mutabilis* immer mehr verdrängten. Heute wird sie nur noch in kleinen Flächen gebaut und als Gemüsebeilage, als Breizugabe oder als Knabberfrucht wie Nusse gegessen. Nur in Ecuador sind die Anbauflächen größer, da dort die entbitterten Samen als Nährmittel genutzt werden.

Erst in den letzten Jahren sind Bemühungen zur züchterischen Verbesserung und Anbauausdehnung in Südamerika durch die Deutsche Gesellschaft für Technische Zusammenarbeit in Gang gekommen.

Seit etwa 1970 wird über die Einführung von *Lupinus mutabilis* in Europa diskutiert, und auch in Mitteleuropa werden Anbau- und Züchtungsversuche durchgeführt.

Nutzung und Entwicklung

Wie bei *L. albus*, so ist auch bei *Lupinus mutabilis* eine Doppelnutzung von hochwertigen Nahrungsstoffen in Form von Eiweiß und Öl möglich. Deshalb kommt der Anden-Lupine eine stärkere Beachtung zu. Aber nicht nur für ihr Heimatgebiet ist sie interessant und verstärkter Bemühungen in Züchtung und Anbau würdig, sondern auch für Europa, da sie vom gesamten Mittelmeerraum bis Mitteleuropa für einen Anbau geeignet ist. Die größte Bedeutung hat jedoch *Lupinus mutabilis* für die menschliche Ernährung der vielfach unterernährten Bevölkerung Lateinamerikas. Das dort in der Nahrung fehlende Eiweiß kann in Form von entbittertem Mehl von *Lupinus mutabilis* ergänzt werden: in Backwerk bis 30 %, in Wurst 10 bis 25 % und in Nudeln bis 15 %. Auch können die entbitterten und zurückgetrockneten Körner als Suppen oder geröstet wie Nüsse gegessen werden. Entsprechen-

de Untersuchungen zeigen, daß das Protein und das Fett von *Lupinus mutabilis* gleichwertig mit Sojabohnen in der Ernährung einzusetzen ist. In Europa wird das Lupinen-Eiweiß weniger für die menschliche als für die tierische Ernährung genutzt, und das Öl findet für technische Zwecke oder als Speiseöl Verwendung.

Eine weitere Nutzung für eine »süße« Anden-Lupine ist als Grün- und Silofutter möglich.

Stellt man die positiven und negativen Eigenschaften von *Lupinus mutabilis* für eine Nutzung in Europa nebeneinander, so ergibt sich folgendes Bild:

Positive Eigenschaften	Negative Eigenschaften
– hoher Proteingehalt im Korn – hoher Ölgehalt im Korn – Tagneutralität – angepaßt an kühles Klima – Platz- und Bruchfestigkeit der Hülsen – Weichschaligkeit der Körner – schnelle Jugendentwicklung – hohe Grünmasseerträge – Resistenz gegen Phomopsis leptostromiformis (Lupinose) – geringe Bodenansprüche, Stickstoffsammler, Phosphataufschließer – Auflockerung getreidereicher Fruchtfolgen	– hoher Alkaloidgehalt – späte Reife (undeterminiertes vegetatives Wachstum; nur für Körnernutzung) – frostempfindlich im Jugendstadium

Daraus lassen sich folgende Zuchtziele für einen europäischen Anbau ableiten (RÖMER):

Alkaloidarmut

Grünnutzung
Wüchsigkeit (Grünmassebildung)
Standfestigkeit
(Kornzahl)

Kornnutzung
Frühreife
Frühsaatverträglichkeit
Kornertrag (Verzweigung, Hülsen- u. Kornzahl, TKG)

Widerstandsfähigkeit gegen Krankheiten und Schädlinge

Seit 1984 wurde in einigen europäischen Ländern begonnen, die Zuchtarbeiten mit der Anden-Lupine zu intensivieren; hier sind erste Erfolge zu verzeichnen.

Bildlegenden (von links)

1 Teilbestand von *Lupinus mutabilis*.
2 Der Blütenstand der Anden-Lupine bildet eine lockere Traube.
3 Die Blüte verändert ihre Farbe während des Abblühens (deshalb: *mutabilis*).
4 Fruchtstand von *L. mutabilis*.
5 Hülsen und Samen einer Zuchtform.
6 Auch in der Färbung der Samen bestehen deutliche Unterschiede zwischen verschiedenen Linien und Sorten.

Literatur

BAER, v. E. & R. GROSS, 1977: Auslese bitterstoffarmer Formen von *Lupinus mutabilis*. Z. Pflanzenzüchtung. 79, 52–58.

BAER, v. E. & W. FELDHEIM, 1980: Alkaloide in *Lupinus mutabilis*. In: GROSS-HUDSON: Agricultural and nutritonal aspects of lupines. GTZ-Schriftenreihe, Eschborn Nr. 125, 521–533.

BRÜCHER, H., 1977: Tropische Nutzpflanzen. Springer Verlag, Berlin.

BRÜCHER, H., 1979: Beitrag zur Domestikation proteinreicher und alkaloidarmer Lupinen in Südamerika. Angew. Botanik 44, 7–27.

GROSS, R., 1983: Untersuchungen über den Einfluß von Genotyp und Umwelt auf die Korninhaltsstoffe von »Tarwi« (*Lupinus mutabilis*) aus peruanischem Anbau. Dissertation, Universität Gießen.

GROSS, R. & E. v. BAER, 1975: Die Lupine, ein Beitrag zur Nahrungsversorgung in den Anden. Z. Ernährungswiss. 14, 224–228.

HACKBARTH, J. & K. W. AKENDORF, 1970: *Lupinus mutabilis* Sweet, eine Kulturpflanze mit Zukunft? Z. Pflanzenzüchtung. 63, 237–245.

RÖMER, P., 1990: Genetische und physiologische Untersuchungen an *Lupinus mutabilis* Sweet. Dissertation, Universität Gießen.

Öl- und Faserpflanzen

Die Möglichkeit der Doppel- oder Mehrfachnutzung einer Kulturpflanze erhöht im allgemeinen die Wirtschaftlichkeit. Dies ist besonders der Fall, wenn die eine oder die andere Nutzung hohe Gewinne bringt. Bei den Faserpflanzen ist vielfach die zusätzliche Gewinnung von Öl aus den Samen möglich. Oft sind beide Nutzungsrichtungen gleich bedeutsam, wie bei Lein und Baumwolle.

Baumwolle
(*Gossypium* L. spec.)

Biologie

Gossypium gehört zur Familie der *Malvaceae*. Die Gattung wird in 20 Arten unterteilt, von denen nur 4 wirtschaftliche Bedeutung haben und als »Baumwolle« (Cotton) bezeichnet werden:

in der Alten Welt:
- *G. arboreum* L. — Genom A mit
- *G. herbacum* L. — n = 13 Chromosomen

in der Neuen Welt:
- *G. barbadense* L. — Allopollyploide aus (= *vitifolium*) den Genomen A und D
- *G. hirsutum* L. — mit n = 26 Chromosomen

Die übrigen Arten sind Wildformen, die in 7 verschiedene Genomgruppen eingeteilt werden.

Öl- und Faserpflanzen

Die meisten *Gossypium*-Arten sind mehrjährig, sie werden jedoch im modernen Anbau nur einjährig genutzt.
Die Baumwolle bildet eine kräftige **Pfahlwurzel** aus, die bis zu 3 m tief gehen kann. Die **oberirdischen Teile** bilden krautige, strauchige 0,5 – 1,0 – 2,0 m hohe Pflanzen. Die **Laubblätter** sind am unteren Teil der Pflanze herzförmig und im oberen Bereich 3- bis 7-lappig. Blätter und Stengel sind oft stark behaart. Die großen **Blüten** sind dunkel- bis hellgelb, rosa bis purpurrot oder weiß gefärbt und stehen einzeln in den Blattachseln. Sie sind von drei tief gezackten, dreieckigen **Außenkelchblättern** (bleibende Hochblätter) umgeben. An der Basis der Hochblätter befinden sich drei **Nektardrüsen**. Der **Kelch** wird von fünf an der Basis zusammengewachsenen kleinen Blättern gebildet. Der **Blütenkelch** setzt sich aus fünf glockenförmig angeordneten Blütenblättern zusammen. Bei den »Upland«-Varietäten in den USA (Selektionen aus Chiapas-Baumwolle aus Mexiko) verändert sich die Blütenfarbe nach der Befruchtung von gelb nach rosa, am zweiten Tag nach rot, und am dritten Tag welken die Blütenblätter ab. Die **Filamente** sind an der Basis röhrenförmig zusammengewachsen. Die Zahl der nierenförmigen **Staubbeutel** beträgt etwa 90 bis 100. Der **Fruchtknoten** besteht aus 3 bis 5 Kammern, die jeweils durch eine senkrechte Wand in zwei Teile geteilt wird; in jedem Fach können sich 5 bis 17 Samen entwickeln. Der **Blühverlauf** einer Pflanze folgt dem sympodialen Wachstum: von innen nach außen und in einer Spirale von unten nach oben.
Baumwolle ist vorwiegend Selbstbefruchter; es kommt aber auch in unterschiedlichem Ausmaß Fremdbefruchtung vor. Für exakte Kreuzungen muß also eingetütet, kastriert und am folgenden Tag mit dem gewünschten Vaterpollen bestäubt werden. Die Befruchtung einer Blüte ist erst nach 24 bis 40 Stunden nach der Bestäubung abgeschlossen. Von einer künstlich bestäubten Blüte können 15 bis 50 Samen geerntet werden. Es besteht in hohem Maße Kreuzbarkeit zwischen den verschiedenen Arten. Auch lassen sich allotetraploide mit diploiden Formen fruchtbar kreuzen, wenn die sterile triploide F_1 mit Cholchicin allohexaploid gemacht wurde. Die **Kapseln** springen bei der Reife auf und heraus quillt ein faustgroßer Wollbausch. Dieser wird von langen, einzelligen, meist weißen Haaren gebildet,

Öl- und Faserpflanzen

die fast aus reiner Zellulose bestehen und aus der Samenoberfläche erwachsen. Die Länge der Faser und ihre Feinheit bestimmen die Qualität der Baumwolle. Die **Samen** sind noch von kurzen Haaren (»Linters«), Flaum oder »Filz« genannt, umgeben; diese Fasern sind von minderer Qualität.
Bei der Baumwollernte werden Samen und Wolle zusammen im Gewichtsverhältnis von 2:1 gewonnen. Die Trennung der Faser erfolgt heute durch große Egreniermaschinen, früher von Hand. Die Wolle wird in Ballen gepreßt und an Spinnereien und andere weiterverarbeitende Betriebe geliefert. Die Samen mit dem noch anhängenden »Filz« gehen in Ölmühlen mit einer Entlinterungsanlage. Vor der Zerkleinerung zur Ölgewinnung werden die »Linters« entfernt.
Das Tausendkorngewicht liegt bei 80 bis 95 g. Der Anteil der Samenschale beträgt 40 bis 45 %, der Kernanteil 55 bis 60 %. Die Schalen haben etwa 38 % Rohfaser, so daß die entschalte Baumwollsaat enthält: Trokkensubstanz 93,6 %, organische Substanz 89,1 %, Rohprotein 38,4 %, Rohfett 33,3 %, Rohfaser 2,3 %, N-freie Extraktstoffe 15,1 % und Rohasche 4,5 %. Außer den hier genannten Inhaltsstoffen enthalten die Baumwollsamen noch 2 Farbstoffe: einen gelben, das Gossypol und einen roten, das Gossypurin. Freies Gossypol wirkt bei Geflügel und Schweinen toxisch. Deshalb werden Baumwollsaatfuttermittel meist nur als Beimischungen in der Rinderfütterung verwendet, obwohl nach der Aminosäurezusammensetzung die Rückstände der Ölgewinnung aus Baumwollsaat ein wertvolles Futtermittel darstellen.
Das **Öl** ist mit seinem mittleren bis hohen Anteil an Linolsäure (C 18:2), seinem mittleren Gehalt an Ölsäure (C 18:1) und seinem beachtlichen Palmitinanteil (C 16:0) ein gutes Speiseöl, dem der Sojabohne ähnlich (s. Tab. 1), das weltweit in der Margarineherstellung verwendet wird.

Geschichte und Verbreitung

Von der Baumwolle konnten, wie vom Weinstock, auf der westlichen wie auf der östlichen Hemisphäre Ursprungsgebiete nachgewiesen werden. Auf beiden Erdhälften wurden Spindeln und Webgeräte aus der Zeit von 2500 bis 3000 v. Chr. gefunden, so daß auf frühen Anbau und Verarbeitung der Baumwolle geschlossen werden kann. In Peru konnten in alten Inkagräbern und in vorkeramischen Fundstätten aus der Zeit 2570 bis 2370 v. Chr. Baumwollgarne und Gewebe nachgewiesen werden. In Pakistan und im Indus-Tal wurden bei Ausgrabungen aus der Zeit 3000 bis 2700 v. Chr. stammende feinste Baumwollgewebe gefunden.
Danach wird heute allgemein die Meinung vertreten, daß auf unserer Hemisphäre die Urheimat der Baumwolle in Pakistan und Indien liegt. In Indien wurde wahrscheinlich die Baumwolle zuerst kultiviert und die Fasern verarbeitet. Dort entwickelte sich ein Baumwoll-Monopol, das in Konkurenz zu dem Seiden-Monopol in China stand. Schon 1000 v. Chr. war Babylon ein Hauptumschlagplatz für feinste, mit Purpur und Gold durchwirkte Baumwollgewebe. Es wird berichtet, daß eine asiatische Königin die Steu-

ern ihres Reiches von 27 Monaten zusammenlegen mußte, um ein einziges edelsteinbesetztes, golddurchwirktes Baumwoll-Gewand in Babylon erstehen zu können.
Gegen 600 bis 500 v. Chr. eroberten die Perser Babylon und danach Ägypten. Durch die Perser kam die Baumwolle nach Ägypten, wo sie sich bald durch die Förderung der Pharaonen ausbreitete. Gewänder aus Baumwolle waren geschätzt, wie aus der Bibel hervorgeht, in der berichtet wird, daß Josef ein Baumwollkleid vom Pharao als Geschenk erhielt. Authentische Berichte über die Baumwollkultur in Ober-Ägypten liefert PLINIUS (70 n. Chr.).
Nach Europa kam die Baumwolle durch die Feldzüge ALEXANDER DES GROSSEN um 333 v. Chr. Infolge der hohen Wärmeansprüche der Baumwolle, Optimum 27 °C, und der starken Empfindlichkeit gegen Fröste konnte sich bis heute jedoch nur ein begrenzter europäischer Anbau entwickeln (s. Anbaustatistik Tab. 2 u. Darst. 13).
In der Neuen Welt stand zur Zeit der Eroberung durch die Spanier die Baumwollkultur in Süd- und Mittelamerika in hoher Blüte. Nach Nordamerika kam jedoch die Baumwolle erst zu Anfang des 16. Jahrhunderts durch die Engländer und Franzosen aus Europa. Sie wird dort in den nächsten 200 Jahren zur Welthandels- und Schicksalspflanze: Eroberungskriege um die Länder, in denen Baumwolle gebaut werden kann; Verschleppung afrikanischer Sklaven nach Amerika; Befreiungs- und Sezessionskriege.
Durch die vielfältige Verwendung der Baumwolle, ihre großen Anbauareale in vielen Gebieten der Erde sowie die Erfindung der Entsamungsmaschine, der Spinnmaschine und der mechanischen Webstühle nahmen die Bedeutung und der Anbau schnell zu. Viele wirtschaftliche und militärische Machtkämpfe wurden im 19. und 20. Jahrhundert um die Baumwolle ausgetragen: Besetzung Ägyptens und des Sudans durch die Engländer; Eroberung Abessiniens durch die Italiener; die großen Dumpinggeschäfte der Japaner mit Baumwolle zwischen den beiden Weltkriegen; große wirtschaftliche Macht bei den baumwollverarbeitenden Ländern.
Die Anbaufläche an Baumwolle ist in den letzten 50 Jahren insgesamt in der Welt und auch in Europa relativ gering gestiegen, wie Tabelle 2 erkennen läßt. Dies ist jedoch in den verschiedenen Ländern recht unterschiedlich: In Brasilien, in China und am Nil, im Sudan sowie in Usbekistan und in Aserbeidschan haben die Flächen beachtlich zugenommen. Die Produktion an Baumwollsaat stieg infolge der Ertragssteigerung überall deutlich, wie Tabelle 3 zeigt. Darstellung 13 läßt erkennen, daß der Baumwollanbau Europas heute mit 224.000 ha in Griechenland und in Spanien mit 102.000 ha am größten ist. In den übrigen europäischen Ländern ist er seit 1952 bis 1956, besonders in Rumänien und Spanien, deutlich zurückgegangen.

Bedeutung und Nutzung

Die Gewinnung des **Öles** aus den Baumwollsamen in größerem Umfang wurde erst in den 80er Jahren des 19. Jahrhunderts, nachdem die Entlinterungsmaschine erfun-

(Darstellung 13)

Baumwoll-Anbau auf 1.000 ha in Europa

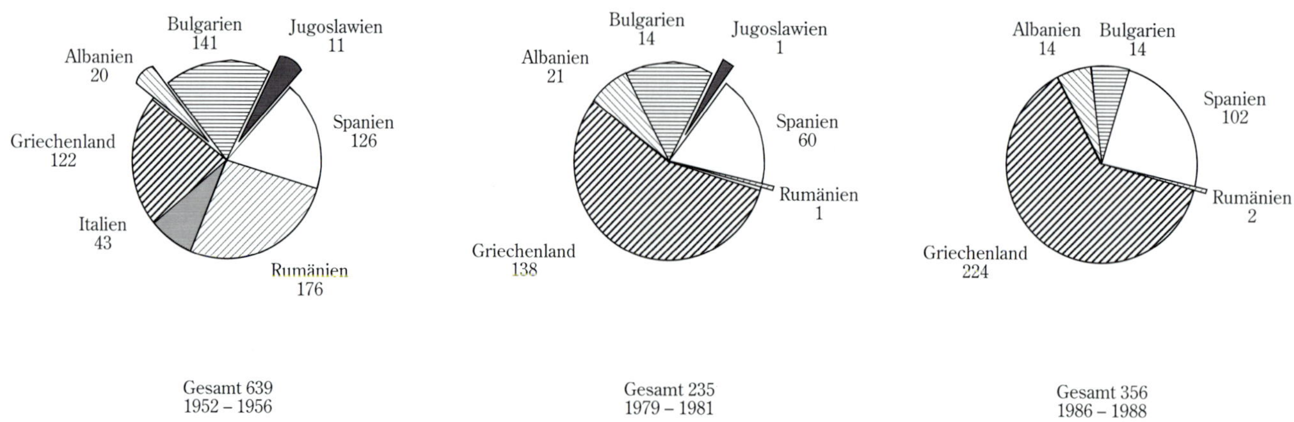

Öl- und Faserpflanzen

den war, möglich. Jährlich fallen heute weltweit etwa 30,5 Mio. t Baumwollsamen an, aus denen etwa 3 bis 4 Mio. t pflanzliches Öl gewonnen werden. Damit nimmt Baumwolle hinter Soja, Sonnenblumen und Erdnuß die vierte Stelle in der Weltproduktion an pflanzlichen Ölen ein. Das Öl findet vornehmlich Verwendung in der Margarineherstellung und in vielen Entwicklungsländern auch als Speiseöl im direkten Verzehr. Es wird aber auch zu Seife, Anstrichmitteln und kosmetischen Artikeln verwendet. Das im Öl enthaltene giftige Polyphenol »Gossypol« wird, ebenso in den Preßrückständen, durch Erhitzung vor dem Pressen weitgehend unschädlich, so daß diese, wenn die Samen wie üblich vorher geschält waren, ein wertvolles Futtermittel, besonders für Rinder, abgeben.

Die Welternte an Baumwollfasern beträgt jährlich etwa 15 bis 16 Mio. t. Diese erfreuen sich, trotz der hohen Produktion an synthetischer Faser, bei der Textilindustrie und den Verbrauchern hoher Beliebtheit, da sie kochfest, chemisch stabil, elastisch, sorptionsfähig sowie weich sind und keine elektrostatische Aufladung haben. Die nach der Entkernung noch an den Samen haftende Grundwolle (Filz oder Fuzz) wird, wie schon betont, mit Spezialmaschinen von den Samen entfernt und zu Schießbaumwolle, Putzwolle, Polsterwatte, Zellulose u. a. verarbeitet.

Da der größte Teil der Baumwollflächen in der Alten Welt durch mehrmaliges Pflücken von Hand geerntet wird (um Verschmutzungen und dadurch Qualitätsminderungen zu vermeiden), bleiben die trockenen Pflanzen auf dem Feld stehen. Die Blätter werden durch Haustiere (Kamele, Esel, Schafe, Ziegen) abgeweidet. Danach dienen die trockenen Stengel als Brennmaterial.

Die vor der Ölgewinnung anfallenden Samenschalen werden meist verfüttert, obwohl sie keinen hohen Nährwert besitzen.

Die weitere Entwicklung des Baumwollanbaues wird weitgehend von dem Erfolg der weltweit laufenden Züchtungsprogramme abhängen. Als wichtige Zuchtziele werden bearbeitet: Erhöhung des Ertrages an Fasern und Samen; Verbesserung der Faserqualität (= Dicke, Länge, Festigkeit, Gleichmäßigkeit und Feinheit der Faser); Verbesserung der Samenqualität (= Senkung des Filzanteiles, geringerer Schalenanteil, Erhöhung des Ölgehaltes, Beseitigung oder Senkung des »Gossypol«-Gehaltes); Anpassungen an die jeweiligen ökologischen Bedingungen durch Frühreife, höhere Wachtumsgeschwindigkeit, schnellere Abblüte, um gleichmäßigere Reife zu erhalten; Eignung für die maschinelle Ernte; Resistenz gegen Krankheiten und Schädlinge.

Zur Erreichung dieser Zuchtziele werden folgende Methoden angewendet: Kombinationszüchtung innerhalb der Art, zwischen verschiedenen Arten, Mutationsauslösung und Hybridzüchtung. Für letztere fehlen jedoch noch Linien mit CMS-Plasma (männliche Sterilität) und Restorer-Gene für die Wiederherstellung der Fertilität.

Bildlegenden (von links)

1 In vielen Gebieten Europas erfolgt die Baumwollernte noch von Hand, wie hier in Bulgarien.
2 Die »Upland«-Sorten aus den USA verändern die Blütenfarbe nach der Befruchtung von gelb über rosa auf rot.
3 Rosa gefärbte Baumwollblüte.
4 Reife Baumwollkapseln.
5 Baumwollsamen mit »Filz« (»Linters«), die vor der Ölgewinnung entfernt werden.

Literatur

FAO, 1987: Yearbook 1986. Food and Agriculture Organization of the United Nations, Rome.

HEGI, G., 1925: *Gossypium*. In: Illustrierte Flora von Mitteleuropa. Bd. V/1, 460–463. Verlag Lehmanns, München.

HIEPKO, G. & H. KOCH, 1989: Baumwolle. In: REHM, S.: Handbuch der Landwirtschaft und Ernährung in den Entwicklungsländern. 2. Auflage, Bd. 4, 545–559. Verlag Eugen Ulmer, Stuttgart.

INCEKARA, F. & S. H. EMIROGLU, 1985: Baumwolle (*Gossypium* spec.) In: FISCHBECK, PLARRE, SCHUSTER: Lehrbuch der Züchtung landw. Kulturpflanzen. 2. Auflage, Bd. 2, 326–339. Verlag Paul Parey, Berlin.

LENNERTS, L., 1984: Baumwolle. In: Ölschrote, Ölkuchen, pflanzliche Öle und Fette, 90–98. Verlag Alfred Strothe, Hannover.

POEHLMAN, J. M., 1979: Breeding Field Crops. 2. Ed. AVS Publ. Comp., Westport/Connec.

REHM, S. & ESPIG, 1984: Baumwolle. In: Die Kulturpflanzen der Tropen und Subtropen. 2. Auflage, 312–318. Verlag Eugen Ulmer, Stuttgart.

Öl- und Faserpflanzen

Lein/Flachs
(Linum usitatissimum L.)

Biologie
Die Gattung *Linum* L. gehört zur Familie der *Linaceae* (Leingewächse), sie umfaßt etwa 100 bis 200 Arten, von denen jedoch nur *Linum usitatissimum* L. eine Bedeutung als Kulturpflanze erlangt hat. Es wird angenommen, daß sich *Linum usitatissimum* aus der einjährigen und überwinternden Wildart *L. angustifolium* Huds. mit aufplatzenden Kapseln (Springlein) entwickelt hat. Die Zahl der Chromosomen beträgt in diesen beiden Arten n= 15. Es kommen Arten mit n= 8, n= 16, n= 32, n= 18 u. a. vor. Durch die unterschiedlichen Chromosomenzahlen treten Schwierigkeiten bei Kreuzungen zwischen den verschiedenen Arten auf. SCHILLING schlägt folgende **systematische Unterteilung** vor:

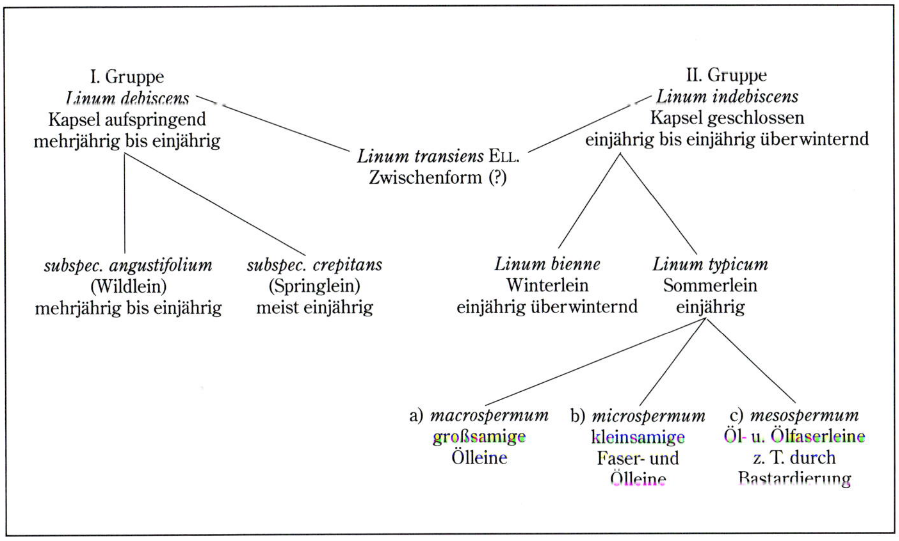

Die **Wurzel** des Leines ist eine spindelförmige Pfahlwurzel mit relativ geringer Verzweigung. Es treten deutliche Unterschiede in der Wurzelausbildung zwischen den verschiedenen Typen und Linien auf. Die **oberirdische Pflanze** ist meist einstengelig, bei weitem Standraum werden jedoch von der Basis ausgehend mehrere Stengel ausgebildet. Winterformen, die in Südeuropa angebaut werden, und auch die Öllein-Typen bilden immer einen Hauptstengel mit mehreren Nebenstengeln. In der **Wuchshöhe** besteht ebenfalls eine große genotypische Variabilität. Diese reicht von 120 bis 160 cm bei Faserlein-Formen, bis zu 20 bis 30 cm bei ausgesprochenen Ölleinen aus Trockengebieten. Auch die **Verzweigung** im oberen Stengelteil ist außerordentlich variabel und wird, wie die Stengellänge, zur Unterscheidung von Nutzungstypen herangezogen. Faserleine bilden nur wenige Seitenäste am oberen Ende des Stengels, während bei Öllein-Typen die Verzweigung oft schon im unteren Drittel ansetzt. Die **Laubblätter** sind schmal, lanzettlich und sitzen einzeln am Stengel, sie sind dunkelgrün bis graugrün, teilweise mit Wachsüberzug. Die **Blüte** besteht aus 5 spitzen Kelchblättern, 5 in Größe, Form und Farbe variierenden Blütenblättern, 5 großen Staubblättern (2 bis 5 mm lang), 5 weiteren kleineren Antheren, einem fünfteiligen Fruchtknoten mit 5 Griffeln, die in keulenförmigen Narben enden. Narben und Staubbeutel stehen auf gleicher Höhe, bei einigen Arten und auch Genotypen von *L. usitatissimum* kommt Heterostlie (verschiedene Länge von An-

Öl- und Faserpflanzen

theren und Griffeln) vor. Die Farbe der Kronenblätter und der weiteren Blütenteile werden meist unabhängig voneinander vererbt, jedoch mit einigen Kopplungen. An Blütenfarben kommen vor: violett, blau, rosa, graublau, weiß.

Die **Blüte** öffnet sich in den frühen Morgenstunden, und am Mittag des selben Tages werden bei warmer Witterung die Blütenblätter bereits abgeworfen. Am nächsten Morgen steht jedoch das Leinfeld wieder in voller Blüte, da von Tag zu Tag immer wieder neue Blüten zum Aufblühen kommen. Die Blühdauer einer Pflanze und eines Bestandes richtet sich also nach der Zahl der gebildeten Knospen, und diese ist abhängig von der Verzweigung. Lein ist seinem Blütenbau entsprechend vorwiegend Selbstbefruchter, jedoch kommt je nach Witterung und genetischen Unterschieden mehr oder weniger häufig Fremdbefruchtung vor. Auch wurde schon 1924 eine cytoplasmatische männliche Sterilität bei Lein entdeckt.

Die **Frucht (Kapsel)** des Leines ist ebenfalls sehr unterschiedlich in Größe und Form. Sie ist, den 5 Griffeln entsprechend, in 5 Fächer unterteilt mit je 2 Samenanlagen, so daß maximal 10 lang- bis rundovale, glänzende, feinpunktierte Samen ausgebildet werden können. Auch die **Samen** variieren stark in Größe (TKG von 3 bis 14 g) und Farbe, von dunkelbraun bis hellgelb.

Der **Ölgehalt** der Samen schwankt zwischen 30 und 48 % und der **Rohproteingehalt** von 20 bis 30 %. Das Leinöl ist reich an ungesättigten Fettsäuren (C 18:2 und C 18:3), wobei starke Umwelteinflüsse wirksam sind. Der Linolensäureanteil kann zwischen 40 und 68 %, der Linolsäuregehalt zwischen 10 und 30 % und der Ölsäureanteil zwischen 15 und 30 % liegen (s. Tab. 1). Leinöl ist also ein ausgesprochen trocknendes Öl und wird deshalb vorwiegend für technische Zwecke in der Farbherstellung genutzt. Als weitere Inhaltsstoffe sind zu nennen: Tokopherolgehalte von 400 bis 500 mg/1 g Öl; Schleimstoffgehalt (Pentosane) mit Sedimentationswerten des Extraktionsschrotes von 40 bis 100; essentielle Aminosäuren (EAA-Index) von 70 bis 78 (= Vollei= 100), Vitamin A = 0,47 mg; Vitamin B1 = 410 µg; Vitamin B2 = 960 µg; Vitamin C = 9,06 mg; Vitamin E = 19,4 mg/100 g; Mineralstoffe (vorwiegend Kalium und Phosphor) von 3,8 bis 5,4 %; Linamaringehalte (als Blausäure in mg/kg ATM) von 230 bis 330 mg (unbedenklich).

Nach dem Wuchstyp und einigen Eigenschaften lassen sich nach SCHILLING 3 unterschiedliche Nutzungstypen unterscheiden:

	Faserlein	Öllein	Ölfaserlein
Pflanzenlänge in cm	70 – 110 – (170)	50 – 70 – 80	50 – 80 – 110
Strohertrag kg/ha	4000 – 5000 – 6000	bis 4000	3600 – 5000 – 5800
Fasergehalt %	20 – 24 – 28	14 – 20 – 22	16 – 20 – 24
Langfaserausbeute %	10 – 16 – 21	0 – 10 – 14	ganz verschieden
Gesamtfaser kg/ha	600 – 1000 – 1400	0 – 300 – 700	ganz verschieden
Faserqualität	mittel bis sehr gut	unbrauchbar – grob	ganz verschieden
Blütengröße	klein	groß	± mittelgroß
Kapselgröße	klein	groß	± mittelgroß
1000-Korn-Gewicht g	3,4 bis 5,3	5,4 bis 14	verschieden (6 – 8)
Kornertrag kg/ha	400 – 800 – 1000	600 – 1000 – 2800	(1200 – 2200)
Ölgehalt	meist niedrig	meist hoch	niedrig bis hoch

Öl- und Faserpflanzen

Geschichte und Verarbeitung

Die Urheimat des Leines ist nach den meisten Autoren in Südwestasien und Nordafrika zu suchen. Als wahrscheinliche Stammpflanze der Kulturleine wird von einigen Forschern *Linum angustifolium* L. mit aufspringenden Kapseln, mehrstengelig mit starker Verzweigung, mehrjährig, im Südosten und eventuell Osten beheimatet, angenommen.

Lein ist eine der ältesten Kulturpflanzen. Schon die ältesten Funde aus frühesten menschlichen Kulturen lassen deutlich Einflüsse einer längeren Domestizierung erkennen. Die ältesten Funde stammen aus Kolchis und dem Reich der Sumerer. In Ägypten wurde scheinbar zuerst (in der V. Dynastie) nur Öllein angebaut, erst aus der XII. Dynastie (2400 bis 2200 v. Chr.) liegen Erkenntnisse über eine Öl- und Fasernutzung vor (s. Darst. 14). Es wurde Spring- und daneben schon Schließlein gefunden.

Auch in Europa war im Neolithikum der Leinanbau bekannt, wie die Funde in den Pfahlbauten der Schweiz und Süddeutschlands beweisen. Bestimmte Leintypen sollen mit den Keltenzügen (1000 v. Chr.) nach Westeuropa gekommen sein. VAVILOW kam auf Grund seiner Forschungen zu der Annahme, daß 6 verschiedene Genzentren (Formenmannigfaltigkeitszentren) für den Lein bestehen: 1. Vorderasien und Transkaukasien, 2. Abessinien und Erythrea, 3. das Mittelmeergebiet, 4. Vorderindien, 5. Kleinasien, 6. Italien und die Pyrenaenhalbinsel.

Für die Ausbreitung des Leines spielt die Nutzungsform eine entscheidende Rolle. Die langstengeligen Fasertypen gedeihen besser in kühleren, nördlichen Regionen, während die Ölleintypen bessere Wachstumsbedingungen in trockenen, wärmeren Gebieten finden. In den alten Kulturen wurde im Mittelmeerraum Lein für beide Nutzungen, Samengewinnung für Speisezwecke und Fasererzeugung (Flachs) zum Spinnen und Weben angebaut. Ebenso in Mitteleuropa, wo zahlreiche Funde hierfür aus der Hallstattzeit und der frühen Eisenzeit auch aus Norddeutschland vorliegen. Aus dem Mittelalter sind viele schriftliche Hinweise

(Darstellung 14)

Leinernteszenen an einem ägyptischen Grab

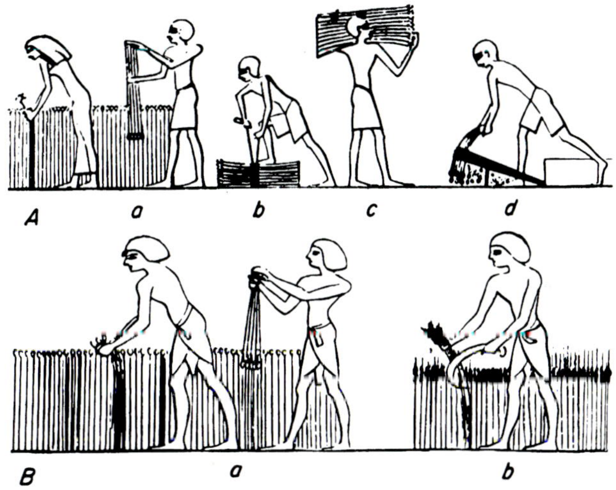

Leinernteszenen an einem ägyptischen Grab. A-a) Leinraufen und Ordnen der »Handvollen«; -b) Binden; -c) Leinstrohbündel; -d) Riffeln. B-a) Flachsraufen im Gegensatz zum -b) Getreideschneiden mit der Sichel. Man beachte die Länge der Leinpflanzen.

Öl- und Faserpflanzen

für den Leinanbau in Deutschland gegeben. BOCK schreibt 1551 über den Flachs. »*... den armen zuor notturfft, den reichen, zuom wollust, ja den edlen Fürstin und Gräfin kein Schand.*« und FUCHS sagt in seinem Kräuterbuch: »*Flachsz, Lein... er muß viel plag und marter leiden ehe und er dahin kommt, daß Tuch daraus gemacht wird. Die plag und marter des Flachs sind unzahlbar.*« 1875 wurden in Europa, vor allem in Rußland und Deutschland, 1,5 Mio. ha, 1890 2,0 Mio. ha Flachs angebaut, danach ging der Anbau, außer in Rußland, unter dem Einfluß der Baumwollimporte stark zurück. In beiden Weltkriegen nahm der Anbau und die Erzeugung von Leinsaat in Europa wie auch in der Welt wieder etwas zu, um jedoch von 1948/52 an bis 1984/86 deutlich abzunehmen (s. Tab. 2 u. 3). Die starken Veränderungen im Leinanbau in Europa zeigt für die Hauptanbauländer Darstellung 15. 1986/88 wurden nur noch in Rumänien und Frankreich in etwas größerem Umfang Öllein und nur in Belgien 19.000 ha Flachs angebaut.
In den letzten Jahren laufen in Deutschland, unter dem Gesichtspunkt »Alternativfrüchte« anstelle der Überproduktion von Getreide, Anbauversuche mit Faserlein und mit Öllein.

Bedeutung und Nutzung
Lein ist eine äußerst vielseitig nutzbare Kulturpflanze. Wie schon mehrfach betont, stehen zwei Hauptnutzungen im Vordergrund: 1. Die Gewinnung von Faser für die Textilindustrie und 2. die Ölgewinnung für technische Zwecke. Hinzu kommt in einigen Ländern, wie in Deutschland, ein nicht unerheblicher Bedarf an Samen für den direkten Verzehr als Diätnahrungsmittel (Nährheilmittel). Da die Faserleinsorten mit langem Stengel, geringer Verzweigung, geringem Samenertrag und niedrigem Ölgehalt für eine Ölgewinnung in Doppelnutzung nicht sonderlich wirtschaftlich angebaut werden können und auf der anderen Seite die Öl-Faser-Typen zu geringe Faserqualität aufweisen, bleibt der Anbau, je nach Anforderung der Industrie, von Fasertypen oder Öllein-Sorten. Auch für die dritte Nutzungsrichtung als »Heil-Nährmittel« wurden und werden besondere Sorten für die Ansprüche der Nahrungsmittelindustrie entwickelt: gelbe Samenfarbe, hohes Tausendkorngewicht, hoher Schleimstoffgehalt, geringe Gehalte an Blausäure, höhere Anteile an Öl- und Linolsäure gegenüber der Linolensäure.
Bei der Ölgewinnung fällt ein wertvolles Leinschrot mit über 40 % Roheiweiß und einer dem Sojaschrot vergleichbaren Qualität an, das in der Tierernährung Verwendung findet.
Das Öl kann für die Lack- und Firnisherstellung und für andere Produkte, wie Linoleum, verwandt werden. Hierzu werden hohe Linol- und Linolensäuregehalte gefordert.
Für die Textilindustrie werden lange und feine Fasern benötigt, ebenso eine hohe Faserausbeute. Hierzu gibt es ebenfalls große genotypische Unterschiede, die durch Züchtung zu verbessern sind. Die bei der Fasergewinnung anfallenden verholzten Stengelteile können zu Dämmplatten oder Papier verarbeitet werden.
Bleibt zu hoffen, daß für den Leinanbau in naher Zukunft wieder eine ausreichende Wirtschaftlichkeit gegeben ist. Die Erträge liegen bei Faserlein unter intensivem Anbau um 10 bis 15 dt/ha Faser und 6 bis 12 dt/ha Samen; beim Öllein bei 16 bis 22 bis maximal 40 dt/ha Samen und 15 bis 30 dt/ha lufttrokkenem Stroh.

Bildlegenden (von links)

1 Aus einem Öllein-Zuchtgarten: Stämme mit verschiedenen Blütenfarben.
2 Blühendes Leinfeld am Vormittag, am frühen Nachmittag fallen die Blütenblätter ab.
3 Die drei Leintypen nach SCHILLING: Faserlein, Kreuzungslein, Öllein.
4 Violett-blaue Einzelblüte.
5 Hellblaue Linie.
6 Lein ist vorwiegend Selbstbefruchter. Es kommt jedoch durch Insektenbeflug zu mehr oder weniger häufiger Fremdbefruchtung.
7 Die reifen Leinkapseln sind in 5 Fächer zu je zwei Samenanlagen unterteilt.
8 Die Samenfarbe variiert von dunkelbraun bis hellgelb. Für die Humanernährung werden hellsamige, großkörnige Formen bevorzugt.

Öl- und Faserpflanzen

(Darstellung 15)

Lein-Anbau auf 1.000 ha in Europa

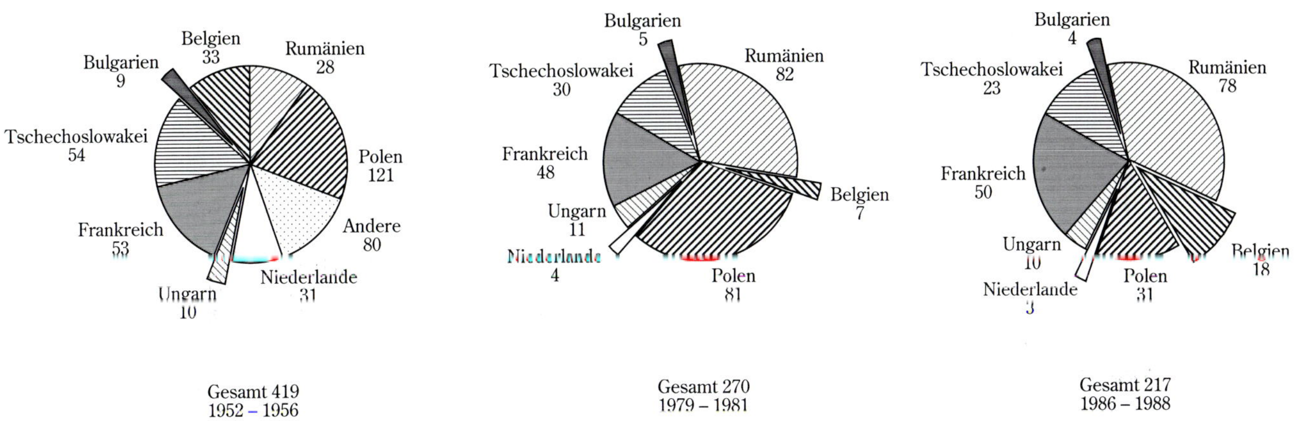

Literatur

BECKER-DILLINGEN, J., 1928: Der Flachs (*Linum usitatissimum* L.) In: Handbuch des Hackfruchtbaues und Handelspflanzenbaues, 406-428. Verlag Paul Parey, Berlin.

BOGUSLAWSKI, v. E. 1953: Der Öllein (*Linum usitatissimum* L.). In: RÖMER, SCHEIBE, SCHMIDT, WÖRMANN: Handbuch der Landwirtschaft. 2. Auflage, Bd. II, 356–387. Verlag Paul Parey, Berlin.

HACKBARTH, J., 1944: Lein (*Linum usitatissimum* L.) In: Die Ölpflanzen Mitteleuropas, 183–239. Wissenschaftliche Verlagsgesellschaft, Stuttgart.

HOFFMANN, W. 1961: Lein, *Linum usitatissimum* L. In: KAPPERT, RUDORF. Handbuch der Pflanzenzüchtung. 2. Auflage, Bd. V, 264-366. Verlag Paul Parey, Berlin.

MARQUARD, R., 1980: Der Einfluß von Standortfaktoren und spezifischen Klimakonstellationen auf Fettgehalt, Fettsäurezusammensetzung und Tokopherolgehalt von Raps, Sonnenblumen, Soja und Lein. Habilitationsschrift Universität Gießen.

NICHTERLEIN, K. 1987: Untersuchungen zur züchterischen Nutzung mutagen induzierter Variation des Fettsäuremusters bei Lein (*Linum usitatissimum* L.). Dissertation, Universität Gießen.

PLARRE, W. 1985: Lein (*Linum usitatissimum* L.). In: FISCHBECK, PLARRE, SCHUSTER: Lehrbuch der Züchtung landwirtschaftlicher Kulturpflanzen. 2. Auflage, Bd. 2, 339–344.

POSPELOWA, C., E. SCHINKE & H. FLIESS, 1989: Flachsanbau in der Sowjetunion. Gießener Abhandlungen zur Agrar- und Wirtschaftsforschung des europäischen Ostens. Reihe I, Bd. 172. Duncker & Humblot, Berlin.

SCHILLING, E. 1931: Zur Abstammungsgeschichte des Leins. Züchter 3, 8–15.

SCHUSTER, W., H. IRAN-NEJAD & R. MARQUARD, 1978: Ertragsleistungen und einige Qualitätsmerkmale von verschiedenen Ölleinsorten auf ökologisch stark unterschiedlichen Standorten. Fette, Seifen, Anstrichmittel 80, 133–143.

VAVILOW, N. J. 1926: Studies on the origin of cultivated plants: Bull. appl. Bot. Gen. Pl. Br. 16, 1–248.

Öl- und Faserpflanzen

Hanf
(*Cannabis sativa* L.)

Biologie
Der Hanf gehört zur Familie der *Cannabinaceae* = Hanfgewächse. Die Gattung *Cannabis* hat nur die eine Art, *C. sativa* L. Die Art wird in vier Varietäten, die alle nahe verwandt und leicht miteinander kreuzbar sind, unterteilt: var. *vulgaris* = gewöhnlicher Hanf; var. *indica* = indischer Hanf; var. *gigantea* = Riesenhanf; var. *ruderalis* = wilder Hanf. Die morphologischen Eigenschaften von *C. sativa* weisen eine große Mannigfaltigkeit auf, was die Selektion auf Rassen- und Sortenunterschiede erleichtert. Es werden südliche (lang und spätreif) und nördliche (niedrig und frühreif) Rassen unterschieden. Die Chromosomenzahl beträgt bei allen Rassen $n = 10$. Es können durch Cholchizinbehandlung leicht Autopolyploide erzeugt werden. Die tetraploiden Formen bringen durch größere Früchte höhere Kornerträge.

Hanf ist eine einjährige, meist diözische (getrennt stehende Geschlechter) Pflanze. Die beiden Geschlechter sind im Wuchstyp deutlich zu unterscheiden. Es treten recht häufig monözische (beide Geschlechter stehen auf einer Pflanze) und andere intersexuelle Typen auf.

Die **Wurzel** ist eine kräftige, tiefgehende Pfahlwurzel mit vielen Seiten- und Nebenwurzeln, so daß der Boden intensiv durchdrungen wird.

Der **oberirdische Sproß** ist eintriebig und nur bei einzelnstehenden Pflanzen je nach Wachstumsverhältnissen mehr oder weniger von der Basis verzweigt. Die Wuchshöhe kann im Bestand 2 bis 4, im Extrem bis 6 m erreichen. Der **Stengel** ist 1 bis 2 cm dick, rund, gerieft bis schwach sechseckig und kurz-borstig behaart. Er besteht aus einem mittleren Holzzylinder und dem Bastteil, der die Fasern liefert. Der **Fasergehalt** des Hanfes schwankt durch Genotyp und Umweltfaktoren zwischen 10 und 25 %. Hierauf wirken ein: die Stengeldicke, Stengellänge, die Bodenart und die Nährstoffversorgung. Erwünscht ist eine hohe Ausbeute an einer festen, feinen Langfaser. Die männlichen Pflanzen haben allgemein bessere Faserausbeuten und -qualitäten. Die **Blätter** sind gegenständig angeordnet, lang gestielt und siebenteilig gefingert. Die einzelnen Fingerblätter sind lang, schmal lanzettlich und stark gezähnt. Die weiblichen Pflanzen sind stärker beblattet als die männlichen.

Die **Blüten** bilden sich in den oberen Blattachseln. Die männliche Pflanze (Femelhanf)

bildet eine lockere Rispe, die einzelnen Blüten enthalten je 5 Staubgefäße, nach der Blüte stirbt die männliche Pflanze schnell ab. Die weibliche Pflanze (Masklhanf) ist buschig, bildet längere Zeit immer neue Blüten, stirbt deshalb 5 bis 10 Tage später ab. Die weibliche Einzelblüte ist klein, von einem Hüllblatt umgeben, aus dem die zwei Narben hervorragen. Die nördlichen Hanftypen sind photoperiodisch Langtag- und die südlichen Kurztagformen.

Hanf ist ein Windbestäuber, die kleinen, weißen Pollen werden über große Entfernungen getragen. Dem diözischen Blütenstand entsprechend ist fast ausschließlich Fremdbefruchtung gegeben. Die Narben sind 10 Tage und die Pollen 5 Tage befruchtungsfähig. Massenkreuzungen, auch für eine Hybridsaatgut-Produktion, können leicht durch Anbau von Linien nebeneinander, ähnlich wie beim Mais, und durch Entfernen der männlichen Pflanzen in den Mutterlinien durchgeführt werden. I-Linien müssen durch gemeinsames Eintüten von männlichen und weiblichen Geschwistern entwikkelt werden.

Die **Früchte** sind von einer dünnen, glasigen Fruchtschale umgeben (Nüßchen). Sie sind grau, braun bis schwarzgrau, auch grüngrau gefärbt, mit dunkler netzadriger Zeichnung. Sie sind 4 bis 6 mm lang, 2,5 bis 3,0 mm breit und 3 bis 4 mm dick, mit einem Tausendkorngewicht von 15 bis 22 g, nach Selektion auch bis 27 g. Der **Fettgehalt** beträgt 28 bis 35 %. Der Samen enthält weiter 20 bis 25 % Rohprotein, 1,5 % Glucose, 0,3 % Harz und 6 bis 7 % Asche. Das Öl ist reich an Linolsäure (C 18:2 = > 60 %) und deshalb für Speisezwecke gut geeignet (s. Tab. 1).

In den Drüsenhaaren, insbesondere der Hüllblätter weiblicher Pflanzen, wird das Rauschgift Haschisch (Marihuana) gebildet, dessen wirksame Bestandteile vor allem »Cannabinol« und »Tetrahydrocannabinol« sind. In Deutschland ist mit dem Betäubungsmittelgesetz = Bt. MG vom 28. 7. 1981 verboten, Pflanzen und Pflanzenteile von *Cannabis* sowie Cannabisharz in den Verkehr zu bringen. Erlaubnis für den Anbau von Hanf wird nur unter strengen Auflagen erteilt. So ist Hanf auch in Botanischen Gärten nur noch unter Verschluß zu finden. Die var. *indica* hat höhere Rauschgiftanteile, auch wird unter warmen Bedingungen mehr Wirkstoff gebildet. Es wurden jedoch Hanfformen entdeckt, die nur geringe Haschisch-Mengen produzieren oder keine Drüsenhaare an den Hüllblättern ausbilden und deshalb praktisch kein Haschisch liefern. Durch Intensivierung der Züchtung könnten bald rauschgiftfreie Hanfsorten entstehen.

Geschichte und Entwicklung des Anbaues

Das Ursprungsgebiet des Hanfes ist Zentralasien. Hier sollen auch heute noch Wildformen genutzt werden. Wilde Hanfformen werden heute noch in Ungarn bis Sibirien gefunden. Auch im Nordkaukasus, in Transkaukasien, auf der Krim, im Don- und Wolgagebiet sowie in Westsibirien ist wilder Hanf häufig, oft in Beständen als Unkraut,

Öl- und Faserpflanzen

zu finden. Auch in Nordiran und Afghanistan ist Hanf als Unkraut verbreitet.
In China wurde die Hanfnutzung zur Herstellung von gewebten Stoffen und Schnüren schon im Neolithikum (Jungsteinzeit, etwa 4200 bis 3200 v. Chr.) eingeführt. Auch wurden schon frühzeitig die Früchte (Samen) als Nahrungsmittel und in der Medizin genutzt. Erst im 6. Jahrhundert n. Chr. sollen die Hanfsamen von anderen ähnlichen Früchten abgelöst worden sein. Die Fruchtschalen wurden in der Medizin zur Erzeugung von Rauschzuständen verwendet, während die Samen gegessen wurden. Von den Chinesen haben die Skythen (8. Jahrhundert v. Chr.) den Hanf und seine drei Nutzungsrichtungen übernommen, wie aus den Grabhügelfunden am Hohen Altai hervorgeht. Der griechische Schriftsteller und Reisende HERODOT (484 bis 428 v. Chr.) beschreibt die Nutzung des Hanfes bei den Skythen. HERODOT berichtet auch von den Thrakiern (im heutigen Bulgarien), daß sie Kleider aus Hanf herstellten, die denen aus Leinen täuschend ähnlich sehen. Weitere Berichte liegen vor, daß Hanf im 3. Jahrhundert v. Chr. in Kleinasien für die Herstellung von Seilen, die in der Schiffahrt gebraucht wurden, angebaut wurde. Die Syrakuser sollen besonders reißfesten Hanf für ihre großen Schiffe aus dem Rhonetal bezogen haben. Von China aus ist der Hanf nach dem 8. Jahrhundert nach Indien gekommen, wo sich besonders *C. indica* entwickelte.
In Südrußland und Westsibirien wurden schon im Altertum Fasern aus Hanf gewonnen und als Tauschobjekt benutzt. Von Südrußland ist der Anbau in den Mittelmeerraum und auch nach Westen und Norden gewandert. In den ökologisch unterschiedlichen Gebieten konnten sich geographische Rassen entwickeln.
Die ältesten Funde von Hanfresten in Mitteleuropa stammen aus der Zeit 800 bis 400 v. Chr. aus einem Salzbergwerk in Hallein und einem keltischen Fürstengrab bei Stuttgart aus etwa 500 v. Chr. In Hallein handelt es sich um ein Seilstück, in dem Grab waren gewebte Stoffe aus rohem Hanf, der ohne Röstung versponnen und gewebt worden war. Aus der römischen Kaiserzeit (1. bis 4. Jahrhundert) gibt es Funde von Hanffrüchten in Polen sowie in den Römerkastellen an Rhein und Lahn. Die Merowinger-Königin ARNEGUNDE, in der Zeit zwischen 565 bis 570 in Paris beigesetzt, ruht auf einem Laken aus Hanffasern. Auch in dem Schiffsgrab der Wikinger-Königin von Oseberg in Norwegen waren Hanffrüchte und Stoffe aus Hanf beigegeben. In dem Capitular KARLS des Großen (um 800) und von der heiligen HILDEGARD wird »Hanff« und »Cannabis« genannt.
In Rußland hatte in den vergangenen Jahrhunderten der Hanf als Rohstoffpflanze für grobe Gewebe und Seile eine große Bedeutung. Auch im Mittelalter entwickelte sich besonders in Süddeutschland ein bedeutsamer Hanfanbau und ein Hanfhandwerk (Weber und Seiler). 1914 wurden jedoch nur noch 400 ha Hanf angebaut. Im 1. Weltkrieg nahm der Anbau wieder zu, nun wurde Hanf in großen Moorflächen in Norddeutschland kultiviert. Nach dem Krieg war jedoch Hanf wieder unwirtschaftlich. Erst von 1935/36

an konnten durch die damaligen Autarkiebestrebungen wieder 5.000 ha und 1938/39 15.000 ha mit Hanf bestellt werden. Hanf wurde in dieser Zeit meist in Nord-Ostdeutschland auf trockengelegten Moorflächen oder Grünlandumbruch als Kulturbringer gebaut. In anderen europäischen Ländern, wie Rußland (an der Wolga und am Dnjepr), Ungarn, Rumänien, Polen, konnte im 20. Jahrhundert Hanf in etwa gleichbleibend großen Flächen kultiviert werden. 1981 wurden in der Welt noch etwa 480.000 ha Hanf angebaut. Im letzten Jahrzehnt wurde jedoch in vielen Ländern wegen der zunehmenden Suchtgefahr der Hanfanbau verboten. In Europa (ohne Rußland) standen 1979/81 nur noch 56.000 ha, davon 35 in Rumänien. In Rußland wurden noch 123.000 ha Hanf angebaut.

Nutzung und Bedeutung

Wie schon aus der Darstellung der geschichtlichen Entwicklung hervorgeht, liegt der Hauptnutzen von Hanf in der Doppelverwertung von Faser und Samen. Die Erträge von modernen Sorten liegen bei 14 bis 18 dt/ha Faser und 8 bis 16 dt/ha Früchte. Aus dem Samen mit 30 bis 35 % Rohfett läßt sich ein wertvolles Öl erzeugen, das mit seinem hohen Linolsäuregehalt als Speiseöl und auch für technische Zwecke geeignet ist. Die Preßrückstände sind ein ähnlich wertvolles Viehfutter wie Sojaschrot.

Die Stengel können, außer zur Fasergewinnung, für die Produktion von feinen Papiersorten und anderen Zelluloseprodukten verwendet werden. Selbst die Rückstände nach der Fasergewinnung lassen sich vielseitig nutzen. Im Rahmen der Suche nach »neuen«-/alten anbauwürdigen Kulturpflanzen für die in Überproduktion an Getreide stehende europäische Landwirtschaft sollte die schon in den 50er und 60er Jahren in Deutschland auf einem hohen Niveau stehende Hanfzüchtung intensiviert werden, jetzt auf der Basis von haschischarmen bzw. -freien Formen. Es lassen sich noch beachtliche Fortschritte im Ertrag und in der Qualität erzielen, wie entsprechende Erfolge in Ungarn zeigen. Sicher kann eine Hybridzüchtung mit den Erfahrungen bei anderen fremdbefruchtenden Arten aufgebaut werden. Bedarf der entsprechenden Industrie und kostendeckende Preise sind jedoch die ersten Voraussetzungen hierzu.

Bildlegenden (von links)

1 Hanfbestand vor Reife mit männlichen und weiblichen Pflanzen.
2 Männliche Hanfblüte.
3 Rechts weibliche, links männliche Hanfpflanze.
4 Zwittriger Hanf mit männlichen und weiblichen Blüten auf einer Pflanze.
5 Hanffrüchte (Nüßchen) mit 28 bis 35 % Öl.
6 Die glasartige Fruchtschale ist dunkler genetzt und gesprenkelt.

Literatur

BECKER-DILLINGEN, J., 1928: Hanf. (*Cannabis sativa* L.). In: Handbuch des Hackfrucht- und Handelspflanzenbaues. 429–446. Verlag Paul Parey, Berlin.

BREDEMANN, G., K. GARBER, W. HUHNKE & R. v. SENGBUSCH, 1961: Die Züchtung von monözischen und diözischen fasterertragreichen Hanfsorten. Z. Pflanzenzüchtung. 46, 235–245.

HACKBARTH, J., 1944: Der Hanf (*Cannabis sativa* L.). In: Die Ölpflanzen Mitteleuropas. 240–257.

HOFFMANN, W., 1961: Hanf, *Cannabis sativa* L. In: KAPPERT, RUDORF: Handbuch der Pflanzenzüchtung. 2. Auflage, Bd. V, 204–264. Paul Parey Verlag, Berlin.

KÖRBER-GROHNE, U., 1987: Nutzpflanzen in Deutschland. 379–389. Konrad Theiss Verlag, Stuttgart.

PLARRE, W., 1985: Hanf (*Cannabis sativa* L.). In: FISCHBECK, PLARRE, SCHUSTER: Lehrbuch der Züchtung landwirtschaftlicher Kulturpflanzen. 2. Auflage Bd. 2, 344–349. Paul Parey Verlag, Berlin.

Öl- und Faserpflanzen

Seidenpflanze
(*Asclepias cornuti* Decaisne)

Biologie
Asclepias cornuti (= *A. syria* L.), die syrische Seidenpflanze gehört zum Tribus *Asclepiadeae* in der Unterfamilie *Cynanchioideae* in der Familie der *Asclepiaceae*, Seidengewächse. Die Gattung *Asclepias* L. umfaßt etwa 80 Arten, die meist in Nordamerika und Mexiko beheimatet sind. Die Grundzahl der Chromosomen ist n = 11.
A. cornuti hat eine kriechende **Grundachse**, deren Teile der Vermehrung und Ausbreitung dienen können. Oberirdisch bildet die Pflanze eine 1,5 bis 2,5 m hohe Staude mit festen aufrechten, feinfilzig behaarten **Stengeln**, die nutzbare Bastfasern ausbilden. Die **Blätter** sind quirlig bis gegenständig, sie sind länglich eiförmig, etwa 20 cm lang, an der Basis gestutzt abgerundet, oben zugespitzt, ganzrandig; auf der Unterseite hellgrün, in der Anfangsentwicklung feinfilzig behaart. Im Stengel und in den Blättern bildet sich in reichem Maße ein giftiger Milchsaft. Die **Blüten** stehen in den Blattachseln in großen, stark duftenden Dolden. Die Einzelblüte besteht aus den 5 schmal-lanzettlichen, zugespitzten Kelchblättern, den 5 zurückgeschlagenen, lanzettlichen, hellpurpurn bis selten weißen Kronblättern, den 5 Staubfäden und den 2 Fruchtblättern. In den kappenförmig zusammengezogenen Kronzipfeln wird reichlich Honig produziert. Der Bestäubungsvorgang bei der Seidenpflanze wird von HEGI wie folgt beschrieben: »Ein anfliegendes Insekt vermag sich auf dem glatten Narbenkopf nicht zu halten, sondern gleitet mit seinen Beinen an die weniger glatten Flanken der Staubröhre, an deren oberem Ausgang der Klemmkörper sitzt. Bei dem Versuche, sich zu befreien, wird der eingeklemmte Fuß in den Spalt aufwärtsgezogen und dringt dabei in die am Klemmkörper befindliche Rinne ein. Durch den Zug des Tieres wird dieser Körper von seiner Unterlage abgelöst, wobei gleichzeitig die in den Pollentaschen be-

findlichen Pollinien mit herausgerissen werden. Beladen mit dieser Last, gelangt das Insekt dann auf eine zweite Blüte, wo die Pollinien unter günstigen Umständen wieder in den Spalt eingeführt und bei einem erneuten Befreiungsversuch des Tieres in die Narbenkammer gezogen werden, wo sie meist abreißen und die Bestäubung vollführt wird. Der an den Füßen hängenbleibende Translator gerät nun unter Umständen wiederum in den neuen Klemmkörper und belädt sich dadurch von neuem mit Pollinien.«

Der Fruchtknoten wächst zu einer balgartigen, hornförmigen, filzig stacheligen, silbrig grünen **Kapsel** aus. In dieser sitzen die flachen **Samen,** die mit einem seidenartig glänzenden, weißen Haarschopf versehen sind. Die **Samen** haben ein **Tausendkorn-**

gewicht von 4,0 g. Sie enthalten 20 bis 25 % Öl, das aus 16 bis 24 % gesättigten Fettsäuren, 50 bis 60 % Linolsäure und 30 bis 40 % Ölsäure besteht, also mit dem Sonnenblumenöl vergleichbar ist. Weiter sind in den Samen 35 bis 38 % Rohprotein enthalten.

Geschichte, Anbau und Nutzung

Die Heimat von *A. cornuti* ist Nordamerika. In Kanada kommt sie in Sasketchewan bis Neu-Karolina heute noch wild vor und ist teilweise ein lästiges Wurzelunkraut. In Europa wird sie seit dem 17. Jahrhundert als Zierpflanze kultiviert. Im 18. Jahrhundert ließ FRIEDRICH DER GROSSE in Preußen große Flächen anbauen, so auch 1794 in Ostpreußen. Auch in Rußland beschäftigt man sich mit der Kultur und Nutzung der Seidenpflanze seit Mitte des vorigen Jahrhunderts. In Mittel- und Südrußland wurden in den 20er bis 30er Jahren 1.000 ha zur Kautschukgewinnung aus dem Milchsaft angebaut. Während des 2. Weltkrieges nahm man auch in Deutschland die Anbau- und Nutzungsversuche mit der »Mehrnutzungspflanze« wieder auf, und es kam 1944 zur Gründung einer Firma »Deutsche Staudenwolle GmbH«, die sich mit der Nutzung und Züchtung von *Asclepias* beschäftigen wollte. Wie schon betont, macht die Möglichkeit einer vielfachen Nutzung die Seidenpflanze interessant: wertvolles Speiseöl aus den Samen, Kautschuk aus den Blättern, Bastfasern aus den Stengeln und feine Fasern aus den Fruchtkapseln. Jedoch sind die Leistungen an jedem der genannten Einzelprodukte nicht sonderlich hoch und auch je nach Wachstumsbedingungen wechselnd.

Nach russischen Angaben aus Dnjepropetrowsk (49 nördliche Breite) können pro Hektar geerntet werden: 160 bis 300 dt Frischmasse = 14 bis 30 dt Trockenmasse; davon sind 36 bis 50 % Blätter mit etwa 7 % Kautschuk und 7 bis 8 % Harze (für Firnisherstellung); 50 bis 75 % Stengel mit 35 bis 37 % Zellulose, davon sind 10 bis 12 % kotonisierte und 16 bis 25 % nichtkotonisierte Fasern, die zur Seilfabrikation, für grobe Gewebe oder kotonisiert als Beimengung zu feinen Stoffen verwendet werden können. Außerdem fallen je Hektar an: 2 bis 6 dt Samen mit 20 bis 25 % Speiseöl und 35 bis 38 % Eiweiß sowie 2 bis 4 dt Samenhaare, die als Polster und Isoliermaterial verwendet werden können.

Auch eine Nutzung der trockenen Früchte sowie der Haare als Trockenblumen ist vielfach üblich.

Daß die seidigen Samenhaare sich nicht zu einem feinen, seidigen Gewebe verarbeiten lassen, auch nicht als Beimengungen zu Seide oder Baumwolle brauchbar sind, hat sich schon im 18. Jahrhundert herausgestellt.

Asclepias cornuti ist noch keine Kulturpflanze, die vielseitigen Inhaltsstoffe können sie jedoch zu einem interessanten Objekt für intensivere Züchtungsarbeiten machen.

Eine nahe Verwandte der syrischen Seidenpflanze ist ***Asclepias incarnata***, die im Gegensatz zu *A. cornuti* auf feuchten Standorten, sogar sumpfigen Böden, gut gedeiht. Sie hat schmälere Blätter und ist etwas kleiner im Wuchs. Ihre Nutzungsmöglichkeiten sind die gleichen. Auch sie ist eine Wild-

pflanze, die noch nicht zur Kulturpflanze entwickelt wurde.

Bildlegenden (von links)

1 Teilbestand von *Asclepias cornuti* in Blüte.
2 Der Blütenstand ist eine stark duftende handgroße Dolde.
3 Die Blüten werden reichlich von Bienen beflogen.
4 Die Bienen bleiben mit ihren Beinen an Klemmkörpern der Sporangien hängen, reißen diese heraus und übertragen so den Pollen.
5 Die Frucht ist eine große, hornförmige, stachelig filzig behaarte Kapsel.
6 und 7 Die Kapseln platzen bei Reife und geben die Samen mit ihrem langen, seidigen Pappus frei.
8 Die Samen sind abgeflacht und haben ein Tausendkorngewicht um 4,0 g.

Literatur

HEGI, G., 1927: Illustrierte Flora von Mitteleuropa. Bd. V/3, 2061-2065.

REGEL, v. C., 1945: Pflanzen in Europa liefern Rohstoffe. 2. Auflage, 77–81. E. Schweizerbart'sche Verlagsbuchhandlung, Stuttgart.

SESSOUS, G., 1942: Versuche über die Anbauwürdigkeit der *Asclepias*-Formen. Forschg. f. Volk u. Nahrgsfr., 397–400.

Öl- und Faserpflanzen

Ölmalve
(*Abutilon avicennae* Gärtn.)

Biologie

Die Gattung *Abutilon* gehört mit etwa 80 Arten zur Familie der *Malvaceae*. Sie sind in den Tropen und Subtropen der ganzen Welt beheimatet; einige Arten sind weitverbreitete Unkräuter.
Abutilon avicennae ist eine einjährige, krautige Pflanze mit samtiger Behaarung. Sie wird 1,0 bis 1,80 m, extrem bis 4,0 m hoch, hat eine kräftige spindelförmige **Pfahlwurzel**, ist einstengelig und im oberen Drittel nur schwach verzweigt. Die **Laubblätter** sind groß, rundlich bis herzförmig, langgestielt. Die **Blüten** stehen in den oberen Blattwinkeln, sie haben keine Kelchblätter, nur 5 gelbe Kronenblätter. Der Fruchtknoten ist mehrfächrig, wie auch die sich daraus entwickelnde **Frucht.** Die schwarzen, abgeplatteten **Samen**, die übereinander in der Frucht sitzen, haben ein Tausendkorngewicht von 9 bis 12 g und enthalten 18 bis 22 % Öl. Die Fettsäurezusammensetzung entspricht etwa der des Hanfes mit einem hohen Linolsäureanteil bis 65 %, je 10 bis 14 % Palmitin- und Ölsäure, einem geringen Anteil (bis 6 %) an Linolen- und auch Erucasäure (s. Tab. 1).
Die Stengel enthalten eine zwar grobe, aber feste Faser, die sich gut für die Herstellung von Seilen, Schnüren und groben Geweben eignet. Aus den Abfällen der Fasergewinnung können Isolierplatten und Pappe hergestellt werden.

Geschichte, Verbreitung und Nutzung

Abutilon avicennae stammt aus China und Tibet. Sie wurde schon im 13. und 14. Jahrhundert im nördlichen China kultiviert. Auch heute soll sie noch in China, Korea, der Mandschurei, Japan und Rußland angebaut werden. Von China aus ist die Pflanze nach Europa, Nordafrika, Australien und Nordamerika verschleppt worden. Wegen ihrer Anspruchslosigkeit wurde in vielen Ländern Anbauversuche gemacht. In Rußland wurden seit 1930 größere Flächen als Juteersatz kultiviert. 1938 sollen 3.500 ha mit der Ölmalve bepflanzt worden sein. Als Zierpflanze ist *Abutilon* vereinzelt in mitteleuropäischen Gärten zu finden.
Abutilon avicennae ist noch nicht intensiv züchterisch bearbeitet worden. Ob sie bei uns eine Kulturpflanze werden kann, hängt vom Bedarf der Faserindustrie an grobem, festem Rohmaterial ab, dabei könnte die Gewinnung eines linolsäurereichen Öles in Nebennutzung von Interesse sein. Die Sa-

menerträge liegen zwischen 6 bis 14 dt/ha. An weiteren Pflanzen für eine **Doppelnutzung** zur **Faser- und Ölgewinnung** könnten für europäische Verhältnisse in Frage kommen:

Die **Malve,** *Malva melucea* Graebe. stammt aus Syrien. Sie enthält 16 bis 18 % des Trockengewichtes an Fasern und der Ölgehalt der Samen beträgt 16 bis 22 %. Im 1. Weltkrieg und in den 20er Jahren wurden Anbauversuche mit dieser Pflanze angestellt. Der Samenertrag betrug 7 bis 14 dt/ha (TKG = 3 g).

Auch andere **Malven-Arten**, die als Heilpflanzen, eventuell als Grünfutterpflanzen kultiviert werden, wie *Malva sylvestris* mit etwa 16 % Öl, *Malva crispa* und *Althaea rosae*, die Stockrose, eine bekannte Heil und Zierpflanze mit 12 bis 16 % Öl im Samen. Auch *Kitaibelia vitifoloia*, ebenfalls ein Malvengewächs, das in den Donauländern verbreitet ist, enthält 7 bis 13 % Fasern in den Stengeln und etwa 20 % Öl in den Samen.

Weiter kommen eventuell die **Brennessel-Arten** für eine Faser- und Ölgewinnung in Frage: *Urtica diocia* L., *U. cannaleina* L., *U. pilulifera* L., *U. urens* L. Sie sind als Unkräuter in ganz Europa verbreitet. In Notzeiten wurden sie gesammelt, vereinzelt auch auf humusreichen Böden angebaut und zu Fasern verarbeitet; *Nessel*stoffe gab es schon im Mittelalter. Die Samen sind 1,5 mm lang, 1,0 mm breit, ebenso dick. Sie enthalten 22 bis 33 % Öl, das in der Qualität Mohnöl entspricht: 70 bis 75 % Linolsäure, 10 bis 12 % Ölsäure, 1 bis 2 % Linolensäure sowie 6 bis 10 % gesättigte Fettsäuren. Kultivierungsversuche brachten eine Steigerung des Fasergehaltes auf 13 %.

Bildlegenden (von links)

1 Teilbestand der Ölmalve bei Blühbeginn.
2 Die Blüten stehen in den oberen Blattwinkeln.
3 Die Blüten haben keine Kelchblätter, nur Kronenblätter.
4 Die Frucht besteht aus mehreren Fächern, in denen die Samen übereinander liegen.
5 Die Samen haben ein Tausendkorngewicht um 10 g und sind abgeflacht.

Literatur

HACKBARTH, J., 1944: Die Ölpflanzen Mitteleuropas. Wissenschaftliche Verlagsanstalt, Stuttgart.

REGEL, v. C., 1940: In Mitteleuropa wildwachsende und angebaute Ölpflanzen. Angew. Botanik 22, 400–418.

Lippenblütler

Lippenblütler
(Labiatae)

Zur Familie der Lippenblütler gehören nur wenige landwirtschaftliche Kulturpflanzen. Viele sind jedoch wertvolle Heilpflanzen. Zwei Arten fanden eine gewisse Bedeutung als Ölpflanzen.

Ölziest
(*Lallemantia iberica* (Bieb.) Fisch et May.)

Biologie

Lallemantia steht in naher Verwandtschaft mit den *Mentha*-Arten.

Lallemantia iberica ist eine einjährige, stark verzweigte Pflanze. Die Wuchshöhe beträgt 30–60-100 cm. Sie besitzt ein tiefgehendes **Wurzel**system, dadurch hat sie eine gute Trockenresistenz. Die **Laubblätter** sind schmal, lanzettlich mit stark gezähntem Rand. Sie sind gegenständig und in den Blattachseln stehen mehrere, quirlig angeordnete weiße, hellrosa oder blaue, 0,8 bis 1,0 cm lange **Blüten**. Die Kelchblätter sind zipflig, und die Krone ragt zu 1/3 über den Kelch hinaus. Die Befruchtung geschieht meistens durch Bienen oder Hummeln.

Der **Kelch** bleibt als Samenbecher bis zur Reife erhalten, in ihm stehen je 4 dreikanti-

ge, keilförmige bis langovale **Samen**. Sie sind etwa 4 bis 6 mm lang, 1,8 bis 2,2 mm breit und 1,0 bis 1,5 mm dick: Das **Tausendkorngewicht** liegt bei 4,8 bis 5,0 g. Die Samenfarbe ist braun bis schwarzbraun mit einem weißen, spitzwinkligen Nabel. Die Oberfläche der Samen ist fein punktiert. Im Samen sind enthalten: 24 bis 38 % Öl, 21 bis 27 % Rohprotein, 15 bis 22 % N-freie Extraktstoffe, 16 bis 20 % Rohfaser. Das **Öl** besteht aus einem hohen Anteil (50 bis 60 %) Linolensäure, 22 bis 36 % Linolsäure, 1 bis 10 % Ölsäure und 8 bis 12 % gesättigte Fettsäuren (s. Tab. 1). Es gehört also zu den trocknenden Ölen, die sich gut für die Firnis- und Lackherstellung eignen.

Geschichte, Verbreitung und Nutzung

Lallemantia iberica stammt aus dem vorderasiatischen Ursprungszentrum: Vorderasien, Transkaukasien, Iran und Turkmenistan. Sie ist vor allem in Syrien und Mesopotanien verbreitet und wurde früher in Armenien in größeren Flächen angebaut. In den 20er und 30er Jahren und auch nach dem 2. Weltkrieg wurden in Südrußland umfangreiche Anbauversuche mit Ölziest durchgeführt. So bezeichnet HACKBARTH *Lallemantia iberica* als eine neue, beachtenswerte Ölpflanze. Auch in Mitteleuropa wird die Pflanze schon 1870 von WILDT erwähnt, der Anbauversuche in Posen durchführte. In der Zeit zwischen 1936 und 1945 wurden Anbau- und Züchtungsversuche in Müncheberg/Mark und Stuttgart/Hohenheim angestellt.

Die damals erzielten Erträge auf kleinen Versuchsflächen lagen zwischen 5 und 15 dt/ha Samen. Auch als Grünfutterpflanze könnte der Ölziest genutzt werden.

Lallemantia iberica ist bei uns verschiedentlich als Adventivpflanze zu finden, das zeigt, daß ihr die mitteleuropäischen Klimabedingungen zusagen. Positiv ist weiter festzustellen, daß sie eine kurze Vegetationszeit von 75 bis 85 Tagen besitzt. Sie kann jedoch von einer Stengelfäule befallen werden, die oft schon vor der Blüte auftritt und dann eine totale Mißernte verursacht.

Soll *Lallemantia iberica* als Ölpflanze in Europa anbauwürdig werden, so muß sie gegen den Öllein konkurieren können. Hierzu wäre noch viel Zuchtarbeit notwendig.

Bildlegenden (von links)

1 Teilbestand von Ölziest in Vollblüte.
2 Oberer Teil des Blütenstandes mit den kleinen Lippenblüten.
3 Die Blütenkelche bleiben bei der Reife als Samenbecher erhalten.
4 Die Samen sind keilförmig bis langoval und zeigen auf einer Seite einen keilförmigen, weißen Nabel.

Literatur

BOGUSLAWSKI, v. E., 1953: Ölfruchtbau. In: RÖMER, SCHEIBE, SCHMIDT, WÖRMANN: Handbuch der Landwirtschaft 2. Aufl. Bd. II, 318–387. Verlag Paul Parey, Berlin.

HACKBARTH, J., 1944: Die Ölpflanzen Mitteleuropas. Wissenschaftliche Verlagsgesellschaft, Stuttgart.

HEGI, G., 1927: Illustrierte Flora von Mitteleuropa. Bd. V/4,2272 und 2362. Verlag Lehmanns, München.

REGEL, v. C., 1945: Pflanzen in Europa liefern Rohstoffe. 2. Auflage. Schweitzerbart'sche Verlagsbuchhandlung, Stuttgart.

Lippenblütler

Perilla
(*Perilla ocymoides* L.)

Biologie
Perilla, ebenfalls ein Lippenblütler, steht den Lavendelarten und dem Gewürzkraut »Basilikum« (*Ocimum basilicum* L.) nahe. Die einjährige Staude wird 0,5 bis 1,0 m hoch. Sie bildet eine tiefgehende verzweigte **Pfahlwurzel** und ist von der Basis her stark verzweigt. Die grünen bis braungrünen **Laubblätter** sind eiförmig, gestielt mit grob gezähnten und schwacher Behaarung. Sie duften durchdringend und werden deshalb, teilweise in rotgefärbten Formen, als Zierpflanzen (auf Rabatten) kultiviert (var. *nankimensis* [Lour.] Voss.).
Die **Blüten** sind klein, weißlich und haben eine radiare Krone. Mehrere Blüten stehen zusammen in den Blattachseln. Die **Samen** kommen in den oben offenen Kapseln zur Ausbildung und fallen deshalb leicht aus. Sie sind rundoval bis eiförmig, grau oder braun, bis schwarzbraun und auch weiß mit einem dunkleren, grobmaschigen Netz. Das **Tausendkorngewicht** liegt bei 2,8 g. Der **Ölgehalt** der Samen beträgt 35 bis 45 % eines schnell trocknenden Öles mit den höchsten Jodzahlen aller bekannten Pflanzenöle von 196 bis 206. Die Fettsäurezusammensetzung zeigt einen hohen Gehalt von Linolensäure (60 bis 70 %) und einen mittleren Anteil an Ölsäure von 14 bis 24 % (s. Tab. 1). Die bei der Ölgewinnung anfallenden Rückstände enthalten etwa 36 % Rohprotein und werden als Futtermittel genutzt.

Geschichte, Verbreitung und Nutzung
Die Heimat der Perilla ist Ostasien. Sie ist in Japan, China, der Mandschurei und Ostindien schon seit längerem in Kultur. Die Jahresproduktion beträgt etwa 5.000 bis 6.000 t Öl. Das Öl wird in Ostasien hauptsächlich für die Herstellung von Lacken, Ölpapier und anderen Lackwaren verwendet.
Auch in Amerika wurde der Anbau von Perilla wegen ihres besonderen Öles versucht. Ebenso wurde 1936 bis 1945 Anbau- und Züchtungsversuche mit *Perilla ocimoides* in Müncheberg/Mark durchgeführt.
Perilla ist wärmebedürftig und frostempfindlich, so daß der Anbau unter mitteleuropäischen Verhältnissen mit den bisher bekannten Genotypen nicht immer gelingt. Auch sind die Samenerträge gering.
An **weiteren ölliefernden Pflanzen** aus der Familie der Labiaten sind zu nennen:
Das aus Ostindien stammende **Basilikum** (*Ocimum basilicum* L.), wird in den Mittel-

meerländern bis nach Mitteleuropa als Gewürz kultiviert. Ein Samenanbau ist in Süddeutschland möglich, in Norddeutschland besteht jedoch Unsicherheit in der Ausreife. Der feine Samen mit einem Tausendkorngewicht von 1,2 bis 1,5 g enthält 18 bis 20 % Öl.

Der **Salbei** (*Salvia officinalis* L.), ist in Südeuropa beheimatet und wird in vielen Teilen der Erde als ausdauerndes Küchenkraut und als Heilpflanze (Tee) angebaut. Die Samen sind kugelig-rund mit einem Tausendkorngewicht von 8 bis 9 g, sie fallen leicht aus. Der Ölgehalt beträgt 28 bis 32 bis 35 %.

Der zur Gewinnung von Duftstoffen (ätherischem Öl) im Mittelmeerraum, vor allem in Südfrankreich kultivierte **Lavendel** (*Lavendula vera* D.C.) hat im Samen 30 % fettes Öl.

Die **Türkische Melisse** (*Dracocephalum moldavica* Morr.) wird wegen ihres ätherischen Öles in Rußland angebaut. Die Samen enthalten etwa 20 % fettes Öl.

Auch die in Europa häufig vorkommenden Ackerunkräuter der Gattung *Galeopsis*, **Hohlzahn**, enthalten 42 bis 50 % fettes Öl, ebenso *Stachys officinalis*, der gemeine **Ziest**.

Der Ölgehalt der Samen des **Iberischen Drachenkopfes** (*Dracocephalum ibericum*) wird mit 24 bis 40 % angegeben.

Bildlegenden (von links)

1 Die Perillapflanze wird bei Blühbeginn 50 bis 100 cm hoch
2 Perilla im Knospenstadium.
3 Blütenstand mit kleinen, weißlichen, radiaren Blüten.
4 Reife Pflanze.
5 Die Samenkapseln sind oben offen, so daß die Samen leicht ausfallen.
6 Die Samen sind rundoval bis eiförmig, grau oder braun bis schwarzbraun mit einem grobmaschigen dunkleren Netz.

Literatur

BOGUSLAWSKI, v. E., 1953: Ölfruchtbau. In: RÖMER, SCHEIBE, SCHMIDT, WÖRMANN: Handbuch der Landwirtschaft 2. Aufl. Bd. II, 318–387. Verlag Paul Parey, Berlin.

HACKBARTH, J., 1944: Die Ölpflanzen Mitteleuropas. Wissenschaftliche Verlagsgesellschaft, Stuttgart.

HEGI, G., 1927: Illustrierte Flora von Mitteleuropa. Bd. V/4, 2272 und 2362. Verlag Lehmanns, München.

REGEL, v. C., 1945: Pflanzen in Europa liefern Rohstoffe. 2. Auflage. Schweitzerbart'sche Verlagsbuchhandlung, Stuttgart.

Andere Arten

Andere Arten

Mohn
(Papaver somniferum L.)

Biologie
Der Mohn, *Papaver somniferum* L., Schlaf- oder Ölmohn, gehört zur Familie der Papaveraceae (Mohngewächse) mit 24 Gattungen und 268 Arten. Er ist die einzige landwirtschaftlich genutzte Art in dieser Familie. In Hausgärten werden noch *Papaver setigerum* D. C. und *P. rhoeas* L. sowie die mehrjährigen Arten *P. orientale* und *P. nudicaule* als Zierpflanzen in verschiedenen Farbvariationen kultiviert. *P. rhoeas* ist ferner in Mitteleuropa ein weit verbreitetes, einjähriges Ackerunkraut von leuchtend roter Farbe.
Die Chromosomenzahl der verschiedenen Arten variiert erheblich von n=11 bei *P. somniferum* bis 21 und 30.
Die Kulturform des Mohns ist einjährig. Er bildet eine kräftige **Pfahlwurzel** mit starken Seitenwurzeln. Alle morphologischen Merkmale von *Papaver somniferum* zeigen eine große Variabilität. Der oberirdische Sproß bildet nach einer relativ langsamen Jugendentwicklung, in der keine Rosette ausgebildet wird, einen kräftigen, meist kahlen, teilweise grob behaarten **Stengel,** der sich je nach Standraum im oberen Drittel verzweigt, so daß 1–3-6 Stengel mit je einer Blüte entstehen. Die **Wuchshöhe** beträgt 1,0 bis 1,6 m. Die **Laubblätter** sind länglich-oval, unregelmäßig gelappt und gezahnt, kahl. Sie haben im unteren Drittel einen kurzen Stiel und sind oben stengelumfassend. Die Farbe ist blaugrün bereift. An der Spitze jedes Triebes wird eine große, zuerst nickende **Knospe** ausgebildet, die sich am Abend vor dem Aufblühen aufrichtet. Am nächsten Morgen öffnet sich die **Blüte** früh, dabei fallen die beiden vereinzelt behaarten

Kelchblätter ab. Die Blüten sind im Durchmesser 8 bis 10 cm groß, die 4 Kronblätter auffallend weiß, rot, blau, violett gefärbt mit dunklen Zentralflecken. Auch gefüllte Blüten kommen vor. Die **Staubblätter** sind sehr zahlreich, sie haben längliche blaugrüne Antheren. Der **Fruchtknoten** und die **Narbe** sind groß, mit 8–12-20 **Narben**strahlen, die an der reifen Kapsel erhalten bleiben. Die Blüten werden zahlreich von Bienen, Hummeln und anderen Insekten besucht, die den reichlich vorhandenen Pollen sammeln. Neben Insektenbestäubung kommt auch Windbestäubung vor. Fremdbefruchtung ist oft vorherrschend. Bei erzwungener Selbstbefruchtung werden jedoch ausreichend Samen gebildet.
Die Blühdauer einer Pflanze variiert von 1 bis 8 Tage, je nach Anzahl der Blüten. Der Pollen ist bis zu 8 Tagen befruchtungsfähig. Die Einzelblüte beginnt mit dem Stäuben der Antheren zwischen 4 und 5 Uhr, die Befruchtung ist meist bis zum Mittag abgeschlossen, danach welken die Antheren und die Blütenblätter und fallen ab.
Für eine gelenkte Bestäubung muß am Vortage die Knospe, wenn sie noch nach unten hängt, geöffnet und durch Abschneiden der unreifen Antheren mit einer Schere kastriert werden. Die Blüte wird 1 bis 2 Tage eingetütet und danach die Narbe mit dem gewünschten Vaterpollen belegt. Um unerwünschte Fremdbefruchtung zu vermeiden, bleibt die Blüte noch 3 bis 8 Tage eingetütet. Die Fruchtkapsel ist unterschiedlich in Größe und Form: von rund abgeflacht bis eiförmig langgestreckt; beide Merkmale beeinflussen den Samenertrag. Angebaute Sorten haben geschlossene Kapseln, während bei Wild- und Primitivformen zur Zeit der Reife Öffnungen unter den Narbenstrahlen entstehen, aus denen die Samen durch Windbewegung ausgestreut werden.
Entsprechend der Zahl der Narbenstrahlen werden in der Kapsel **Scheidewände** ausgebildet, an denen die zahlreichen kleinen, nierenförmigen **Samen** heranwachsen. Die Zahl der Scheidewände, und damit die der Narbenstrahlen, beeinflussen maßgeblich den Samenertrag; für Kultursorten werden wenigstens 17 Kapselscheidewände gefordert. Die Zahl der **Samen** je Kapsel kann bis 2000 betragen. Das **Tausendkorngewicht** variiert von 0,25 bis 0,70 g. Der Samen ist grob genetzt und kann sehr verschieden, von weiß, grau, blau, rosa bis schwarz, gefärbt sein.

Andere Arten

Der **Ölgehalt** der Samen liegt zwischen 40 und 54 % und der **Rohproteinanteil** zwischen 21 und 27 %. Der **Schalenanteil**, der mit höherem Tausendkorngewicht abnimmt, beträgt 22 bis 27 %. Das **Fettsäuremuster** weist ein wertvolles Speiseöl mit 60 bis 75 % Linolsäure, 12 bis 22 % Ölsäure und 10 bis 12 % Palmitinsäure aus (s. Tab. 1). Die Rückstände der Ölfabrikation geben ein schmackhaftes und nährstoffreiches Viehfutter.
Die Blätter, Stengel und Kapseln enthalten einen dickflüssigen **Milchsaft**, der, genotypisch verschieden, für die Pharmazie wichtige Alkaloide enthält: Tebain, Kodein, Morphin u. a. Es können für die unterschiedlichen Verwendungen entsprechende Genotypen mit hohen und niedrigen Gehalten (0,1 bis 1,2 % Morphin) selektiert werden, u. a. auch Formen, die nur 0,03 % Morphin in den trockenen Kapseln enthalten und deshalb reine Ölpflanzen sind. Diese könnten ohne Einschränkung durch das Betäubungsmittelgesetz zur Ölnutzung angebaut werden.
Die Erträge an Samen schwanken zwischen 12 bis 22 dt/ha. Die Ernte kann ohne Schwierigkeiten mit dem Mähdrescher erfolgen.

Geschichte und Verbreitung

Die Heimat des Mohnes ist wahrscheinlich Vorderasien. Als Stammform gilt vielfach der heute noch als Zierpflanze in Frankreich angebaute *Papaver setigerum* D. C., von dem diploide Formen mit 2n = 22 wie bei *P. somniferum* entdeckt wurden. Mohn ist eine der ältesten Kulturpflanzen; dies beweisen Funde von Samen aus der Jungsteinzeit (Bandkeramik 4600 bis 3800 v. Chr.) in verschiedenen Gebieten quer durch Mitteleuropa. Aus späteren Zeiten, 3000 bis 2000 v. Chr. (Pfahlbauten, Seeufer- und Moorsiedlungen) liegen vermehrt Funde rund um die westlichen und mittleren Alpen vor. Ebenso wurden bei Krakau/Polen und in Südostspanien Mohnsamen und -kapseln (Schüttmohn mit löchrigen Kapseln) aus dem Neolithikum (etwa 2500 v. Chr.) gefunden. In der Bronzezeit ist nach den Funden *P. somniferum* im nördlichen Alpenland am stärksten verbreitet gewesen. Es liegen auch Nachweise aus Griechenland, Kreta und Zypern vor, die auf einen Anbau und eine Verbreitung als Unkraut schließen lassen. Eine Göttinnenfigur mit schlafenden Augen aus spätminoischer Kultur III (ca. 1400 bis 1200 v. Chr.) trägt drei aus Ton geformte, angeritzte Kapseln des Schlafmohns im Haar. Dies zeigt, daß die Minoer den Saft der Mohnkapseln und seine Wirkung kannten. Tongefäße in Form von Schlafmohnkapseln, die zum Sammeln und Aufbewahren des Mohnsaftes dienten, wurden auf Zypern und in Ägypten aus der Zeit 1550 bis 1320 v. Chr. gefunden. Als Symbole der Fruchtbarkeit finden sich viele Abbildungen und Darstellungen von Getreideähren zusammen mit Mohnkapseln u. a. auf Münzen aus griechisch-römischer Zeit (5. und 4. Jahrhundert v. Chr.). In schriftlichen Überlieferungen aus dem 8. Jahrhundert v. Chr. wird aus Griechenland über Mohnanbau und die Nutzung als Medizin (Droge) berichtet. THEOPHRAST (371 bis 287 v. Chr.) hat schon zwischen dem Milchsaft der Kapseln (opos=opium) und dem weniger wirksamen Saft der ganzen Pflanze (mekonion) unterschieden. Der griechische Arzt DIOSKORIDES (etwa 60 n. Chr.) schreibt in seinem Buch »De materia medica«: »Der Samen des Mohns wird von Gesunden ins Brot gebacken, auch wird er mit Sesam und Honig verzehrt. Die Sorte mit großem Kopf und weißen Samen (heute noch in der Türkei angebaut) nennt man »thylacitis«. Die Absonderung der Blätter und Köpfe macht schläfrig. ... der Milchsaft in der Größe einer Linse eingenommen, beschwichtigt

Schmerzen und bringt Schlaf. In größerer Gabe ist er gefährlich, kann Schlafsucht und Tod bewirken.« Um die Zeitenwende brachten die römischen Soldaten den Mohn bis England und Schottland, wie Funde in den römischen Castellen zeigen. Aus der Nach-Römerzeit werden die Funde von Mohn in Germanien spärlich. Erst im Mittelalter findet er in allen Kräuterbüchern, wie dem Capitular KARLS DES GROSSEN, dem Buch »Physika« der heiligen HILDEGARD, bei ALBERTUS MAGNUS (1200 bis 1280) Erwähnung. Im 16. Jahrhundert taucht bei FUCHS (1543) erstmals die Bezeichnung » Mon und Ölsamen« auf. Hinweise auf Ölpressen für Mohn finden sich im Kräuterbuch von CAMERARIUS (1626). Hier wird die Doppelnutzung herausgestellt, als Medizinpflanze mit Opiumgewinnung und Gewinnung des »süßen« Öls. In der nachfolgenden Zeit tritt die Bedeutung als Medizinalpflanze zurück, und die Ölnutzung sowie der Direktverzehr rücken mehr in den Vordergrund. Dabei fand ein nicht unerheblicher Anbau auf kleinen Flächen für die Selbstversorgung statt. 1925 wurden in Ungarn 16.977 ha, in der Tschechoslowakei 7.899 ha, in Jugoslawien 5.379 ha, in Polen 3.401 ha, in Österreich 2.255 ha und in Holland 2.080 ha Mohn angebaut. In Deutschland standen 1927, hauptsächlich in Schlesien, Prov. Sachsen, Thüringen und in Baden-Württemberg, 3.223 ha, und 1937 waren es 5.555 ha Mohn. Einige Jahre nach dem 2. Weltkrieg ist der Mohnanbau in Westdeutschland ganz verschwunden, da nach dem Betäubungsmittelgesetz der Anbau von *P. somniferum* und *P. orientale*, selbst in Ziergärten verboten ist.

Im mittleren Osten, bei den Assyrern und Persern, wird Mohn bzw. Opium erstmalig im 7. bzw. 6. Jahrhundert v. Chr. genannt. Im fernen Osten, China, Japan und Indien, ist Opium erst seit dem Mittelalter bekannt. Hier wurde Opium, im Gegensatz zu Europa, zum Rauschmittel und zur Droge. In China wird seit dem 17. Jahrhundert Opium geraucht. 1839 kam es in China zu einem Verbot der Einfuhr von Opium, dies löste 1840 den Opiumkrieg zwischen England und China aus.

Heute sind die Hauptanbaugebiete in Indien, Kleinasien und in den Balkanländern zu finden. In China, in der Türkei und in Deutschland ist Mohnanbau seit einigen Jahren verboten, um den Drogenmißbrauch einzudämmen.

Bedeutung und Nutzung

Ein großer Teil des Mohnanbaues in der Welt dient vornehmlich der Alkaloid-Gewinnung für medizinische Zwecke. Jedoch ist der Bedarf an Mohnsamen für den Direktverzehr, in der Bäckerei als Mohnkuchen, Mohnbrötchen, als Vollwertkost, in der Küche als Mohnknödel, Mohnbrösel u. a. m., vor allem in Europa beachtlich. Nur ein geringer Teil wird zu Öl gepreßt oder extrahiert, da hier billigere Rohstoffe, wie z. B. Sonnenblumen, Saflor u. a. mit vergleichbarer Ölqualität zur Verfügung stehen.

Da der Samenertrag von Mohn mit durchschnittlich 16 bis 18 dt/ha nicht sonderlich hoch ist, kann zur Erzielung einer ausrei-

Andere Arten

chenden Wirtschaftlichkeit eine **Doppel-Nutzung**, Öl- und Nährmittel aus dem Samen sowie Alkaloide aus den trockenen Kapseln und dem Stroh für medizinische Zwecke, sinnvoll sein. Hierzu können durch Intensivierung der Züchtung bestimmte, dem Bedarf der Pharma-Industrie entsprechende Typen mit hohen Wirkstoffgehalten entwickelt werden. Aber auch der alkaloidfreie Mohn (siehe oben) kann für eine reine Samennutzung von Interesse sein. Hierzu sollte der Samen- und Ölertrag, aber auch der Eiweißgehalt, um die Rückstände der Ölgewinnung bestens zu verwerten, erhöht werden. Genotypen mit 54 % Öl in der Trockenmasse wurden schon selektiert. Ebenso kann der Anteil an der essentiellen Linolsäure durch die Züchtung noch auf über 80 % erhöht werden. Eine Erhöhung der Ertragssicherheit wird durch Verbesserung der Resistenz gegen Krankheiten, besonders gegen die Blattfleckenkrankheit (*Helminthosporium papaveris*), möglich sein.

Beim Mohn ist, wie bei vielen anderen Pflanzen, eine deutliche Heterosis für viele Merkmale gegeben, die durch eine Hybridzüchtung über Handkreuzungen, wegen des geringen Saatgutbedarfs, genutzt werden kann.

Bemühungen zur Wiedereinführung dieser wertvollen Kulturpflanze in die europäische Landwirtschaft als »nachwachsender Rohstoff« können lohnend sein.

Bildlegenden (von links)

1 Mohnbestand zum Ende der Blüte.
2 Blütenstand am Vormittag aufgeblüht.
3 Die Stammform des Ölmohnes ist wahrscheinlich die als Zierpflanze gebaute *Papaver setigerum*.
4 Gerade aufgeblühte Mohnblüten mit Schwebfliegen, die Antheren stäuben noch nicht.
5 Reife Mohnkapseln: links Primitivform mit Öffnungen unter den Narbenstrahlen (Schüttmohn), rechts Kapsel des Schließmohnes, die zur Opiumgewinnung angeritzt wurde
6 Die Farbe des kleinen Samens mit einem Tausendkorngewicht von 0,25 bis 0,70 g variiert von weiß, rosa, grün, blau bis schwarz.

Literatur

BOGUSLAWSKI, von E., 1953: Ölfruchtbau. Der Mohn. In: RÖMER, SCHEIBE, SCHMIDT, WÖRMANN. Handbuch der Landwirtschaft. 2. Auflage, Bd. II., 352–355. Verlag Paul Parey, Berlin

BREDEMANN, G., 1943: Mohn. In: SCHMIDT & MARKUS Handbuch der tropischen und subtropischen Landwirtschaft, 610–612. Verlag E. u. S. Müller & Sohn, Berlin.

DAHNERT, S., 1958: Zur Systematik von *Papaver somniferum* L. Kulturpflanze 6, 61–88.

HACKBARTH, I., 1944 Der Mohn (*Papaver somniferum* L.). In: Die Ölpflanzen Mitteleuropas, 90–123. Wissensch. Verlagsgesellschaft Stuttgart.

HALL, O., & u. U. NYMAN, 1974: Oil poppy-possibilities of reintroduction in Swedish agriculture. Sver. Utsädesfören. T.84, 223–228.

KÖRBER-GROHNE, U., 1987: Mohn (*Papaver somniferum* L.). In: Nutzpflanzen in Deutschland, 396–408. Verlag Konrad Theis, Stuttgart.

LENNERTS, L., 1984: Mohnsaat. In: Ölschrote, Ölkuchen, pflanzliche Öle und Fette, 109–111. Verlag Alfred Strothe, Hannover.

SCHUSTER, W., 1985: Mohn, Schlaf- oder Ölmohn (*Papaver somniferum* L.). In: FISCHBECK, PLARRE, SCHUSTER: Lehrbuch der Züchtung landw. Kulturpflanzen. 2. Auflage, Bd.2, 317–321. Verlag Paul Parey, Berlin.

Sesam
(*Sesamum indicum* L. =
S. orientalis L.)

Biologie

Sesam gehört zur Familie der *Pedaliaceae* (Sesamgewächse), die mit den Rachenblütlern verwandt ist. Morphologisch hat die Sesampflanze Ähnlichkeit mit dem Fingerhut. Außer *S. indicum* wurden in Afrika noch *S. ratiatum* Schumach. und *S. alabum* Thom., die in Westafrika als Blattgemüse genutzt werden, domestiziert. *S. ratiatum* liefert ebenfalls ein wertvolles Öl, die Ölkuchen enthalten jedoch bittere und giftige Saponine.

Die tiefgehende **Pfahlwurzel** entwickelt kräftige Nebenwurzeln, die reichlich und frühzeitig von *VA-Mykorrhiza* besiedelt werden. Dies ermöglicht eine intensive Wasser- und Nährstoffaneignung. Alle morphologischen Eigenschaften zeigen eine starke und umweltbedingte Variabilität. So schwankt die **Pflanzenhöhe** von 0,60 bis 1,2 m und kann maximal 2 bis 3 m erreichen. Der kräftige **Stengel** ist je nach Standraum mehr oder weniger verzweigt. Die zungenförmigen **Laubblätter** sind kurz gestielt und gegen- bis wechselständig angeordnet, sie sind ganzrandig, teilweise gezahnt und (oder) gelappt. Je drei **Blüten** stehen in den Blattachsen, von denen jedoch meist nur die mittlere zur vollen Entwicklung kommt. Die Blütenfarbe ist weiß, gelb, rosa oder blauviolett, teilweise mit Fleckungen. Es werden 4 bis 5 **Staubfäden** ausgebildet. Der **Fruchtknoten** ist oberständig und zweifächrig. Aus ihm entsteht durch Ausbildung von zwei falschen Scheidewänden eine vierfächrige **Fruchtkapsel**, in der die zahlreichen Samen in jeder Kammer übereinanderliegen. Bei der Reife platzen die Kapseln leicht auf, was zu großen Ernteverlusten führen kann. In neuerer Zeit ist die Platzfestigkeit der Sorten durch Züchtung wesentlich verbessert worden. Die Zahl der Kapseln je Pflanze, die ein wichtiger ertragsbestimmender Faktor ist, schwankt von 40 bis 400. Die eiförmigen, etwas zugespitzten bis

Andere Arten

abgeflacht birnenförmigen **Samen** haben ein Tausendkorngewicht von 2,0 bis 6,0 g und ihre Färbung kann weiß, gelb, braun, rosa oder schwarz sein. Weiße Samen werden für Speisezwecke bevorzugt. An **Nährstoffen** sind enthalten: 50 bis 53 % Öl, 20 % Rohprotein, 7 bis 8 % Rohfaser, 15 % N-freie Extraktstoffe, 4,5 bis 6,5 % Rohasche. Die **Fettsäurezusammensetzung** entspricht etwa der von Soja-Öl mit einem relativ hohen Anteil an Öl- und Linolsäure und 8 bis 10 % gesättigten Fettsäuren und keine leicht oxidierende Linolensäure (s. Tab. 1). Das Sesamöl ist also ein wertvolles Speiseöl mit einem hohen Anteil an Vitamin E, das auch gut für die Herstellung von Kosmetika verwandt werden kann. Die Rückstände der Ölgewinnung bilden ein hochwertiges Eiweißfutter.

Die Zahl der **Chromosomen** beträgt bei *S. indicum* n=26. Sesam ist überwiegend Selbstbefruchter, jedoch kommen etwa 10 % Fremdbefruchtung vor, die bei der Züchtung berücksichtigt werden müssen.

Geschichte und Verbreitung
Das Ursprungsgebiet von Sesam liegt vermutlich im tropischen Afrika, nördlich der Kalahari. Von hier ist er über Äthiopien und Arabien nach Indien gelangt, von dort in den vorderen Orient und weiter nach China. Andere Autoren nehmen an, daß das Mannigfaltigkeitsgebiet in Indien ein zweites selbständiges Ursprungszentrum ist.
Sesam ist wohl die älteste Ölpflanze der Erde. Die ersten Überlieferungen stammen aus Babylon um 2350 v. Chr. Aus Indien liegen fast ebenso alte Informationen über die Verwendung von Sesam als Ölpflanze vor. In Ägypten wurde Sesamöl schon um 2000 v. Chr. zur Verbesserung der Speisen verwendet, auch bei den einfachen Leuten gehörte Sesamöl zur täglichen Kost. HERODOT (484 bis 425 v. Chr.) berichtet aus Babylon, daß dort keine Ölbäume wie in Griechenland wachsen, sondern allein Sesam als Öllieferant angebaut wurde. In der Bibel finden wir bei MOSES Hinweise, daß man mit Sesamöl Wunden heilen kann. In der Ilias ist zu lesen, daß die schöne HERA ihren Körper mit Sesamöl eingerieben habe – als Vorbereitung zu der von ihr geplanten Verführung des Zeus. Auch HELENA soll als Schönheitsmittel Sesamöl benutzt haben. Bei den Griechen diente Sesamöl in der Mythologie zur Salbung bei Geburt, Hochzeit und Tod, wie auch als Opfergabe.
Auch im alten Rom stand Sesam als Lebensmittel und, wie bei den Ägyptern, als Heil- und Schönheitsmittel in hohem Ansehen. PLINIUS und COLUMELLA (1. Jahrhundert n. Chr.) machen Angaben über den Anbau und die Nutzung von Sesam.

Nach Norden drang der Sesamanbau nur bis Sizilien vor, wo er im Mittelalter angebaut wurde. Der Handel mit Sesamöl und -samen dehnte sich im Mittelalter auch in Mitteleuropa bis zum Norden aus. In der zweiten Hälfte des 19. Jahrhunderts war der Ernährungswert von Sesam allgemein bekannt. Laut Gesetz von 1897 mußte Sesamöl zu 10 % der Margarine und zu 5 % dem Kunstkäse zur Kennzeichnung zugesetzt werden. Sesamöl war Anfang des 20. Jahrhunderts

als Speiseöl in den Industrieländern Europas sehr geschätzt.
Die Portugiesen brachten den Sesamanbau im Mittelalter nach Südamerika (Brasilien). Von dort gelangte er gegen Ende des 17. Jahrhunderts auch in die Südoststaaten der USA. Wegen des wertvollen Öles und der Verwendungsmöglichkeit der Samen in Bäkkerei und Küche, wurden nach 1925 Anbauversuche in den Staaten Kansas, Kalifornien, Arizona und Südkarolina durchgeführt, denen jedoch wegen des hohen Aufwandes bei der ungleichmäßigen Reife und dem leichten Aufplatzen der Früchte, das eine mehrmalige Ernte notwendig machte, kein Erfolg beschieden war. Erst seit 1951, nachdem platzfeste Sorten gezüchtet waren, dehnte sich der Anbau in den USA schnell auf 6.000 ha 1955 aus. Heute werden allein in New York etwa 3.000 t Sesamsamen für die Herstellung von »Halva« (gemahlene Sesamsamen mit Honig) verarbeitet.
Die **Weltanbaufläche** (s. Tab. 2) ist von 1934/38 mit 4,45 Mio. ha auf 6,57 Mio. ha 1986/88 gestiegen. Dies ist ein wesentlich geringerer Anstieg als z. B. bei Sojabohnen oder Sonnenblumen, bei denen die Anbauflächen um das 3- bis 5fache und die Produktion (s. Tab. 3) um das 8- bis 10fache zunahmen. Der Anbau in Europa ist im gleichen Zeitraum von 45.000 ha auf 1.000 ha und die Erzeugung an Samen von 12.000 t auf 1.000 t (s. Tab. 3) zurückgegangen.
Angebaut wird Sesam heute vor allem noch in Indien, China, Ägypten, Türkei, Sudan sowie in Mexiko und Venezuela.

Nutzung und Verwertung
Die hohe Wertschätzung, die Sesamöl und Sesamsamen bis heute erfahren, liegt in dem ernährungsphysiologischen Wert des Öles mit einem hohen Vitamin-E-Gehalt, dem hochwertigen Eiweiß und dem angenehmen Geschmack begründet. So geht in Europa der weitaus größte Teil der importierten Sesamsaat in den Ernährungssektor, wobei die Verwendung als »Nährheilmittel« und »Vollwertkost« einen hohen Rang einnimmt. In der Volksheilkunde finden Öl und Samen ebenfalls seit alters her Anwendung. Auch in neuerer Zeit dient Sesam zusammen mit wohlriechenden Kräutern in Indien und Afrika als Kosmetika, da das Öl nicht ranzig wird. Sesam wird keine große europäische Ölpflanze werden, dem stehen die hohen Wärmeansprüche entgegen. Jedoch könnte der Anbau in den wärmeren Gebieten in Europa, in Südspanien, Sizilien und Griechenland mit dem Anbau von platzfesten und ertragreichen Sorten wieder etwas zunehmen.

Bildlegenden (von links)
1 Teilbestand von Sesam bei Beginn der Reife.
2 Erste Sesamblüte in einer der unteren Blattachsen.
3 Reife Stengel mit den langgestreckten vierfächrigen Fruchtkapseln.
4 Die birnenförmigen, abgeflachten Samen haben ein Tausendkorngewicht von 2 bis 6 g, sie können sehr unterschiedlich von weiß, rosa, grau, braun bis schwarz gefärbt sein.

Literatur

BALLY, W., 1962: Der Sesam. In: Tropische und subtropische Weltwirtschaftspflanzen, Teil II. Ölpflanzen, 74–103. Verlag Enke, Stuttgart.
BREDEMANN, G., 1943: Sesam. In: SCHMIDT & MARKUS: Handbuch der trop. und subtrop. Landwirtschaft, Bd. I, 604–610. Verlag Mittler & Sohn, Berlin.
LENNERTS, L., 1984: Sesamsaat. In: Ölschrot, Ölkuchen, pflanzliche Öle und Fette, 102–108. Verlag Alfred Strothe, Hannover.
PLARRE, W. & I. DEMIR, 1989: Sesam. In: REHM: Handbuch der Landwirtschaft und Ernährung in den Entwicklungsländern, 2. Auflage, Bd. 4, 208–215. Verlag Eugen Ulmer, Stuttgart.

Andere Arten

Rizinus
(*Ricinus communis* L.)

Biologie

Die Gattung *Ricinus* L. gehört zur Familie der *Euphorbiaceae*, in dieser Gattung gibt es nur die eine Art *R. communis* L.

Rizinus besitzt eine große Formenmannigfaltigkeit, es gibt in den wärmeren Gebieten der Erde mehrjährige Bäume bis 10 m Höhe, Büsche von 2 bis 4 m Höhe und einjährige Formen, die nur 50 bis 180 cm groß werden. Als großflächig gebaute Kulturpflanzen werden heute fast ausschließlich einjährige Zwerg-Formen (60 bis 120 cm hoch) kultiviert.

Photoperiodisch reagiert Rizinus meist auf den langen Tag mit Verlängerung der vegetativen Phase.

Rizinus hat ein weitverzweigtes **Wurzelwerk**, worauf ein wesentlicher Teil seiner Trockenresistenz beruht. Die einjährigen Arten bilden einen kräftigen **Haupttrieb** mit wenigen Seitenzweigen. Die **Laubblätter** sind groß, gestielt und handfächerförmig gelappt mit deutlich hervortretenden Adern. Die Farbe der Blätter ist dunkelgrün, blaugrün und rötlich braungrün. Blätter und Stengel sind meist mit einer dicken Wachsschicht überzogen, die ebenfalls ein Faktor der Trockenresistenz ist. Im unteren Teil der langen Blattstiele sind mehrere Nektarien ausgebildet.

Am Ende des Haupttriebes und an den Seitenzweigen stehen die großen diclinen **Blütenstände**. Im unteren Teil befinden sich zahlreiche männliche Blüten mit doldig angeordneten Antheren, die zuerst aufblühen (Protandrie). Darüber befinden sich in einer lockeren Traube die vielfach stacheligen, in einigen Fällen aber auch glatten Fruchtknoten mit der roten 3lappigen Narbe. Rizinus ist, seinem Blütenbau entsprechend, ein reiner Fremdbefruchter. Hieraus resultiert auch seine große Formenmannigfaltigkeit und die Schwierigkeit einer klaren systematischen Unterteilung der Art *R. communis*. Es konnten in den letzten Jahren in Indien und Brasilien männlich sterile Formen entdeckt werden, die es ermöglichen, Hybridsorten (100 %ige F_1-Samen) zu züchten.

Die **Frucht** ist eine 3-fächrige Kapsel, die bei Wild- und Primitivformen zur Reife aufplatzt; bei Kultursorten bleibt sie geschlossen.

Die **Samen** sind etwa 12 bis 23 mm lang, 9 bis 17 mm breit und 4 bis 6 mm dick, rundoval bis eiförmig, auf einer Seite abgeplattet, glänzend. Das **Tausendkorngewicht** kann zwischen 90 und 700 g schwan-

ken. Die Samenfarbe variiert von gelblich, grau, silberig, braun, rötlich bis schwarz, mit kontrastfarbigen Flecken oder Marmorierungen. An dem spitzeren Ende ist ein gelblich weißer Wulst (Caruncula) ausgebildet.

Der Samen enthält 40 bis 50 % Fett (Öl), 14 bis 22 % Rohprotein, 5 bis 12 % N-freie Extraktstoffe, 15 bis 18 % Rohfaser, 2 bis 3 % Asche bei 89 bis 93 % organische Substanz und 92 bis 96 % Trockensubstanz. Der Schalenanteil schwankt zwischen 20 und 40 %. Unter hohen Temperaturen werden höhere Ölgehalte ausgebildet.

Das Öl besteht aus 80 bis 90 % Rizinolsäure (C 18:1-OH), 5 bis 10 % Ölsäure und 1 bis 5 % gesättigte Fettsäuren. In dem hohen Anteil an dünnflüssiger Rizinolsäure mit ihrem vielseitigen Wert für die Technik liegt die Bedeutung des Rizinus. Im Samen sind weiter zwei Alkaloide enthalten: 0,03 bis 0,15 % Ricinin und etwa 3 % Ricin, dessen Giftigkeit die des Cyankali übertrifft. Die Alkaloide gehen jedoch beim Pressen nicht in das Öl über, sondern verbleiben in den Preßrückständen. Diese werden deshalb im allgemeinen nur für Düngungszwecke und nicht zur Tierfütterung verwendet. Es gibt jedoch auch Verfahren zur Entgiftung des Rizinusschrotes.

Geschichte und Anbauentwicklung

Die Urheimat von Rizinus konnte bisher nicht mit Sicherheit festgestellt werden. Man nimmt aber allgemein an, daß er aus Äthiopien stammt. Die ältesten Nachweise wurden in ägyptischen Gräbern, aus der Zeit von 4000 v. Chr. gefunden. In Indien wird Rizinus schon seit Urzeiten angebaut, hier wird die Pflanze in Schriften aus der Zeit 2000 v. Chr. erwähnt. In die neue Welt soll *Ricinus communis* erst durch afrikanische Sklaven gebracht worden sein. Dort hat sich ein Hauptanbaugebiet in Brasilien entwickelt.

Der Weltanbau ist in den letzten Jahren nur unwesentlich von 1,2 Mio. auf 1,6 Mio. ha gestiegen (s. Tab. 2). Die Produktion an Rizinus-Samen hat, infolge der Ertragssteigerung von 0,5 Mio. t auf 1,0 Mio. t deutlicher zugenommen (s. Tab. 3). Die Hauptanbauländer sind Indien, Brasilien, China und die UdSSR. Vor einigen Jahren stand Brasilien an erster Stelle im Weltanbau. Brasilien und Indien exportieren nur Öl, während China noch große Mengen Rizinussamen liefert. In Europa werden, vornehmlich in Rumänien und Spanien, heute nur noch 21.000 ha angebaut (s. Tab. 2) mit einer Erzeugung von 9.000 t Samen (s. Tab. 3). 1961 bis 65 betrug der Anbau in Europa noch 27.000 ha und die Samenproduktion 20.000 t.

Hauptimporteure des von der Industrie benötigten Rizinusöles und (oder) seiner Derivate sind USA, Japan, England und Deutschland.

Wegen des besonderen Wertes des Rizinusöles für technische Zwecke wurden in den 30er Jahren bis 1945 Anbau- und Züchtungsversuche in kühleren Anbaugebieten, auch in Mitteleuropa durchgeführt. Es kam zur Selektion von frühreifen Formen, die zwar reif wurden, jedoch im Ertrag nicht befriedigten.

Andere Arten

Andere **Hydroxyfettsäuren** in verschiedenen Pflanzen nennt RÖBBELEN:

Pflanzenart	Ölgehalt in Samen %	Typ der Säure	Gehalt d. Hydroxysäure im Öl %
Holarrhena antidysenterica Kutaja-Baum	33,7	Δ 9-OH-C18	70
Lesquerella gracilis Zierl. Spaltblume	32,7	Δ 14-OH-C20	70
Lesquerella demsipila Dichtbehaarte Spaltb.	24 – 27	Δ 12-OH-C18 dien	50
Dimorphoteca sinuata Kapringelblume	31 – 44	Δ 9-OH-C18 conj. dien	67
Coriaria myrtifolia Myrtenbl. Gerberstr.	12,5	Δ 13-OH-C18 conj. dien	65

Nutzung und Verwendung

Das kaltgepreßte, helle Rizinusöl wird in der Pharmazie und für kosmetische Zwecke benötigt, dies sind etwa 1 % der Erzeugung. Für technische Zwecke bestimmtes Öl wird warm gepreßt. Das hohe Interesse der Industrie beruht auf dem hohen Gehalt (80 bis 90 % – siehe oben) an Rizinolsäure (12-Hydroxy-9-octadecensäure), einer einfach ungesättigten Fettsäure mit einer Hydroxylfunktion am 12. C-Atom (C 18:1-OH). Die Rizinolsäure besitzt eine hohe Viskosität und Hitzebeständigkeit. Diese Eigenschaften machen das Öl des Rizinus als Schmiermittel in schnellaufenden Motoren und als Flüssigkeit in Bremsen, in Hydrauliken, Pumpen u. a. einsetzbar. Auch wird es in der Lederindustrie, Gummifabrikation, Kunststoffherstellung, Farbenindustrie und für viele andere technische Zwecke verwendet.

Das Rizinusöl ist auf dem Weltmarkt 3mal so teuer wie Soja-Öl, da die Samenerträge nur zwischen 5 und 12 dt/ha liegen. Intensivkulturen unter Bewässerung mit Hybridsorten bringen Erträge von 15–20-30 dt/ha.

Die Blätter dienen in Ägypten, Syrien und Pakistan zur Ernährung von Seidenraupen.

Weit verbreitet, bis nach Nordeuropa, sind einjährige und mehrjährige Rizinuspflanzen als Ziergewächse in Gärten und Parkanlagen (Palma Christi). Hierzu werden die rotgefärbten Typen bevorzugt.

Die Züchtung hat in Indien, Süd-Afrika und Brasilien in den letzten Jahren große Fortschritte durch die Erstellung von Inzuchtlinien mit zytoplasmatischer Sterilität und entsprechenden Hybridsorten erzielt. Als ein wichtiges Zuchtziel wird heute die Ricin-Freiheit der Samen angestrebt, damit die eiweißreichen Preßrückstände unbedenklich und ohne Kosten für die Entfernung der Alkaloide verwertet werden können.

Bildlegenden (von links)

1 Blühende Rizinuspflanzen, von den die linke früh und die rechte unter Langtagbedingungen später ist.

2 In den zweiständigen Blütenständen stehen die weiblichen Blüten über den zahlreichen männlichen, die zuerst aufblühen.

3 Bei vielen Rizinus-Sorten sind die Kapseln mit groben Stacheln besetzt.

4 Stachellose Kapseln werden im Anbau bevorzugt.

Literatur

BREDEMANN, G., 1943: Rizinus. In: SCHMIDT & MARCUS: Handbuch der trop. und subtrop. Landwirtschaft Bd. I, 627–632. Verlag Mittler & Sohn, Berlin.

FRANKE, G., 1967: Rizinus. In: Nutzpflanzen der Tropen und Subtropen. Bd. I, 247–253. Verlag Hirzel, Leipzig.

KNAPP, O. E., 1943a: *Ricinus* als europäische Kulturpflanze. Fette und Seifen 50, 73–78.

KNAPP, O. E., 1943b: Versuche zur Züchtung einer giftfreien *Ricinus*-Sorte. Der Züchter, 15, 97–100.

KNAPP, O. E., 1971: Rizinus. In: BRANDENBURG, CREMER: Handbuch der Landwirtschaft und Ernährung in den Entwicklungsländern. Bd.2, 355–362. Verlag Eugen Ulmer, Stuttgart.

REHM, S. & G. ESPIG, 1983: Rizinus. In: Die Kulturpflanzen der Tropen und Subtropen. 2. Auflage, 106–108.

RÖBBELEN, G. 1986: Natürliche Öle und Fette. In: SCHLIEPHAKE: Nachwachsende Rohstoffe, Teil II, Verlag I., Kordt, Bochum

SEEGELER, C. J. P., 1989: Rizinus. In: REHM. Handbuch der Landwirtschaft und Ernährung in den Entwicklungsländern. 2. Auflage. Bd. 4., 227–233. Verlag Eugen Ulmer, Stuttgart.

WEISS, E. A., 1983: Oilseed Crops. Longman, London.

Ölkürbis
(*Cucurbita pepo* L. var. *oleifera*)

Biologie
Die Gattung *Cucurbita* aus der Familie der Kürbisgewächse (*Cucurbitaceae)* umfaßt etwa 20 Arten, von denen 5 als Kulturpflanzen hervortreten: *C. maxima* Duch., Riesenkürbis, Küchenkürbis; *C. moschata* Poir., Speisekürbis; *C. ficifolia* Bouche, Feigenblattkürbis; *C. mixeta* Pang, (nicht in Europa); *C. pepo* L., Speise- und Ölkürbis. Alle Arten haben n=20 Chromosomen und sind mehr oder weniger leicht miteinander kreuzbar. Sie enthalten alle in ihren Samen fettes Öl und Eiweiß, so daß sie der Ölnutzung dienen können. *Cucurbita pepo* L. wird systematisch in 2 Gruppen mit je 2 Convarietäten unterteilt und diese wieder in Varietäten. Von besonderem Interesse sind als Ölpflanzen die weichschaligen Formen var. *styriaca* J. Geb. mit langen Trieben und var. *oleifera* Pietsch mit kurzen Ausläufern (Buschform).
Ölkürbis hat ein weitverzweigtes, verhältnismäßig flaches **Wurzelwerk**. Die **Blätter** sind langgestielt, groß, meist gezahnt und vielfach mehr oder weniger stark gelappt. Blätter und Blattstiele sowie die flachkriechenden Triebe sind kurz, steif bis stachelig behaart. Die Ölkürbis**blüten** sind monözisch-diklin, männliche und weibliche Blüten stehen getrennt auf derselben Pflanze. Beide Typen entspringen den Blattachseln. Die weiblichen Blüten sitzen an einem kurzen dicken, die männlichen an einem langen dünnen Stiel. Die **Kelchblätter** sind bis auf die Zipfel mit der Blütenachse verwachsen. Die gelben **Kronenblätter** bilden einen 5-zipfligen Trichter, der innen dicht behaart ist. Am Blütenboden befinden sich als unregelmäßige hellgelbe Erhebungen Nektarien.

Andere Arten

Der männliche Blütenstand besteht aus 5 zu einer Säule verwachsenen Staubblättern, deren einfächrigen Antheren etwas gekrümmt sind. Der unterständige Fruchtknoten der weiblichen Blüte wird von 3 Fruchtblättern gebildet. Ein säulenförmiger Griffel trägt die samtartige, dreilappige Narbe. Der Griffel ist vollkommen verwachsen, so daß eine Bestäubung auf einem Narbenlappen auch die anderen Fruchtblätter befruchten kann. Es wurden männlich sterile Formen gefunden, deren männliche Blüten steril waren, während die weiblichen normale Früchte hervorbrachten. Diese können als Linien für eine Hybridzüchtung von besonderem Interesse sein.

Der Blühverlauf einer Pflanze vollzieht sich wie folgt: Männliche und weibliche Knospen öffnen sich bei Sonnenaufgang gegen 4^h morgens, die Blüten bleiben bis 10^h oder 12^h turgeszent und welken dann schnell, an heißen Tagen schon gegen 9^h. In dieser kurzen Zeit findet die Bestäubung statt, meist durch Bienen oder Hummeln. Nach der Befruchtung verliert die Blüte bald, spätestens am nächsten Tag, ihr samtiges Aussehen. Die Blühdauer einer Pflanze ist stark von Umwelteinflüssen, vor allem von Temperatur und Luftfeuchte, abhängig. Sie kann sich 1 bis 16 Tage hinziehen. Es können bis zu 18 weibliche Blüten je Pflanze gebildet werden und ein Mehrfaches an männlichen. Ob zuerst männliche oder weibliche Blüten erscheinen, ist von Pflanze zu Pflanze verschieden und ebenfalls von Wachstumsbedingungen und Witterung abhängig. Nach der Befruchtung der ersten weiblichen Blüte tritt bis zum Erreichen einer bestimmten Fruchtgröße eine Hemmung der Befruchtung für die gebildeten weiblichen Blüten ein; erst später können weitere Früchte (bis 5 bis 6 je Pflanze) ausgebildet werden. Ein Entfernen der ersten Frucht hebt die Befruchtungshemmung auf.

Kürbis ist ein weitgehender **Fremdbestäuber**. Es werden jedoch auch nach künstlichen Selbstbestäubungen und Geschwisterpaarungen für Züchtungszwecke ausreichend Samen angesetzt. Es treten deutliche Inzuchtdepressionen im Samengewicht je Frucht ein, so daß in der 8. bis 10. Inzucht-Generation nur noch 60 % einer freien Bestäubung geerntet werden.

Auch andere Merkmale, wie der Ertrag an Früchten, der Anteil an Samen in der Frucht und der Fettgehalt, zeigen deutliche Inzuchtdepressionen. Eine Kreuzung zwischen nicht verwandten Pflanzen und Linien hebt diese Schwächung der Vitalität wieder auf. Auch treten bei Kreuzungen zwischen passenden Linien deutliche Heterosis-Effekte auf, die in F_1-Hybriden wirtschaftlich genutzt werden können.

Künstliche Bestäubung ist beim Kürbis leicht durchführbar. Die weiblichen Blüten werden am Tag vor der Blüte mit Pergament- oder Stanioltüten isoliert. Bei den männlichen genügt ein Zubinden der Kelchzipfel mit einem Klipp. Am Tag der Blüte erfolgt vormittags die Bestäubung durch Bestreichen der Narbe mit abgenommenen Antheren.

Die **Früchte** (botanisch Beeren) sind morphologisch sehr unterschiedlich, je nach genetischer Veranlagung und Umweltbedin-

gungen. Die Farbe variiert von hellgelb, orange, hellgrün bis dunkelgrün, einfarbig, gesprenkelt oder gestreift. Die Form ist kugelig bis tonnenförmig, mehr oder weniger abgeflacht, walzen- oder birnenförmig. Das unterschiedlich dicke Fruchtfleisch kann weißlich bis kräftig orange gefärbt und 2 bis 5 cm dick sein.

Die **Samen** entwickeln sich in den 3 bis 5 Fächern der Frucht an grob fasrigem Gewebe. Sie sind entweder mit einer lederartig festen, weißen bis elfenbeinfarbigen Schale oder mit einem dünnen, silbrigen Häutchen, das nach dem Trocknen leicht abfällt, und einer dunkel- bis oliv- oder hellgrünen, weichen Schale umgeben. Die weichbeschalten, auch als »schalenlos« bezeichneten Formen werden als Ölkürbis angebaut und entsprechend genutzt.

Die Größe der Samen von Ölkürbis liegt im Durchschnitt bei 12 bis 16 mm Länge, 8 bis 12 mm Breite und 2 bis 3 mm Dicke. Die Form ist oval bis eiförmig, flach, mit zugespitztem Würzelchen. Das Tausendkorngewicht schwankt von 130 bis 240 g, wobei

Die Unterschiede zwischen »beschalten« und »schalenlosen« Kürbissen im Nährstoffgehalt zeigt die folgende Zusammenstellung (v. BOGUSLAWSKI):

	Abs. Tr.-masse	in % der Trockenmasse Rohfett	Rohprot.	Rohfaser	Zucker
Samen, beschalt. Kürbis	90,0	39,6	27,7	19,6	–
Samen, Ölkürbis	90,0	48,6	36,3	4,4	–
Fruchtfleisch	5,9	1,3	9,9	12,9	22,9
Preßkuchen	94,5	13,7	68,4	0,7	–

genotypische und umweltbedingte Einflüsse eine Rolle spielen.

Auch bei den Inhaltsstoffen läßt sich eine erhebliche Variabilität feststellen. Die weichschaligen Formen schwanken im **Ölgehalt** von 40 bis 50 % (s. Tab. 1). Die **Fettsäurezusammensetzung** weist ein ernährungsphysiologisch wertvolles Speiseöl aus, mit, je nach Standortbedingungen, 45–60-72 % Linolsäure, 20 bis 40 % Ölsäure und 10 bis 15 % gesättigten Fettsäuren (s. Tab. 1). Der Eiweißgehalt in Prozent der Kerntrockenmasse schwankt von 36 bis 40 % und die Summe von Fett und Eiweiß zwischen 84 und 90 %. Das Protein des Ölkürbis hat eine nur mäßige biologische Wertigkeit, da die essentiellen Aminosäuren Methionin, Lysin, Threonin und Isoleucin nur mit 0,8 bis 4,7 % enthalten sind. Dagegen ist der Tokopherolgehalt (Vitamin E) im Kürbisöl von 320 bis 520 mg/kg Öl beachtlich. Der durchschnittliche Lecithinanteil beträgt 0,4 %, und der Gehalt an Gesamtcarotinoiden wird mit 14,7 ppm angegeben.

An Erträgen konnten in weltweit gestreuten Anbauversuchen 300 bis 1.000 dt/ha Kürbisse mit Samen und davon 7 bis 18 dt/ha Kerne geerntet werden.

Andere Arten

Geschichte und Verbreitung
Zur Gattung *Cucurbita* gehören alte Kulturpflanzen, deren Heimat auf dem amerikanischen Kontinent liegt. Nach einigen Autoren stammen *C. pepo* und *C. moschata* aus Amerika, *C.* maxima jedoch aus Asien. Auch in Afrika treten Wildformen von *C. pepo* auf, von denen angenommen wird, daß sie durch Strömungen über den Ozean dorthin gelangten.

In alten Kräuterbüchern aus dem 16. Jahrhundert werden in Deutschland beschrieben: eine aus der Türkei eingeführte »Türkische Cucumer« (wahrscheinlich *Cucurbita maxima*) und eine » Meercucumer«, weiter »Indianische Äpfel« und »Zucco marin«, bei denen es sich nach den Abbildungen um *Cucurbita pepo* handelt. Im 16. Jahrhundert wurden verschiedene Kürbisformen aus Westindien nach Italien gebracht. Nach Frankreich und England kam der Kürbis Anfang des 18. Jahrhunderts und nach Rußland über die Türkei und Griechenland erst zu Beginn des 19. Jahrhunderts. In der UdSSR sollen 1950 577.000 ha Kürbis kultiviert worden sein, in USA 117.000 ha, in Rumänien 46.000 ha, in Spanien 45.000 ha und in Bulgarien 37.000 ha. In dieser Statistik sind nicht die in Hausgärten und als Mischkultur in Mais angebauten Flächen enthalten. Diese Flächen dürften in einigen Ländern, wie in Österreich, Jugoslawien und Ungarn, einen ebenso großen Umfang haben.

In Deutschland wurde in den 30er Jahren die in Österreich von TSCHERMAK-SEYSENEGG begonnene Züchtung eines kurztriebigen (fälschlich auch als »rankenlosen«), weichschaligen (fälschlich »schalenlosen«) Ölkürbis intensiviert und Anbauversuche auf größeren Flächen durchgeführt. Die hierzu verwendeten Formen stammten aus Kärnten, wo Ölkürbis zur Gewinnung des dort zur Salatbereitung hoch geschätzten »Kerndelöls« schon seit etwa 150 Jahren angebaut wird. Auch nach dem 2. Weltkrieg wurde von einigen privaten Züchtern »Ölkürbis« weiterbearbeitet, und es kam zur Anmeldung einiger Sorten beim Bundessortenamt. Im praktischen Anbau war in dieser Zeit in einigen bäuerlichen Betrieben Ölkürbis als Viehfutter sowohl in Reinkultur als auch im Mischanbau mit Mais zu finden. In den 60er Jahren verschwanden in der Bundesrepublik auch diese Flächen.

Verwertung und Nutzung

Wie schon betont, liegt der Wert des Ölkürbis vor allem in dem vorzüglichen Speiseöl. Darüber hinaus haben die Samen als vorbeugendes Heilmittel gegen Erkrankungen der Harnwege und der Prostata Anwendung gefunden. Hierzu werden die ganzen Kerne oder die zerkleinerten Samen zusammen mit Malz und anderen Stoffen aus dem Heilnährbereich regelmäßig gegessen. Eine zunehmende Beliebtheit erfreuen sich auch die Kürbiskerne als Zugabe zur Vollwertkost (Kürbiskern-Pfannkuchen, Apfelstrudel mit Kürbiskernen u. a.).

Aber nicht nur die Kerne können zu wertvollen Speisen verarbeitet werden, sondern auch das Fleisch der Früchte (Nährstoffgehalte siehe oben) kann als Gemüse gegessen und zu Marmeladen verarbeitet werden. Es wird immer wieder auf den hohen Karotingehalt und den beachtlichen Anteil an Ca, P und Mg des Kürbisfleisches hingewiesen (bis 150 mg/kg Karotin und 0,45 % Ca, 0,43 % P und 0,35 % Mg).

Die ganze Frucht, aber auch das nach der Samengewinnung anfallende Fleisch sind nach vielen Untersuchungen ein brauchbares, gern gefressenes Futter für Rinder und Schweine. Der Wert wird jedoch durch den geringen Trockenmassegehalt gemindert. Es muß trockenes Futter beigefüttert oder die Kürbisse zusammen mit trockenen Futterstoffen wie Stroh, Silomais, Sonnenblumen siliert werden.

Ob der Ölkürbis eine Ausdehnung über seine örtlich begrenzte Bedeutung erfahren wird, hängt weitgehend von den Kosten der Samenernte, die heute vielfach mit speziellen Maschinen vorgenommen wird, ab. Auch die züchterische Weiterentwicklung wird eine Rolle für die zukünftige Bedeutung des Ölkürbis spielen.

Aus der **Familie** der ***Cucurbitaceae*** enthalten folgende Pflanzen in ihren Samen nutzbares fettes Öl:

Die aus dem tropischen Afrika stammende und heute in ganz Südeuropa bis vereinzelt auch in warmen Gebieten Mitteleuropas angebaute **Wassermelone** (*Citrullus vulgaris* Schrad.) enthält in ihren Kernen (Samen) zwischen 15 und 45 % Öl. Die Fettsäurezusammensetzung ist ähnlich wie beim Kürbis: 60 bis 65 % Linolsäure, 20 bis 25 % Ölsäure, 10 bis 12 % Palmitinsäure und 8 bis 10 % Stearinsäure. Es ist demnach ein gutes Speiseöl. Der Kernanteil beträgt etwa 3 %

der Gesamtfrucht. Das Tausendkorngewicht schwankt zwischen 66 und 160 g. Weiter enthalten die Kerne etwa 25 % Rohprotein und 19 % Kohlehydrate. Die bei einer Verarbeitung der Früchte zu Konfitüren und Getränken anfallenden Samen können der Ölgewinnung zugeführt werden.

Auch die Samen der **echten Melone** (*Cucumis melo* L.), die in den Tropen beheimatet ist und heute, wie die Wassermelone, in Europa kultiviert wird, enthält 25 bis 30 % Öl, mit 55 bis 60 % Linolsäure, 25 bis 30 % Ölsäure und 10 bis 15 % Palmitin- und Stearinsäure.

Bei der aus Ostindien stammenden **Gurke** (*Cucumis sativus* L.) fallen bei der Herstellung von Konserven gelegentlich größere Mengen von Samen an, die einer Ölgewinnung zugeführt werden können. Die Gurkensamen enthalten etwa 25 % Öl mit 55 bis 60 % Olsäure, 20 bis 25 % Linolsäure und 8 bis 12 % gesättigte Fettsäuren, Palmitin- und Stearinsäure. Es ergibt ein wohlschmeckendes Speiseöl. Die Preßrückstände sind mit 45 bis 48 % Rohprotein ein wertvolles Viehfutter.

Aus der Familie der *Cucurbitaceae* soll noch die als giftige Heilpflanze bekannte, an Zäunen und Hecken rankende, zwei- bis mehrjährige **Zaunrübe** (*Bryonia diosca* Iacqu. und *B. alba* L.) erwähnt werden. Als Droge werden die Wurzeln verwendet. Die Beeren sind ebenfalls stark giftig, die Samen enthalten 20 bis 30 % fettes Öl.

Bildlegenden (von links)

1 Reifes Ölkürbisfeld auf leichtem Sandboden.
2 Buschförmige Ölkürbispflanze (nur kurze Ausläufer) bei Blühbeginn; links viruskranke Pflanze.
3 Von den Buschtypen werden 3 bis 6 Früchte gebildet.
4 Kürbis blüht zweiständig, wobei meist zuerst die männlichen Blüten erscheinen.
5 Weibliche Blüte.
6 Reife Ölkürbispflanze, deren Früchte fast gleichzeitig abreifen.
7 Die Samen variieren von »beschalt« (lederartige, elfenbeinfarbige Samenschale) bis »schalenlos« (weiche, graugrüne bis dunkelgrüne Samenschale).

Literatur

BOGUSLAWSKI, von E., 1953: Ölkürbis (*Cucurbita pepo* L.). In: RÖMER, SCHEIBE, SCHMIDT, WÖRMANN: Handbuch der Landwirtschaft, 2. Auflage, Bd II, 370–374.

BOGUSLAWSKI, von E. & R. BEHNE, 1956: Die Blüten- und Befruchtungsverhältnisse bei Ölkürbis (*Cucurbita pepo* L.). Z. Pflanzenzüchtung, 36, 367–394.

BRUNE, H. & M. ZADDACH, 1963: Ölkürbis und Ölkürbis-Mischsilage. Z. Tierphysiol., Tierernährung und Futtermittelkunde, 18,321–384.

BUCHINGER, A. 1948: Kürbiszüchtung. Bodenkultur 2, 10–27.

GREBENSCIKOV, J., 1950. Zur Kenntnis der Kürbisart *Cucurbita pepo* L. nebst einigen Angaben über Ölkürbis. Züchter 20, 194–207.

NEUMANN, D., 1952: Die Blühverhältnisse und der Frucht- und Samenansatz beim Ölkürbis (*Cucurbita pepo* L.) nach natürlicher und künstlicher Bestäubung. Z. Pflanzenzüchtung 31, 513–544.

SCHLÖSSER, L. A., 1950: Kürbisgewächse, Cucurbitaceae. In: RÖMER, RUDORF: Handbuch Pflanzenzüchtung, 1. Auflage Bd. 5, 420–432. Paul Parey Verlag, Berlin.

SCHUSTER,W., 1977: Der Ölkürbis *(Cucurbita pepo* L.). Fortschritte in Acker- und Pflanzenbau. Heft 4. Verlag Paul Parey, Berlin.

SCHUSTER, W., M.-R. HAGHDADI & J. MICHAEL, 1974: Inzuchtwirkungen und Heterosiseffekte bei Ölkürbis. Z. Pflanzenzüchtung, 73, 112–124, 233.248.

TSCHERMAK-SEYSENEGG, von E., 1934: Der Kürbis mit schalenlosen Samen, eine beachtenswerte Ölfrucht. Wiener Landw. Ztg., 84, 41–42, 48–49.

WHEILING, F., 1955: Über die interspezifische Kreuzbarkeit verschiedener Kürbisarten. Züchter 25, 33–57.

WHITAKER, T. W., 1962: Breeding Squash and Pumpkins. In: ROEMER, RUDORF: Handbuch der Pflanzenzüchtung. 2. Auflage Bd. V/I, 331–350. Verlag Paul Parey, Berlin.

ZIPSE, W. 1983: Der Einfluß von Genotyp und Anbau auf die Sameninhaltsstoffe von Ölkürbis (*Cucurbita pepo* L.). Dissertation, Universität Gießen.

Erdmandelgras
(*Cyperus esculentus* L.)

Biologie
Die Gattung *Cyperus* aus der Familie der *Cyperaceae* (Schein-, Ried- und Sauergräser) umfaßt etwa 500 Arten, von denen viele in den Subtropen und Tropen beider Erdhälften wachsen. In Europa sind nur 21 Arten, meist im pannonischen Raum und im Mittelmeergebiet, verbreitet. Als Ziergewächse in Zimmern und Warmhäusern wird bei uns *Cyperus papyrus* kultiviert, aus deren Mark im Altertum »Papyrus« zum Schreiben und Zeichnen hergestellt wurde. *C. esculentus* ist die Kulturform von *C. aureus*.

Der **oberirdische Teil** der Pflanze stellt einen dicht wachsenden Horst von zahlreichen, rauhbehaarten Blattspreiten dar. Die **Blütenstände** werden 30 bis 50 cm hoch, kommen jedoch in Mitteleuropa normalerweise nicht zur Ausbildung, lediglich unter warmen Klimabedingungen können auch Samen für Züchtungszwecke geerntet werden. Die Pflanze bildet unterirdische **Reservestofforgane** an Stolonen aus. Diese haselnußgroßen, unregelmäßig schrumpeligen Knöllchen (TKG 240 bis 280 g) enthalten zur Ernte im Herbst: etwa 30 % Wasser, 20 bis 25 % Rohfett, 8 % Rohprotein, 47 % Kohlehydrate mit 14 % Zucker und 6,7 % Rohfaser.

Der Geschmack der Knollen ist dem von Haselnüssen ähnlich. Sie wurden im späten Mittelalter geröstet gegessen und zu diesem Zweck auch in Mitteleuropa angebaut. Auch als Kaffeesurrogat wurden sie, wie Zichorie, genutzt.

Abstammung
Die **Heimat** von *Cyperus esculentus* ist wahrscheinlich das Mittelmeergebiet. Von dort ist sie nach Afrika, Ostindien und Amerika gekommen.

In den Jahren der Autarkiebestrebungen in Deutschland auf dem Gebiet der Fettversorgung wurde die Pflanze wiederentdeckt und Anbauversuche damit durchgeführt. Es konnten in diesen Versuchen Trockensubstanzerträge an Knollen von 23 bis 45 dt/ha mit 10,1 bis 24,5 % Rohfett [illegible] 4,50 bis 11,00 dt/ha Fettertrag geerntet werden. Es zeigte sich weiter, daß schwere Lehmböden für den Anbau von Erdmandelgras ungeeignet sind, aber auch eine ausreichende Wasserversorgung auf sandigen Böden gegeben sein muß. Hohe Erträge wurden auf Niederungsmoor mit tiefliegendem Wasserstand erzielt.

Andere Arten

Nutzung
Das **Fettsäuremuster** von Erdmandelöl ist mit 65 bis 70 % Ölsäure (C 18:1) und 14 bis 16 % Linolsäure (C 18:2) und etwa 10 % Palmitin- und Stearinsäure (C 16:0 und C 18:0) für eine Nutzung als Speiseöl (Olivenöl ähnlich) und für die Fett-Chemie günstig.
Die Rückstände bei der Ölgewinnung können ein nährstoffreiches Viehfutter mit 13 % Rohprotein, 63,4 % Kohlehydrate und 12 % Rohfaser liefern.
Das bei der Ernte anfallende Gras mit 150 dt/ha = 34 dt/ha Trockenmasse mit 8 % Rohprotein = 276 kg/ha kann ebenfalls in der Rindviehfütterung verwertet werden.
So kann diese Pflanze auch heute wieder als nachwachsender Rohstoff interessant werden, wenn sie intensiv züchterisch bearbeitet wird und neue anbautechnische Fragen, insbesondere für die Ernte, geklärt werden.

Bildlegenden (von links)
1 Erntefähige Erdmandeln.
2 Nur selten kommt das Erdmandelgras in Mitteleuropa zum Schossen und Blühen.
3 Blütenstand von *Cyperus*-Gras.
4 Knöllchen der Erdmandel.

Literatur

HACKBARTH, J., 1944: Das Erdmandelgras. In: Die Ölpflanzen Mitteleuropas. 167–169. Wissenschaftliche Verlagsgesellschaft, Stuttgart.
HEGI, G., 1909: *Cyperus*. In: Illustr. Flora von Mitteleuropa. Bd. II, 9–15. Verlag Lehmanns, München.
RAGALLER, F., 1941: Untersuchungen über die Erdmandel. Forschungsdienst 12, 186–199.
SESSOUS, G. & F. RAGALLER, 1938: Untersuchungen über die Erdmandel (*Cyperus esculentus* L.). Forschungsdienst Sonderheft 8, 300–302.

Nachtkerze
(*Oenothera biennis* L.)

Biologie
Die **Gemeine Nachtkerze** gehört zur Familie der *Oenotheraceae* (Onagraceae) mit etwa 500 Arten. Die wichtigsten in Europa vorkommenden Arten in der Gattung *Oenothera* sind: *O. biennis* L. (= *O. communis* Lév), *O. vrieseneana* Lév. (=*O. lamarckiana* La.), *O. japonica* Guffroy. Die Zahl der Arten, Rassen und Formen sowie Ökotypen, die sich im Laufe der Einbürgerung in Europa durch Kreuzungen und Mutationen gebildet haben, ist groß und deshalb schwer systematisch zu ordnen. Eine neuere Auffassung unterteilt die Gattung in 100 bis 120 Arten. Die Chromosomenzahl beträgt n=14.
Oenothera biennis ist, wie der Name ausdrückt, zweijährig; im ersten Jahr bildet sie nur eine flach am Boden aufliegende Rosette, aus der im zweiten Jahr eine 1 bis 2 m hohe, lang blühende Pflanze erwächst. *Oenothera* hat kein Vernalisationsbedürfnis, kann deshalb im Gewächshaus angezogen und im Frühjahr ausgepflanzt werden.
Die **Wurzel** ist spindelförmig, oft einfach verzweigt, 15 bis 20 cm lang, fleischig bis 5 cm verdickt. Der **Stengel** steht aufrecht und ist, je nach Wachstumsbedingungen, meist nur im oberen Drittel verzweigt. Er ist nach oben hin kantig und mit kurzen Drüsenhaaren besetzt. Die **Laubblätter** sind am Grund länglich-eiförmig bis oval, mit langem Stiel und geschweift bis buchtig gezahnt. Die am Stengel stehenden Blätter haben nur einen kurzen Stiel, sie sind leicht überhängend, länglich lanzettlich, zugespitzt, etwas gezahnt und locker behaart. Die Färbung ist hellgrün bis grasgrün, nach unten oft etwas rötlich. Die **Blüten** sind etwa 2 bis 4 cm groß, sie stehen einzeln in den Blattachseln. Die **Kelchblätter** sind lang, lanzettlich, zugespitzt, hellgrün gefärbt und locker behaart. Die **Kronblätter** sind herzförmig bis eiförmig, vorne abgerundet, schmal gekerbt etwa halb so lang wie der

Andere Arten

Kelchbecher und blaß gelb bis gelb gefärbt. *Oenothera biennis* ist Nacht- und Tagblüher. Die Blüte öffnet sich abends gegen 18h und schließt sich spätestens nach 24 Stunden. Schon beim Öffnen der Blüte stäuben die 8 Antheren, wobei die 4 Narbenäste noch aneinanderliegen (Vormännlichkeit = Protandrie). Am Morgen des zweiten Tages entfalten sich die Narbenäste, so daß diese im Laufe des Tages befruchtet werden können, wenn die Staubbeutel der gleichen Blüte entleert sind. Dadurch ist eine weitgehende Fremdbefruchtung garantiert. Am Grunde des langen Blütenbechers sitzt eine gelbe Honigdrüse, die reichlich Nektar produziert. Die Blüte ist wohlriechend. Bestäubt wird die Nachtkerze von vielerlei Insekten, vornehmlich jedoch nachts von Nachtschmetterlingen; bei Tag sammeln langrüsselige Bienen Nektar an den leuchtend gelben Blüten. Wie schon betont, herrscht Fremdbefruchtung vor, jedoch kann auch, wenn keine Befruchtung stattgefunden hat, durch ein Einrollen der Narbenäste außen an ihnen haftender eigener Pollen auf die Narbeninnenseite gelangen und sie befruchten. Auch kann Selbstbestäubung durch Wind eintreten, da die leichten Pollenkörner, die bei einigen Rassen durch dünne Fäden miteinander verbunden sind, auf die etwas höherstehende eigene Narbe gelangen können.

Die **Samenkapseln** sind langgestreckt, bis 3 cm lang, vierkantig flaumig bis zottig behaart, zur Reife aber offen, so daß die Samen leicht ausfallen. Es sitzen etwa 200 bis 250 Samen in einer Kapsel.

Die **Samen** sind unregelmäßig geformt und etwa 1,5 mm lang; mit 3 bis 5 scharfen Seitenkanten, dunkelgrau bis schwarzbraun gefärbt. Das **Tausendkorngewicht** beträgt 0,45 bis 0,65 g. Die Samen enthalten: 18 bis 30 % fettes Öl und 9 bis 19 % Rohprotein. Das **Fettsäuremuster** zeigt einen hohen Anteil von 55 bis 66 % Linolsäure (C 18:2) und 6 bis 14 % γ-Linolensäure (C 18:3 w · 6) (s. Tab. 1). Das Öl ist somit ein Diät-Nahrungsmittel bzw. ein Heilmittel, das mit seinem hohen Linol- und γ-Linolensäureanteil als Vorstufe für die im menschlichen Organismus lebenswichtigen Prostaglandine dient.

Geschichte und Verbreitung

Die Heimat von *Oenothera biennis* liegt im Nordwesten von Nordamerika. Von dort wurde sie Anfang des 17. Jahrhunderts in Europa eingeschleppt. Der leuchtend gelben

Blüten zuliebe kam es zu Gartenanpflanzungen. Von dort hat sich die Pflanze verbreitet, ist verwildert und heute völlig eingebürgert. Vornehmlich ist sie an Bahndämmen (»Eisenbahnpflanze«), Flußufern, Straßen und Wegrändern, Sandgruben u. v. m. zu finden. In Europa reicht ihr Vorkommen von England, Skandinavien (= Mittelschweden und Südfinnland) und Mittelrußland bis in die Mittelmeerländer. Auch in Vorderasien, Ostasien sowie in ganz Nordamerika bis Mexiko ist sie zu finden. Die ersten Nachrichten über *Oenothera* kamen 1612 aus Padua, wo sie aus Virginia/USA stammenden Samen kultiviert wurde.

Die schnelle und weltweite Ausbreitung der Pflanze zeigt ihre Robustheit und Anpassungsfähigkeit, zu der nicht zuletzt die Fremdbefruchtung und die dadurch gegebene Neukombination der Eigenschaften beigetragen haben.

Nutzung und zukünftige Verwendung

Anfang des 18. Jahrhunderts entdeckte man die Pflanze für die Küche, was sicher ihrer weiteren Ausdehnung zugute kam. Sie erhielt Namen wie »Rapunzelsellerie«, »Gelbe Rapunzel« oder »Schinken-Salat«. Genutzt wurden die im Herbst geernteten rötlichen Wurzeln. In Scheiben geschnitten, mit Essig und Öl zubereitet, ergeben sie einen wohlschmeckenden Salat; mit Fleischbrühe gekocht, läßt sich ein der Schwarzwurzel ähnliches Gemüse herstellen. Ein altes Sprichwort sagt, daß »ein Pfund *Oenothera*-Wurzeln mehr Kraft gebe als ein Zentner Ochsenfleisch«. Auch zu Heilzwecken wurde die Pflanze kultiviert: Wurzeln und Blätter sollen blutreinigend wirken. In Ostpreußen wurden Wurzeln und die einjährigen Blätter an Schweine verfüttert.

In neuerer Zeit entdeckte man bei der Suche nach Pflanzenölen mit besonderen Fettsäuren, die für die Lebensmittel- oder chemische Industrie interessant sein könnten, die γ-Linolensäure, außer in den Samen von Borretsch und Schwarzer Johannisbeere, auch in *Oenothera biennis*.

Die γ-Linolensäure ist die Vorstufe von lebenswichtigen Gewebshormonen, die als »Prostaglandine« bezeichnet werden. Die Prostaglandine müssen im Körper in ausreichenden Mengen und in einem bestimmten Gleichgewicht vorhanden sein, damit es nicht zu Fehlsteuerungen im Stoffwechsel kommt und keine Krankheiten ausgelöst werden. γ-Linolensäure wird durch die

Andere Arten

Wirksamkeit des Enzyms Delta-6-Desaturase aus der mit der Nahrung zugeführten Linolsäure gebildet. Bei einer Unwirksamkeit des Enzyms kommt die besondere Wirkung der γ-Linolensäure zum Tragen. So können durch die Zufuhr von γ-Linolensäure in der Nahrung eine Besserung und Heilung folgender Krankheiten erreicht werden: Arterienverkalkung, Venenleiden, Bluthochdruck, Magenentzündungen und -geschwüre, Gelenkrheumatismus, Hauterkrankungen und Ekzeme, Allergien, Asthma, Schuppenflechte, Zuckerkrankheit, Folgen von Alkoholmißbrauch, Streß u. a. m.
Diese Aufzählung zeigt die ernährungsphysiologische Wirksamkeit von *Oenothera*-Öl. So wurde auch bald in den 70er und 80er Jahren damit begonnen, Anbauversuche sowie Selektionsuntersuchungen durchzuführen und *Oenothera biennis* feldmäßig anzubauen. Trotz des Wildpflanzencharakters der Nachtkerze konnten im Feld 4–6–8 dt/ha Samen geerntet werden. Im Versuchsanbau auf kleinen Teilstücken wurden bis 18,6 dt/ha erzielt.

Bis zur Züchtung einer leistungsfähigen Kulturpflanze muß jedoch noch viel getan werden. Wenn die Pharma-Industrie ausreichend hohe Preise anbietet, wird auch die Pflanzenzüchtung investieren. Im Augenblick soll jedoch der Bedarf an γ-Linolensäure durch die bei der Saftgewinnung als Abfall anfallenden Samen der Schwarzen Johannisbeere billiger gedeckt werden können.
Eine weitere Wildpflanze in Mitteleuropa aus der Familie der *Onagraceae* mit einem Ölgehalt von 40 % in den Samen ist das **Weidenröschen** (*Epilobium angustifolium* L.). Diese weitverbreitete Pflanze wächst bevorzugt an Waldrändern und auf Kahlschlägen. Im Juni/Juli leuchten ihre purpurroten Blüten überall in den Mittelgebirgslandschaften. Untersuchungen zur Nutzung als Kulturpflanze liegen m. W. nicht vor.

Bildlegenden (von links)

1 Bestand von *Oenothera* gegen Ende der Blüte.
2 Knospenstand, der am Abend mit der Blüte beginnt.
3 Blütenstand am frühen Morgen; die beiden offenen Blüten sind am Abend des Vortages aufgeblüht.
4 Einzelne Blüte der Nachtkerze.
5 Unreifer Fruchtstand von *Oenothera*; die Samenkapseln sind vierkantig, flaumig bis zottig behaart und öffnen sich zur Reife.
6 Die Samen haben scharfe Seitenkanten und sind unregelmäßig geformt.

Literatur

BECKER, H., 1983: Das Öl der Nachtkerze, *Oenothera biennis*, ein Quell therapeutisch und diätetisch interessanter Fettsäuren. Z. Phytotherapie 2, 531–536.

HEGI, G., 1926: *Oenothera biennis* L. In: Illustrierte Flora von Mitteleuropa. Bd. V/2, 866–871. Verlag Lehmanns, München.

LACOMBE, A., O. QUENOT, P. GRIGNAC, I. GRAILLE, M. PINA & P. GARNIER, 1985: An Attempt to produce γ-linolenic acid from cultivated evening primrose (genus *Oenothera*). Oleagineux, 40, 35–40.

REINER, H., 1989: Untersuchungen über Anbaueignung und Qualitätseigenschaften von Nachtkerze (*Oenothera biennis* L.). Dissertation, Universität Gießen.

Kreuzblättrige Wolfsmilch
(*Euphorbia lathyris* L.)

Biologie
Wie Rizinus gehört die Kreuzblättrige Wolfsmilch, auch Springwolfsmilch genannt, zur vielförmigen Familie der *Euphorbiaceae*. Die deutschen Namen leiten sich ab von den über Kreuz stehenden Blättern und von der für eine Kulturpflanze unangenehmen Eigenschaft der Früchte, die in Vollreife mit einem lauten Knall aufplatzen und die drei Teilfrüchte mit Samen bis zu 6 m weit schleudern. Die Gattung *Euphorbia* umfaßt eine große Zahl von Arten, von denen einige in Europa weit verbreitete Wildpflanzen sind. *E. lathyris* besitzt jedoch innerhalb der Gattung keine nahen Verwandten.
Euphorbia lathyris L. hat n= 10 Chromosomen. Sie ist zweijährig, einjährig überwinternd oder auch einjährig. Es können entsprechende Formen selektiert werden. Die **Wurzel** ist kurz, spindelförmig, mit stärkerer Verzweigung im unteren Teil. Die Pflanze wird 50–100-150 cm hoch. Der Stengel und die Blätter sind kahl, kräftig grün und bläulich bereift, sie enthalten einen weißlichen, klebrigen Milchsaft (Latex). Die im Jugendstadium (Herbst oder ersten Jahr) reichlich gebildeten **Laubblätter** sind schmal lanzettlich und ganzrandig. Nach dem Schossen werden im oberen Teil der Pflanze eiförmig-längliche, spitze, an der Basis abgerundete oder herzförmige, sitzende Blätter ausgebildet. Um die einzelnen Blüten stehen den Laubblättern ähnliche **Tragblätter**. Der **Blütenstand** bildet eine wickelartig verzweigte große Trugdolde. Die dreieckigen bis herzförmigen, spitzen Tragblätter bilden etwa 4 mm lange Hüllbecher mit 2-hornförmigen grüngelben Drüsen. Die nackten **Blüten** bilden eigenartige Blütenstände (»Cyathien«) mit einer gestielten weiblichen, dreinarbigen Gipfelblüte, die von 5 männlichen Blüten mit je einem Staubblatt umgeben wird. Die **Kapseln** sind dreifächrig, 8 bis 12 mm lang und 10 mm breit, dreikantig gefurcht und runzelig-rauh. Die **Frucht** zerfällt bei Reife in 3, sich von einer Mittelsäule ablösende Teilfrüchte mit je einem Samen. Die **Samen** sind rundlich bis eiförmig, hell- bis mittelbraun, bei Reife deutlich genetzt mit helmförmiger Caruncula; etwa 5 mm lang und 3,5 mm breit. Das **Tausendkorngewicht** schwankt von 40 bis 48 g. Die Samen enthalten: 40 bis 50 % fettes Öl, 14 bis 18 % Rohprotein, 18 bis 20 % lösliche Kohlehydrate. Das **Fettsäuremuster** zeichnet sich durch einen hohen Ölsäureanteil von 80 bis 90 % aus, hat 5 bis

10 % gesättigte Fettsäuren, bis 2 % Linolsäure und in manchen Fällen etwas Linolen- und Eicosensäure (s. Tab. 1). Weiter ist in den Samen ein dem »Ricin« (siehe Rizinus) ähnlicher Giftstoff enthalten, der Brechreiz und starke Magen-Darm-Erkrankungen hervorruft und co-carcinogen wirken kann.
In den Blättern und Stengeln sind bis zu 18 % Harz enthalten, das sich zur Herstellung von Farben und Lacken sowie Gasolin eignet.

Geschichte und Verbreitung

Die Heimat von *Euphorbia lathyris* liegt wahrscheinlich im Mittelmeergebiet und im vorderen Asien. Das Ursprungsgebiet ist nicht mehr mit Sicherheit festzustellen, da es keine Wildform von *E. lathyris* gibt und die Pflanze schon im Altertum als Heilpflanze in hohem Ansehen stand und angebaut wurde. Auch wurde sie schon früh nach Mitteleuropa gebracht. Im Capitulare de villis, der Gartenbauverordnung von LUDWIG DEM FROMMEN (812) wird *Euphorbia lathyris* als *Lacterides* genannt. Die Springwolfsmilch fand schon im frühen Mittelalter Aufnahme in die Klostergärten und wird unter verschiedenen Namen in fast allen Kräuterbüchern beschrieben. Von dort kam die Pflanze in die Bauerngärten, wo sie heute noch als Zierpflanze, Wühlmäusevertreiber oder auch als Heilpflanze angebaut wird. FRIEDRICH DER GROSSE soll die Klöster zum Anbau von *Euphorbia lathyris* verpflichtet haben. Nach der Entdeckung Amerikas wurde sie auch in die Neue Welt verschleppt.
1927 standen in Rußland größere Flächen zur Ölgewinnung im Anbau. In den 30er und 40er Jahren wurden auch in Deutschland Anbau- und Züchtungsversuche mit der Kreuzblättrigen Wolfsmilch durchgeführt, um sie eventuell als anbauwürdige Ölpflanze in Mitteleuropa zu nutzen.
Die moderne Industrie sucht Pflanzenöle mit besonderen Fettsäuren, wobei die Ölsäure ohne große Kosten zur Herstellung der verschiedensten Fettsäuren gut geeignet ist. Auf der anderen Seite benötigt die Landwirtschaft alternative Früchte für den überhöhten Getreideanbau. Deshalb werden seit einigen Jahren erneut intensive Selektions- und Anbauversuche mit *Euphorbia lathyris* als Ölpflanze mit hohem Ölgehalt (mehr als 50 %) und recht beachtlichen Samenerträgen von 16 bis 26 dt/ha durchgeführt. Eine für den Anbau zugelassene Sorte (»Utopie«)

wurde 1985 vom Bundessortenamt geschützt.

Nutzung und weitere Entwicklung

Euphorbia lathyris L.wurde, wie aus der Geschichte dieser Pflanze hervorgeht, zuerst als vielseitige Heilpflanze genutzt. In dieser Richtung spielt das Öl in der Volksmedizin auch als Abführmittel eine Rolle. Meist wird jedoch heute hierfür das milder wirkende Rizinusöl verwendet. Auch wurde in Mitteleuropa im Mittelalter das helle Öl als Brennöl in den Öllampen genutzt. Danach lebte die Pflanze als Ziergewächs und als Mittel zur Abwehr von Maulwürfen und Wühlmäusen in den Gärten, auf Schutthalden und ähnlich freien Flächen.

In den 60er und 70er Jahren unseres Jahrhunderts wurde man in den USA auf den beachtlichen Gehalt der Grünmasse an höheren Kohlenwasserstoffen und an Latex, als Energieträger für die Herstellung von Motoren-Brennstoff als Erdölersatz, aufmerksam. Diese Nutzung ist vor allem für wärmere Klimalagen und günstige Wachstumsbedingungen geeignet, wo entsprechend hohe Erträge von der Flächeneinheit zu erwarten sind.

Für mitteleuropäische Verhältnisse scheint die Gewinnung von fettem Öl aus den Samen mit über 80 % Ölsäure für die Oleo-Chemie und dementsprechend auch für die Landwirtschaft als nachwachsender Rohstoff interessant zu sein.

Hierzu bedarf es jedoch noch einiger Verbesserungen an der »Primitiv«-Pflanze in physiologischer und morphologischer Hinsicht: Es sollten klare Unterschiede zwischen winterannuellen und einjährigen Sortentypen bestehen; die Winterfestigkeit der winterannuellen muß so hoch wie bei Raps sein; es müssen platzfeste Typen, die auch bei Vollreife nicht aufspringen, selektiert werden; die Blühzeit und damit die Abreife der Einzelpflanzen muß verkürzt werden; daneben sollen jedoch auch die Samenerträge erhöht und die Ertragssicherheit verbessert werden.

Neben *Euphorbia lathyris* L. hat die in Mitteleuropa als Zierpflanze und als verwildertes Kraut weit verbreitete *Euphorbia cyparissias*, **Zypressenwolfsmilch**, mit 2,7 % Kautschuk in dem ätzend wirkenden Milchsaft der frischen Pflanzen eine gewisse Bedeutung. Jedoch ist die Wüchsigkeit dieser Art noch geringer als bei der Kreuzblättrigen Wolfsmilch.

Dagegen kann die **Lagasca-Wolfsmilch,** *Euphorbia lagascae*, für einen Anbau als Ölpflanze mit besonderem Fettsäuremuster für die Oleo-Chemie von hohem Interesse sein. Die Pflanze stammt aus Südostspanien; sie ist einjährig überwinternd. Neuere Untersuchungen ergaben: Die Pflanze hat eine Wuchslänge von 70 bis 120 cm, die Zahl der Springkapseln liegt zwischen 7 und 60 je Pflanze, und der Samenertrag beträgt 1 bis 44 g, im Durchschnitt 11 g je Pflanze. Der Ölgehalt schwankt zwischen 41 und 50 %. Das fette Öl besteht zu 46 bis 77 % aus Vernolsäure, eine Epoxy-Fettsäure (12,13 Epoxy-9-oktadecensäure). Die Epoxy-Fettsäuren eignen sich hervorragend als Härterbestandteile in der Plastikchemie, für die Lack- und Farbproduktion u. a. m.

E. lagascae ist noch weniger eine Kulturpflanze als *E. lathyris*. Es bedarf intensiver züchterischer Bemühungen, um den Samenausfall zu beseitigen, den Samen- und Ölertrag zu steigern und eventuell den Anteil an Vernolsäure zu erhöhen.
Eine weitere Wolfsmilchart, die für eine Nutzung als Ölpflanze in Frage kommen kann, ist *Euphorbia marginata* Pursh (=variegata), **Amerikanisches Edelweiß** oder »Schnee auf dem Berge«. Sie ist ein auch in Mitteleuropa als Zierpflanze genutztes einjähriges Wolfsmilchgewächs, dessen Teilfrüchte, wie *E. lagascae*, 38 bis 42 % fettes Öl enthalten. Das Fettsäuremuster besteht aus: 50 bis 62 % Linolensäure (C 18:3), 14 bis 16 % Linolsäure (C 18:2), 14 bis 16 % Ölsäure (C 18:1), 4 bis 8 % Palmitinsäure (C 16:0) und 1 bis 2 % Stearin- (C 18:0) sowie 1 bis 2 % Eicosensäure (C 20:1).

Zu den Wolfsmilchgewächsen aus der mitteleuropäischen Flora gehört auch das einjährige **Bingelkraut** (*Mercurialis annua*) mit 36

Weitere Pflanzen, außer *Euphorbia lagascae*, die in ihrem Samenöl »**Epoxy-Fettsäuren**« enthalten (aus SCHLIEPHAKE):

Pflanzenart	Ölgehalt i. Samen %	Typ der Fettsäure	Gehalt i. Öl %
Vernonia galamensis Bitterblatt	40 – 42	13, 14, Epoxy, Δ 9, C18 (h)	73 – 80
Vernonia anthelmintica Purpurnes Flohkraut	23 – 31	13, 14, Epoxy, Δ 9, C18 (h)	68 – 75
Vernonia coxburghii Coxburghi-Vernonie		3, 4, Epoxy, Δ 11, C18	74

bis 48 % Öl in den Samen, das zu 68 bis 70 % aus Linolensäure, 8 bis 12 % Linolsäure und 6 bis 10 % Ölsäure und 10 bis 15 % Stearin und Palmitinsäure besteht.

Bildlegenden (von links)
1 Wolfsmilch-Arten im Versuch: rechts Kreuzblättrige Wolfsmilch, links Amerikanisches Edelweiß.
2 Jugendpflanze der Kreuzblättrigen Wolfsmilch.
3 Blühende *Euphorbia lathyris*-Pflanze.
4 Blütenstand der einjährigen *Euphorbia marginata* (»Amerikanisches Edelweiß« oder »Schnee auf dem Berge«).
5 Um die einzelnen Blüten stehen Tragblätter, in deren Achseln die gestielten, dreinarbigen, weiblichen Gipfelblüten erwachsen, die jeweils von 5 männlichen Blüten mit je einem Staubblatt umgeben sind.
6 Fruchtstände der Kreuzblättrigen Wolfsmilch vor der Abreife.
7 Früchte mit Samen von *Euphorbia lathyris*.

Literatur

HEGI, G., 1925: *Euphorbia lathyris* L. In: Illustrierte Flora von Mitteleuropa, Bd. V/1, 146–148. Verlag Lehmanns, München.

HONDELMANN, W., 1989: Domestication of Carper Sporge (*Euphorbia lathyris* L.). XII. Eucarpia Congress. Vorträge für Pflanzenzüchtung 15, 15–3.

HONDELMANN, W. & W. RADATZ, 1982: Die Kreuzblättrige Wolfsmilch (*Euphorbia lathyris* L.) ein potentieller Samenlieferant? Fette, Seifen, Anstrichmittel 84, 457–459.

REGEL, von C., 1945: Pflanzen in Europa liefern Rohstoffe. Schweizerbart'sche Verlagsbuchhandlung, Stuttgart.

SCHLIEPHAKE, D., 1986: Nachwachsende Rohstoffe. Teil II, Natürliche Öle und Fette. Verlag J. Kordt, Berlin.

SCHULENBURG, H. Graf v. d., 1989: *Euphorbia lathyris* L., a new oil crop for industrial uses. XII. Eucarpia congress. Vorträge für Pflanzenzüchtung 15, 15–2.

VOGEL, E. & G. RÖBBELEN, 1989: Breeding of *Euphorbia lagascae* Spreng., a possible new oil crop for industrial uses. XII. Eucarpia congress. Vorträge für Pflanzenzüchtung 15, 15–4.

Höckerblume/ Köcherblümchen
(*Cuphea* Adans. spec.)

Biologie

Die Gattung *Cuphea* gehört zur Familie der *Lythraceae*, sie umfaßt ursprünglich nach HEGI 202 Arten, denen später noch 103 Arten zugeordnet wurden. *Cuphea* ist am stärksten in Mittelamerika verbreitet. Auch in Europa wachsen etliche *Cuphea*-Arten als Zierpflanzen und -sträucher. Hier lassen sich auch anpassungsfähige annuelle Formen finden, die Ausgangsmaterial für eine Inkulturnahme liefern können, zumal auch innerhalb der Arten eine große Formenmannigfaltigkeit besteht. Die Zahl der Chromosomen beträgt bei vielen Arten n=10 und n=12. Interspezifische Kreuzungen sind erfolgreich gelungen.

In der Gattung treten 25 bis 200 cm hohe Sträucher und Kräuter auf, deren **Laubblätter** meist gegenständig, seltener in 3 bis 5 Quirlen angeordnet sind. Die Form der Blätter ist lanzettlich bis eiförmig spitz, gezähnt oder ganzrandig. Die **Blüten** stehen meistens einzeln neben den Laubblattwinkeln auf einem je nach Art unterschiedlich langen Stiel, selten in Trauben oder Rispen in den Blattwinkeln. Sie sind 6-zipflig, röhrig, selten radiär. 4 bis 12 Staubblätter stehen im Kelch, während der Griffel mit der klebrigen Narbe herausragt. Die Länge der am Grund meist mit einem Höcker oder Sporn versehenen Blütenröhre variiert zwischen den Arten von 3 bis 17 und maximal 40 mm. Die Farbe der häufig kleinen Blütenblätter liegt zwischen hellbraun, verschieden Abstufungen von rot und dunkelviolett.

Viele *Cuphea*-Arten tragen an Stengeln, Blättern und Blüten mehr oder weniger lange und dichte Drüsenhaare, die ein klebriges Sekret absondern, das die Samenernte erschwert. Einige Arten, wie *C. ignea* = Zigarettenblümchen, eine verbreitete Zierpflanze in Mitteleuropa, sind unbehaart.

Einige *Cuphea*-Arten sind Selbst- andere Fremdbefruchter durch Insektenbestäu-

Andere Arten

bung. Die Zahl der **Samenanlagen** variiert von 3 bis 105 bei *C. micropetala*.
Fast alle Formen haben einen für die Gattung typischen **Aufplatzmechanismus**: Vor der Reife reißen der Kelch und der Fruchtknoten meist auf, und die **Plazenta** mit den locker sitzenden Samen klappt nach rückwärts aus der Frucht. Die rundlichen bis eiförmigen bis langovalen Samen sind gelb, hellbraun bis schwarzbraun gefärbt, glatt, zum Teil gesprenkelt. Das **Tausendkorngewicht** schwankt von 0,5 g bei *C. parsonsia* bis 3,4 bzw. 3,8 g bei *C. procumbens* und *C. lanceolata*. Der **Ölgehalt** der Samen liegt bei verschiedenen Arten zwischen 17 (*C. hookeriama*) und 42 % (*C. ignea*), wie untenstehende Aufstellung zeigt. Weiter ist eine große Variabilität im Fettsäuremuster zwischen den Arten zu ersehen.
Nach den Untersuchungen von HIRSINGER eignen sich 3 Arten aus der Sektion *Heterodon*, die in Mexiko beheimatet ist, am besten für eine züchterische Weiterbearbeitung in Europa: *Cuphea paucipetala*, *C. lanceolata* und *C. procumbens*.
Cuphea paucipetala brachte im ersten Versuchsanbau 8 dt/ha Samen.

Bedeutung, Nutzung und weitere Entwicklung

Die chemische Industrie verarbeitet und benötigt in vielerlei Hinsicht, u. a. für die Herstellung von Waschmitteln, Fette und Öle mit mittelkettigen Fettsäuren (medium chain triglycerides = MCT). Diese werden vorwiegend aus den Samen der Kokos- und Ölpalmen gewonnen. Auch die in Südamerika wachsende *Babassu*-Palme und andere tropische Bäume aus der Familie der *Lauraceae* liefern mittelkettige Fettsäuren. Die synthetische Herstellung von MCT aus Mineralöl-Paraffinen ist teuer.
In den 60er Jahren wurde die Bedeutung der Gattung *Cuphea* aus der Familie *Lythraceae* für eine eventuelle Produktion von mittelkettigen Fettsäuren in USA entdeckt (MILLER, EARLE, WOLFF & JONES). Diese Erkenntnisse wurden jedoch, wegen des Wild-Charakters aller untersuchten *Cuphea*-Arten, nicht an die landwirtschaftliche Praxis weitergegeben. 1975 griff man im Institut für Pflanzenbau und Pflanzenzüchtung in Göttingen (RÖBBELEN & HIRSINGER)

Daten einiger *Cuphea*-Arten aus neueren Untersuchungen in Göttingen (HIRSINGER)

Sectio Species	Anbaumöglichkeit in Europa	Pflanzenhöhe cm	Tausendkorngew. g	Fettgehalt % T. M.	Fettsäuremuster in % Caprylsäure C 8:0	Caprinsäure C 10:0	Laurinsäure C 12:0	Myristins. C 14:0	Palmitins. C 16:0	Stearins. C 18:0	Ölsäure C 18:1	Linolsäure C 18:2
Brachgandra												
C. parsonsia	–	20	0,51			7,9	73,9	4,4	0,9	–	1,3	6,0
C. carthagenensis	±	40	0,64	31,6	1,6	16,3	69,6	9,0	3,5			
C. aporta		35	0,71	26,0	0,6	21,3	74,2	2,0	1,0		1,2	1,5
Euandra												
C. ingrata	±	60	0,72		0,2	13,6	75,1	9,0	2,1			
C. glutinosa	–	25	0,98		1,1	25,5	63,9	6,4	3,1			
C. thymoides	–	20	0,94		0,4	8,6	71,5	11,9	7,7			
Heterodon												
C. paucipetala	+	90	2,05		1,2	87,4	2,0	0,8	1,9		1,8	4,0
C. leptopoda	+	50	2,82		10,2	84,1	3,6	0,4	1,6			
C. wrightii	±	50	1,51		0,2	19,2	71,9	5,8	2,8			
C. tolucana	±	70	1,65		0,3	12,6	77,6	7,0	2,5			
C. lanceolata	+	140	3,85	35,1	1,0	89,3	2,0	2,0	3,7	3,2	4,8	
C. procumbens	+	80	3,43	34,8	0,8	94,4	1,0	0,8	2,9			
Melvilla												
C. melvilla	–	400	1,24		0,4	2,8	51,7	14,6	6,3		8,1	13,4
C. micropetala	+	80	0,89	36,2	0,2	26,4	25,2	24,2	6,5	1,7	4,3	11,8
C. ignea	+	40	1,42	42,9	0,9	87,1	1,2	0,6	3,1	0,2	2,9	4,1
Leptocalyx												
C. aequipetala	±	25	1,10		24,6	1,3	1,8	56,0	6,6		4,9	3,6
Liploptychia												
C. hookeriama	–	80	0,95	17,7	66,1	30,5	0,1	0,6	2,7	0,3	3,2	3,8
C. painteri	–	70	0,56	28,8	65,0	24,0	0,2	0,4	2,8	0,4	3,3	3,9

Andere Arten

Andere Arten

die Probleme der Domestikation von *Cuphea* spec. durch neue Untersuchungen und intensive Arbeiten auf, besonders unter dem Gesichtpunkt der Schaffung neuer Kulturpflanzen für die Nutzung als nachwachsende Rohstoffe für die Industrie.
Die Untersuchungen in USA, Deutschland (Göttingen) und Polen zeigen einen ausgeprägten Wildpflanzencharakter der zur Zeit verfügbaren *Cuphea*-Arten und Formen: langsame Entwicklung, sich lang erstrekkende Blüh- und Reifezeit, Ausbildung von klebrigen Drüsenhaaren, frühzeitiges Aufplatzen der reifenden Früchte, Kleinsamigkeit und Hartschaligkeit der Samen, geringe Standfestigkeit, buschiger Wuchstyp u. a. m. Es besteht eine beachtliche Variation in den bisher bekannten Formen, die jedoch nicht ausreicht, um Kulturpflanzen-Typen zu selektieren. Es wurde deshalb begonnen, in den aussichtsreichen Arten durch Behandlung mit chemischen Mutagentien die Formenmannigfaltigkeit zu erweitern und durch interspezifische Kreuzungen die positiven Merkmale aus verschiedenen Arten zusammenzubringen. Hierzu wird in Zukunft auch die Anwendung der verschiedensten Methoden der Zellkultur von Nutzen sein. Es gibt in der Geschichte der Pflanzenzüchtung einige Beispiele, bei denen es durch intensives Arbeiten gelang, in kurzer Zeit aus Wildpflanzen anbauwürdige Kulturpflanzen zu entwickeln.

Bildlegenden (von links)

1 *Cuphea ignea* = Zigarettenblümchen ist eine an mitteleuropäische Klimaverhältnisse angepaßte Zierpflanze.
2 Die röhrigen, 6zipfligen Blüten stehen einzeln oder paarweise an einem kurzen Stiel in den Blattwinkeln.
3 Vor der Reife reißen Kelch und Fruchtknoten auf, und die Plazenta mit den lockersitzenden Samen klappt heraus.
4 Die unregelmäßig rundlichen Samen sind hellgelb bis rötlich-gelb, glatt und abgeflacht.

Literatur

ESPINOSA, S. & G. RÖBBELEN, 1989: Interspecific Hybridization and Identification of Hybrid Seeds in the Genus *Cuphea*, XII, Eucarpia congress. Vorträge für Pflanzenzüchtung, 15, 15–7.

HEGI, G., 1926: *Cuphea* Adans. In: Illustrierte Flora von Mitteleuropa. Bd. V/2, 745. Verlag Lehmanns, München.

HIRSINGER, F., 1980a: *Cuphea* die erste annuelle Ölpflanze für die Erzeugung von mittelkettigen Triglyceriden (MTC). Fette Seifen Anstrichmittel, 81, 385–389.

HIRSINGER, F., 1980b: Untersuchungen zur Beurteilung der Anbauwürdigkeit einer neuen MTC-Ölpflanze *Cuphea* (*Lythraceae*). Teil I, Angew. Botanik 54, 157–177.

HIRSINGER, F., & G. RÖBBELEN, 1980: Studies on the Agronomical Value of the New MCT Oil crop, *Cuphea* (*Lythraceae*). 3. Chemical Mutagenesis in *C. lanceolata* and *C. procumbens* and General Evaluation. Z. Pflanzenzüchtung. 85, 275–286.

HIRSINGER, F., 1987: Oleochemische Rohstoffe und die besondere Bedeutung neuer Ölsaaten. Henkel-Referate 23, 20–28.

OLEJNICZAK, J. & Z. PRZYBECKI, 1989: Somaclonal Variation in *Cuphea wrightii* 651. XII Eucarpia congress. Vorträge für Pflanzenzüchtung 15, 15–8.

RÖBBELEN, G., 1984: Biogenese und Verfügbarkeit pflanzlicher Fettrohstoffe. Fette, Seifen, Anstrichmittel 86, 373–378.

Kapuzinerkresse
(*Tropaeolum majus* L.)

Biologie
Die Kapuzinerkresse gehört zur Familie der *Tropaeolaceae*. Die Gattung *Tropaeolum* umfaßt etwa 50 Arten, die unter den verschiedensten Lebensbedingungen, vornehmlich in Südamerika, vorkommen: im tropischen Regenwald Brasiliens bis zur Schneegrenze der Anden von Peru und Chile und in Trokkengebieten von Argentinien. Die meisten *Tropaeolum*-Arten sind kälteempfindlich. *T. majus* stirbt in Mitteleuropa im Freiland im Herbst ab; in wärmeren Gebieten ist sie mehrjährig, auch kann sie in Kalthäusern, in Töpfe verpflanzt, überwintern. Sie ist eine typische Solitärpflanze, die an den Felshängen der peruanischen Anden ihren natürlichen Standort hat.
Die **Wurzel** ist dünn, mit weitflächigen, stark verzweigten Ausläufern. Der oberirdische, wasserreiche **Sproß** kann nicht aufrecht stehen, sondern kriecht mit langen, sich verzweigenden Ranken auf der Erde. An Büschen, Spalieren und Gittern kann die Pflanze durch die Reizbarkeit der Blattstiele aufwärts klimmen. Die jungen **Laubblätter** sind stark gelappt, später entwickeln sich an langen Stielen schildförmige, kräftig grüngefärbte Laubblätter mit 10 deutlich hervortretenden Hauptnerven. Die zwittrigen **Blüten** stehen einzeln in den Blattachseln und ragen, infolge eines langen, sich windenden Stieles, meist über die Laubblätter hinaus. Die Blüte besteht aus: 5 etwas ungleichen Kelchblättern (Der Kelch ist zweilippig mit 3 Oberlippen- und 2 Unterlippenblättern); 5 mit dem Kelch alternierenden Kronblättern, die verschieden geformt und gefärbt sind. Die beiden oberen Kronblätter sind kürzer, die drei unteren länger und etwas schmäler, im Inneren kranzförmig bewimpert, leuchtend gelbrot, orange bis ziegelrot gefärbt mit roten oder braunen Saftmalen. Eine direkte Einsenkung der Blütenachse bildet einen innen drüsigen Sporn, in dem sich ein süßer Saft bildet. Beim Öffnen der Blüte sind die 8 Staubblätter nach unten gebogen, der zylindrische Griffel ist noch kurz und die 3 Narbenspitzen liegen noch aufeinander; dann richten sich die Staubblätter nacheinander auf, die Staubbeutel öffnen sich vor dem Blüteneingang und biegen sich wieder abwärts = Vormännlichkeit (Protandrie). Währenddessen wächst der Griffel, und die Narbenspitzen spreizen sich: Der weibliche Zustand der Blüte ist erreicht, der wie der männliche 2 bis 3 Tage anhält. Es herrscht weitgehende Fremdbefruchtung durch

Andere Arten

Hummeln (*Bombus hortorum*). Bienen sammeln nur den dreiseitigen, prismatischen, etwas klebrigen **Pollen**, da sie den Honig mit ihrem kurzen Rüssel nicht erreichen können. Etwa 12 bis 24 Stunden nach der Bestäubung und gleich nach der Befruchtung krümmt sich der Blütenstiel zweimal um je etwa 90, so daß ein Bogen mit einer Krümmung von 180 bis 270° erreicht wird; zum Schluß, kurz vor der Reife, tritt nochmals eine kurze, basale Krümmung ein.
Der **Fruchtknoten** ist etwas schräg stehend, oberständig, aus 3 dreifächrigen Fruchtblättern bestehend, mit je einer apotrop-anotropen Samenanlage; der Griffel ist zylindrisch mit drei Narbenspitzen. Die Frucht zerfällt in 2 bis 3 einsamige, runzlige Schließ-Früchte, die leicht vom Stiel abfallen. Die **Teilfrüchte** haben zur Reife eine korkige Fruchtschale. Sie sind 8 bis 10 mm lang, 5 bis 7 mm breit und 3 bis 5 mm dick. Das **Tausendkorngewicht** beträgt 80 bis 100 g.
Die ganze Pflanze enthält, ähnlich wie bei den Kruziferen, ein Glykosid »Glucotropaeolin« und in besonderen Zellen das Enzym »Myrosinase«; dies bewirkt einen charakteristischen scharfen Geschmack.
Im Samen ist neben dem ätherischen Öl noch 7 bis 8 % fettes Öl enthalten, mit einem besonderen Fettsäuremuster von 60 bis 70 % Erucasäure und 14 bis 16 % Gadoleinsäure (Eicosensäure), 2 bis 5 % Arachinsäure und 8 bis 12 % Ölsäure (s. Tab. 1).

Geschichte und Nutzung
Die Kapuzinerkresse, *Tropaeolum majus* L., ist in Peru bis Neu-Granada beheimatet, von wo sie nach Brasilien verschleppt wurde und verwilderte. 1684 kam sie nach Mitteleuropa. Wegen ihrer leuchtend gelb, orange und roten Blüten wurde sie als bodendeckende und halbrankende Zierpflanze in ganz Europa kultiviert und verbreitet, sie ist hier teilweise verwildert. In Sachsen wurde sie erst 1864 bekannt. Ihre Anspruchslosigkeit macht sie auch heute noch zu einer der beliebtesten Zierpflanzen.
Auch als **Arzneipflanze** wird Kapuzinerkresse seit alters her genutzt. In Peru dienten die frischen Blätter zur Wundbehandlung, besonders bei Entzündungen. In Deutschland werden auch in neuerer Zeit aus der blühenden ganzen Pflanze, die hierzu feldmäßig angebaut wird, Präparate gegen Infektionskrankheiten der Harnwege, der Nieren und der Bronchien hergestellt. Für die Heilwirkung sollen in der Kapuzinerkresse leichtflüchtige, antibiotische Substanzen wirksam sein. In der Volksmedizin werden die frischen Blätter als blutreinigender Frühjahrssalat gegessen. Auch finden die unreifen Samen und die Knospen, in Essig eingelegt, als »Kapern« Verwendung.
Bei der Suche nach Pflanzenölen mit besonderen Fettsäuren wurde vor einigen Jahren der hohe Gehalt an langkettigen Fettsäuren, Eruca- (C 22:1) und Eicosensäure (C 20:1), entdeckt. Diese langkettigen Fettsäuren werden in der Industrie als Schmiermittel, für die Lack- und Farbherstellung sowie für die Kunststoffproduktion und für die Herstellung von Kerzen und Wachsen benötigt (s. Darst. 17).
Kapuzinerkresse hat höhere Anteile an

C-20- und C-22-Fettsäuren als die Kruziferen, Raps, Krambe und Silberblatt (s. Tab. 1), so daß trotz des geringen Ölgehaltes ein Interesse der Oleo-Industrie vorliegt.
Als nachwachsender Rohstoff kann diese Pflanze mit ihren ausgesprochenen Wildpflanzeneigenschaften (noch) nicht angebaut werden. Ob es je gelingt, diese kriechende Pflanze mit den leicht abfallenden Früchten, ihrer ungleichen Blüte und Reife zu einer anbauwürdigen Kulturpflanze zu machen, die kostendeckende Erträge liefert, bleibt zweifelhaft.

Bildlegenden (von links)

1 Kapuzinerkresse als Zierpflanze im Garten.
2 Die Blüten stehen an einem langen Stiel einzeln in den Blattachseln. Sie sind leuchtend gelbrot, orange oder ziegelrot gefärbt.
3 Durch eine Einsenkung der Blütenachse entsteht ein innen drüsiger Sporn, in dem Nektar gebildet wird.
4 Nach der Befruchtung krümmt sich der Blütenstiel mehrfach. Die Frucht mit 2 bis 3 einsamigen Schließfrüchten fällt leicht vom Stiel ab.
5 Zur Reife haben die Teilfrüchte eine korkige Fruchtschale.

Literatur

HEGI, G., 1924: *Tropaelaceae*, Kapuzinerkressen. In: Illustr. Flora von Mitteleuropa. IV/3, 1726–1732.
PAHLOW, M, 1979: Heilpflanzen. Verlag Gräfe und Unzer, München.

Andere Arten

Borretsch
(*Borago officinalis* L.)

Biologie

Die Gattung *Borago* gehört zur Familie der Rauhblattgewächse (*Boraginaceae*). Sie ist deutlich durch ihren Blütenbau unterscheidbar von den übrigen Gattungen der Familie. Es gehören zu dieser Gattung außer *B. officinalis* noch die Arten *B. laxiflora* PC. und *B. longifolia* Poist, die beide im westlichen Mittelmeergebiet verbreitet sind. Borretsch ist ein einjähriges, in allen Gärten und, teilweise verwildert, überall in Mitteleuropa vorkommendes Kraut.

Die **Wurzel** ist stark verzweigt mit einer deutlichen Hauptwurzel. Oberirdisch bildet sich zuerst eine Blattrosette, aus der ein locker verzweigter und dicht mit abstehenden Borstenhaaren besetzter **Sproß** mit einem aufrechten, 30 bis 150 cm hohen und 0,5 bis 1,0 cm dicken Stengel hervorgeht. Man unterscheidet einen Stengeltyp (höher, wenige schmale Blätter) und einen Blatttyp (kürzer, mehr und große Blätter). Die **Laubblätter** stehen wechselständig, sie sind oval bis eiförmig, 3 bis 10 cm lang und 2 bis 5 cm breit, ganzrandig bis leicht gebuchtet, auf beiden Seiten behaart, im unteren Teil der Pflanze deutlich, im oberen nur wenig gestielt. Die **Blüten** an kurzen, bis 2 cm langen Stielen sitzend, stehen in zusammengesetzten Wickeln und bilden etwas beblattete Doldenrispen. Der rauhhaarige **Kelch** ist 5-zipflig bei offener Blüte ausgebreitet, nach der Befruchtung und dem Abfall der Krone schließt er sich und bildet einen Fruchtbecher. Die **Krone** hat 5 lanzettliche, spitze Zipfel und ist himmelblau, selten treten weiße Mutationen auf. In einer kurzen Röhre wird reichlich Honig gebildet. Die **Staubblätter** tragen schwarz-violette, etwa 6 mm lange Antheren. Der **Griffel** ist dünn, mit einer kleinen Narbe. Es herrscht Protandrie vor, und ein reichlicher Insektenbesuch garantiert meist Fremdbestäubung. Die **Früchte** (Nüßchen) sitzen zu je 4 locker in den Fruchtkelchen, sie fallen bei Reife bald aus. Sie sind länglich oval, etwa 5 mm lang und 2,5 mm dick, gekielt und gerippt, die Oberfläche ist warzig rauh, hellbraun bis schwarz-grau gefärbt, etwas gekrümmt und die weiße Ansatzstelle ringförmig verdickt. Das **Tausendkorngewicht** schwankt zwischen 16 und 20 g. Die Früchte enthalten 30 bis 36 % fettes Öl, das wie die Samen von *Oenothera* und der Schwarzen Johannisbeere als Besonderheit relativ viel (25 bis 40 %) γ-Linolensäure und im Wechsel ebensoviel Linolsäure aufweist (s. Tab. 1).

Die **Samenerträge** betragen 2,0 bis 10,0 dt/ha.
In der ganzen Pflanze sind Schleimstoffe, Gerbstoffe, Saponine, Flavone und ätherisches Öl enthalten (Geruch und Geschmack von frischen Gurken, deshalb auch Gurkenkraut genannt).

Geschichte und Verbreitung
Die Heimat von *Borago officinalis* liegt nach HEGI im westlichen Mittelmeergebiet, während andere Autoren sie in Kleinasien und Syrien vermuten. Im griechischen und römischen Altertum war sie nicht bekannt. Wahrscheinlich wurde sie zuerst von den Arabern in Spanien in Kultur genommen. Im südlichen Spanien wächst Borretsch heute noch wild an feuchten, nährstoffreichen Stellen. Bei ALBERTUS MAGNUS wird die Pflanze ausführlich beschrieben. Aus den Klostergärten, wo sie als Heil- und Gewürzpflanze kultiviert wurde, ist sie in die Bauerngärten gewandert und teilweise auf Schutthalden, an Wegrändern u. ä. verwildert. Heute findet man sie in ganz Europa als Gewürz- und Heilpflanze verbreitet.

Nutzung und Anbau
Wegen seiner in der ganzen Pflanze verteilten Inhaltsstoffe wurde Borretsch schon frühzeitig in der Medizin, der Volksheilkunde und als Gewürz kultiviert. Genutzt wird das blühende Kraut als *Herba Boraginus*. Heute ist Borretsch ein beliebtes Hausmittel gegen Nervosität, Hypochondrie und unregelmäßige Herztätigkeit. Auch bei Rheuma, Nierenentzündung und bei Husten wird Borretsch als frische Blätter in Milch angewandt. MATTHIOLUS schreibt 1563: »Die holdselige Boragenblumen stercken hertz und hirn, erwecken die verzagte menschen zur freud und leichtsinnigkeit, leutern das geblütt, nützen in alter schwachheit, sonderlich in den hitzigen febren.« Auch als Tee aus getrockneten Blättern soll Borretsch bei Masern, Scharlach und Windpocken gute Dienste tun.
In der Küche wird Borretsch als Gemüse wie Spinat verwendet, und als Gewürz werden Blätter und junge Triebspitzen zu Salat und Gemüse sowie zu Gurken gegeben. Er paßt auch gut zusammen mit Schnittlauch zu Käse und Bratkartoffeln. Die Blüten, die im Mittelalter zum Blaufärben benutzt wurden, können als biologischer Farbstoff zum Färben von Nahrungsmitteln und als Verzierung von Speisen verwendet werden.

Andere Arten

Von *Borago officinalis* gibt es keine Sorten im Samenhandel.
Besonders interessant geworden ist Borretsch jedoch erst durch die Entdeckung, daß das zu 30 bis 40 % in den Früchten enthaltene fette Öl, wie schon betont, einen beachtlich hohen Anteil an γ-Linolensäure und Linolsäure aufweist (s. Tab. 1). Beide sind als zwei- und dreifach ungesättigte Fettsäuren wirksam und haben einen positiven Einfluß auf den Cholesterinspiegel. So wird Borretsch zur Zeit als anbauwürdige Ölpflanze diskutiert.
Die Entwicklung zu einer landwirtschaftlichen Kulturpflanze erfordert jedoch noch großen pflanzenzüchterischen Einsatz. Es müßte erreicht werden: bessere Festigkeit der Stengel und Seitentriebe, gleichmäßigere Blüte und Abreife, Ausfallfestigkeit der Früchte, eventuell Erhöhung der Qualität der Früchte und des Öles, u. a.

Zu den Borretschgewächsen gehört auch die **Gemeine Hundszunge** (*Cyroglossum officinale*), die in Europa auf Schutthalden und Wegrändern weit verbreitet ist. Die Samen enthalten 21 bis 40 % fettes Öl und etwa 20 % Rohprotein. Das Öl besteht aus 6 bis 8 % Palmitin- und Stearinsäure, 32 bis 36 % Ölsäure, 24 bis 28 % Linolsäure, 12 bis 14 % Linolensäure, davon etwa 6 % γ-Linolensäure, 2 bis 4 % Dihomo-γ-Linolensäure (C 18:4), 4 bis 6 % Eicosensäure und 6 bis 10 % Erucasäure.

Bildlegenden (von links)

1 Ein Borretsch-Bestand zur Samengewinnung.
2 Die Einzelpflanze bildet viele leuchtend blaue, 5zipflige Blüten, die an kurzen Stielen sitzen.
3 Die ganze Pflanze ist dicht und rauh behaart. Die Blüten stehen in zusammengesetzten Wikkeln, sie werden stark von Insekten besucht.
4 Der rauhhaarige 5zipflige Kelch schließt sich nach der Befruchtung und dem Abfall der Krone und bildet einen oben offenen Fruchtbecher, in dem locker je 4 Früchte sitzen.
5 Die Früchte (Nüßchen) sind länglich oval, gekielt und gerippt mit einer ringförmigen, verdickten weißen Ansatzstelle.

Literatur

BECKER-DILLINGEN, J., 1929: Der Borretsch (*Borago officinalis* L.). In: Handbuch des gesamten Gemüsebaues. 2. Aufl., 589–590. Verlag Paul Parey, Berlin.

HEEGER, E. F. & K. BRÜCKNER, 1950: Heil- und Gewürzpflanzen. Deutscher Bauernverlag, Berlin.

HEGI, G., 1927: *Borago* L., Borretsch, Gurkenkraut. In: Illustrierte Flora von Mitteleuropa. Bd. VI/3, 2230–2232. Verlag Lehmanns, München.

PAHLOW, M., 1979: Heilpflanzen. Verlag Gräfe und Unzer, München.

SCHAUENBERG, P. & F. PARIS, 1975: Heilpflanzen. BLV-Bestimmungsbuch. 2. Auflage. BLV-Verlagsgesellschaft, München, Bern, Wien.

Andere Arten

Schwarzkümmel
(*Nigella sativa* L. und *Nigella damascena* L.)

Biologie
Der Schwarzkümmel gehört zur Familie der Hahnenfußgewächse (*Ranunculaceae*). Zur Gattung *Nigella* L. zählen 16, im Mittelmeergebiet vorkommende Arten. In Mitteleuropa ist *Nigella arvensis* L., der Acker-Schwarzkümmel, als einzige Art der Gattung wild zu finden. Als Zierpflanze angebaut wird *Nigella damascena* L., Türkischer Kümmel, auch »Jungfer im Grünen« genannt. Beide Arten sind einjährige krautige Pflanzen.
Die **Wurzel** von *N. sativa* ist kurz und kräftig. Der oberirdische **Sproß** wird 20 bis 60 cm hoch. Der **Stengel** ist aufrecht, gerade. Die Verzweigung setzt im unteren Stengelteil an, Stengel und Seitentriebe sind dicht mit schwachen, mehrfach fiederteiligen **Laubblättern** besetzt. Die ganze Pflanze, besonders am Stengel, ist leicht behaart bis kahl. Die **Blüten** sind sternförmig, endständig, sitzend, 2 bis 5 cm im Durchmesser mit 5 weißlichen bis blauen **Kronblättern**, die kurz gestielt sind. Die Blüte von *N. damascena* ist von überstehenden fiederblättrigen Hochblättern umgeben (deshalb »Jungfer im Grünen«). Bei den zwittrigen Blüten herrscht Protandrie vor, d. h., die Antheren reifen vor dem 5- bis 6-griffligen Andrözeum. Der unterständige **Fruchtknoten** ist 5teilig verwachsen. Es wird von besonderen Honigblättern reichlich Nektar abgesondert und in der Blütenröhre, einem krugförmigen Nektarbehälter, gesammelt. Diese ist durch einen lose aufliegenden Deckel verschlossen, den die Bienen zur Nektarentnahme öffnen müssen, wobei sie sich mit Pollen einstäuben. Der Fruchtknoten und die spätere Frucht sind

wie aufgeblasen mit Luft erfüllt. Die **Samen** sind in der grün-braunen, später braunen Frucht in 2 Kammern eingeordnet. Sie sind etwa 3 mm lang und 1,0 bis 1,5 mm dick, kantig, querrunzelig und von braunschwarzer bis schwarzer Farbe. Das **Tausendkorngewicht** beträgt 1,9 bis 2,6 g. Die Samen enthalten Saponin, Gerbstoffe, den Bitterstoff »Nigellin«, das Glycosid »Melanthin« – bei *N. damascena* zu 0,7 % das Alkaloid »Damascenin«-, 0,6 % ätherisches Öl und 32 bis 35 % fettes Öl. Das **Fettsäuremuster** ist gekennzeichnet durch einen hohen Anteil an der doppelt ungesättigten Linolsäure (55 bis 65 %), einem mittleren Ölsäureanteil (18 bis 22 %) und 10 bis 15 % gesättigten Fettsäuren. Es entspricht ernährungsphysiologisch etwa Mohnöl und ist damit ein gutes Speiseöl.

Geschichte, Verbreitung und Nutzung
Die *Nigella*-Arten stammen aus dem östlichen Mittelmeergebiet und Vorderasien. Von dort ist der Schwarzkümmel im frühen Mittelalter in das südliche Europa und nach Mitteleuropa gekommen. In den frühmittelalterlichen Kräuterbüchern wird die Pflanze bei KARL DEM GROSSEN, der heiligen HILDEGARD u. a. m. beschrieben. KARL DER GROSSE und LUDWIG DER FROMME befahlen den Pächtern der Landgüter, »Schwarzen Koriander« (=*Nigella sativa*) anzubauen. Schwarzkümmel ist seit der Antike in erster Linie Gewürzpflanze. Ihres scharfen Geschmacks wegen werden die Samen als Kümmel- und Pfefferersatz verwendet. Sicher wurde auch schon frühzeitig der offizinelle Charakter und die guten Heilwirkungen der Sameninhaltsstoffe erkannt. So kam es im gesamten Mittelalter zu feldmäßigem Anbau, der bis nach dem 2. Weltkrieg in Thüringen und Württemberg bestand. Daneben war von alters her ein Anbau in vielen Bauerngärten üblich.
Die Samen werden genutzt, indem sie zerkleinert oder ganz als Gewürz ins Brot gebacken oder aufs Brot gestreut werden, eine alte Bezeichnung ist »Brotwurz«. Als Tee getrunken, wirkt *Nigella* gegen Blähungen, Durchfall und Gallenkoliken.
Das Damascenin wirkt blutdruck- und fiebersenkend; das Nigellon soll bei Keuchhusten, Asthma und Bronchitis gute Dienste tun.
In neuerer Zeit werden alte Kulturpflanzen, die fettes Öl mit einer für die menschliche Ernährung oder für chemische Zwecke besonders geeigneten Fettzusammensetzung

produzieren, wieder im Rahmen des Anbaues von »Alternativfrüchten« auf ihre Anbauwürdigkeit geprüft. Aus pflanzenbaulicher Sicht könnte *Nigella sativa* oder (und) *N. damascena* als Sommerölpflanze in Frage kommen, wenn die Ertragsfähigkeit gesteigert werden kann. Züchterisch wird dies sicher nicht einfach sein, da der Standard von Sommerraps erreicht werden muß. Auch der Alkaloidgehalt im Samen kann die Ölgewinnung stören, so daß alkaloidfreie Sorten gezüchtet werden sollten.

Aus der Familie der **Hahnenfußgewächse** (*Ranunculaceae*) mit einem beachtlichen Gehalt an fettem Öl ist noch zu nennen:

Die **Trollblume** (*Trollis europaeus* L.) mit einem Ölgehalt von 20 bis 25 % in den Samen.

Ebenso enthalten die Samen einiger ***Päonia-Arten (Pfingstrosen)*** beachtliche Ölgehalte von 25 bis 30 %. Anbauversuche mit *Paeonia perigrina* Retz. (Großblumige Pfingstrose) und *P. officinalis* (Großblättrige Pfingstrose) wurden in Rußland und der Tschechoslowakei durchgeführt.

Bildlegenden (von links)

1 Teilbestand von Schwarzkümmel *Nigella sativa* bei Ende der Blüte.
2 Die endständigen Blüten sind 2 bis 5 cm im Durchmesser groß mit weißlichen bis blauen, sternförmigen Kronenblättern.
3 Die Blüten und die Frucht sind bei *N. damascena* von fiederblättrigen Hochblättern umgeben (»Jungfer im Grün«).
4 Die reifen, zweikammerigen Kapseln sind weitgehend platzfest.
5 Die Samen sind etwa 3 mm lang und 1,0 bis 1,5 mm dick, kantig und quergerunzelt, braunschwarz bis schwarz gefärbt.

Literatur

HEGI, G., 1912: *Nigella* L. Schwarzkümmel. In: Illustrierte Flora von Mitteleuropa, III, 474–476. Verlag Lehmanns, München.

PAHLOW, M., 1979: Heilpflanzen. Verlag Gräfe und Unzer, München.

SCHAUENBERG, P. & F. PARIS, 1975: BLV-Bestimmungsbuch Heilpflanzen. BLV-Verlagsgesellschaft, München, Bern, Wien.

Doldengewächse

Doldengewächse
(*Umbelliferae*)

In der Familie der *Umbelliferea* gibt es eine große Zahl von Gewürz- und Heilpflanzen, von denen einige neben ätherischem Öl auch fettes Öl in ihren Samen speichern. Dieses Öl besteht zu 60 bis 90 % aus Petroselinsäure (*cis*-6-octadecensäure = C 18:1[6]). Die Petroselinsäure läßt sich oleochemisch relativ einfach in Laurin- (C 12:0) und Adipinsäure (Butandicarbonsäure = HOOC · $(CH_2)_4$ · COOH) spalten, so daß petroselinsäurereiches Öl ein wertvoller Rohstoff für die in der Oleochemie wichtige und nicht in ausreichender Menge zur Verfügung stehende Laurinsäure (in Kokos- und Palmkernöl) ist. In USA wurde eine große Zahl von Umbelliferen-Arten der verschiedensten Gattungen mit hohen Petroselinsäureanteilen im Öl entdeckt (KLEIMAN & SPENGER). In Europa bieten sich die folgenden beschriebenen 6 Arten, die schon seit längerem als Gewürz- und Heilpflanzen in Kultur sind, für eine Petroselinsäure-Produktion an.

Kümmel
(*Carum carvi* L.)

Biologie
Die Gattung *Carum* umfaßt etwa 25 Arten, die in Europa, Nord- und Süd-Afrika, in Asien und in Nordamerika verbreitet sind. *Carum carvi* hat n = 11 Chromosomen. Die Pflanze ist zweijährig; sie bildet im ersten Jahr eine breite, leicht erhobene, der Möhre ähnliche Blattrosette. Die **Wurzel** ist spindelförmig, verdickt, teilweise ästig mit dünnen Faserwurzeln besetzt. Der **Stengel** ist aufrecht 50 bis 80 cm hoch, bei Kultursorten bis 120 cm hoch, kantig gerieft, verzweigt. Die Verzweigung, oft vom Grund auf, wird durch den Standraum bestimmt, bei dichtem Stand sind die Seitenzweige nur im oberen Drittel ausgebildet. Die **Blätter** sind zwei- bis dreifach-fiederteilig, feingegliedert; sie stehen überkreuz. Die Grundblätter sind gestielt. Die Stengelblätter haben eine Blattscheide, die oberen sind fast sitzend. Die Blattfarbe variiert je nach Sorte oder Genotyp von gelblich grün bis dunkelgrün. Die ganze Pflanze ist unbehaart glatt.
Die kleinen, etwa 2 bis 4 mm großen, weißen, selten rosa gefärbten **Blüten** stehen in zusammengesetzten Dolden, sie blühen im Mai/Juni. Die 5 **Hüllblätter** fehlen meist oder sind nur unregelmäßig ausgebildet. Die ebenfalls 5 **Kronblätter** sind rundlich bis verkehrt eiförmig, weiß bis rötlich; das äußere Kronblatt ist etwas größer als die übrigen, etwa 1,5 bis 2,0 mm lang und tief ausgerandet. Die **Griffelpolster** sind kegelförmig gewölbt. Der **Griffel** ist lang, dünn, mit kropfartiger Narbe; die 5 **Staubfäden** sind oft rückgebildet. Zwei **Fruchtknoten** sind leicht zusammengewachsen.

Der **Blühverlauf** des Kümmels wird als »gynodiözisch« bezeichnet, da ganze Pflanzen durch Verkümmern der Antheren weiblich werden. Andere Autoren sprechen von »Protandrie«, da die Dolde der Hauptachse, wenn die Seitenachsen stäuben, schon rein weiblich ist. Es kommen bei *Carum* häufig vielförmige Anomalien der Blüte vor, die eventuell für die Züchtung von männlich sterilen Linien interessant sein können, um Hybridzüchtung zu betreiben. Fremdbefruchtung scheint vorzuherrschen, da die Blüten durch Bienen, Schwebfliegen und viele andere Insekten besucht werden. Auch Falter werden beobachtet.
Die **Früchte** (= Teilfrüchte) sind in der Größe sehr verschieden, 4 bis 5 mm lang, sichelförmig gebogen, stark gerippt, braungrau gefärbt, bei Überreife leicht abfallend. Das **Tausendkorngewicht** beträgt 2,0 bis 3,5 g. Die **Samenerträge** von Zuchtsorten liegen, je nach Witterung und sonstigen Wachstumsbedingungen zwischen 4 und 20 dt/ha, maximal bei 30 dt/ha.
Die Früchte enthalten: 19 bis 20 % Rohprotein, 15 bis 18 % N-freie Extraktstoffe, 16 bis 20 % fettes Öl, 3,5 bis 6 % ätherisches Öl, mit den Wirkstoffen »Carvon« und »Limonen«, 17 bis 22 % Rohfaser und 5 bis 6 % Asche; weiter 1,5 % Wachs, Harz und Gerbstoff.
Die verschiedenen Herkünfte (Sorten) zeigen deutliche Unterschiede im Gehalt an ätherischen Ölen: der Anteil an »Carvon« ($C_{10}H_{14}O$) variiert von 45 bis 60 % und der an »Limonen« ($C_{10}H_{16}$) von 35 bis 55 %. Das ätherische Öl wird durch Destillation

Doldengewächse

mit Wasserdampf aus den zerquetschten Früchten gewonnen.

Geschichte und Verbreitung
Kümmel ist eine alte Nutzpflanze, die heute noch in ganz Europa und in verschiedenen Gebieten Nordasiens wild wächst. Wir finden die Pflanze auf mageren bis frischen Wiesen, auf Grasplätzen, Wegrändern, Schutthalden u. ä., von den Fluß- und Seemarschen bis in die Bayerischen Alpen auf 1800 m ansteigend. In der Schweiz ist der Wiesenkümmel allgemein bis 2000 m Höhe verbreitet, vereinzelt wurde *Carum* bis 2550 m gefunden. Ebenfalls allgemein verbreitet ist Kümmel in Nord- und Mitteleuropa von England bis Nordost-Spanien und Nord-Italien; auf dem Balkan; bis Montenegro und Serbien; in Rußland; im Kaukasus; Nord-Persien; im Himalaya; Sibirien; in Afrika: Marokko, Tunesien, Algerien, Abessinien; auch in Nord-Amerika und Neuseeland ist *Carum* zu finden.
Die Verwendung des Kümmels als Gewürz- und Heilpflanze reicht wohl bis ins klassische Altertum zurück, obwohl von einigen Autoren angezweifelt wird, daß »*Karos*« des DIOSKERIDES und »*Careum*« von COLUMELLA und PLINIUS dem mitteleuropäischen *Carum* entsprechen. LUDWIG DER FROMME hat 795 als »*Carcium*« eine Pflanze beschrieben, die dem heutigen Kümmel gleichkommt. In den Arzeneibüchern des 12. und 13. Jahrhunderts wird er als Heilmittel genannt und etwas später auch in anderen Kräuterbüchern abgebildet. In der Handelsliste von Brügge (1304) ist Kümmel aufgeführt und ebenso in der Danziger Gewürzliste von 1410. In England ist er als Gewürz »Caraway« am Ende des 14. Jahrhunderts zu finden. Seit dem frühen Mittelalter wird er in Gärten kultiviert und hat sich daraus oft verwildert ausgebreitet.
Im 19. bis zur Mitte des 20. Jahrhunderts wird Kümmel in Mitteldeutschland in der Magdeburger Börde, in Thüringen sowie in Süddeutschland und in Württemberg kultiviert. Aber auch in Ostpreußen sowie in Mähren und in der Steiermark wurde Kümmel, der einen guten Preis erzielen konnte, angebaut. Die größten Flächen standen in Holland, wo auf den neugewonnenen Poldern ab 1850 u. a. Kümmel kultiviert wurde. Die größten deutschen Importe kamen aus Holland und Südfrankreich.
Für den Anbau eignen sich am besten humose, tiefgründige, kalkhaltige Lehmböden, ebenso wie Moorböden. Gesät wird im April oder im frühen Herbst, wie Raps.

Nutzung und weitere Entwicklung
Genutzt werden seit alters her die Früchte als **Gewürz**: im Gebäck (Kümmelbrot, Kümmelbrötchen), im Gemüse, zu Schweinefleisch, in der Wurst, zu Käse, als Likör oder Kümmelschnaps. Der wirksame Inhaltsstoff der Samen ist für die Gewürzhersteller das schon erwähnte »Carvon«, während das »Limonen« für die Parfümierung von Seifen verwandt wird.
In der **Medizin** wird Kümmel zur Anregung der Magensaftabsonderung, zur Bekämpfung von Blähungen und Koliken meist als Tee angewendet. Kümmelöl wirkt krampfstillend; reizt aber auch die Haut und dient

deshalb zum Einreiben bei Rheumatismus, Ischias u.ä. In der Volksmedizin ist Kümmel gegen Galle- und Leberbeschwerden und auch als Hustenmittel in Anwendung. Kümmeltee wirkt bei Pferden und Kühen ebenfalls gegen Koliken und Blähungen. Auch eine starke antiseptische Wirkung wird dem Kümmel nachgesagt.

Die möhrenförmige Wurzel kann wie die Pastinakwurzel als **Gemüse** gegessen werden, ebenso die jungen Blätter. Letztere können auch als Salat oder zu Kräutersuppen verwendet werden. Die grüne Pflanze ist ein gerngefressenes Viehfutter und deshalb wild in Wiesen gern gesehen.

Das **fette Öl** mit 16 bis 20 % kann, nach der Gewinnung des ätherischen Öles durch Wasserdampfdestillation, über Ätherextraktion aus dem Kümmelmehl gewonnen werden. Dieses Öl besteht zu 24 bis 28 % aus Petroselinsäure (C 18:1[6]), die für die Oleochemie zur Gewinnung von Laurinsäure (C 12:0) wertvoll ist (siehe oben), zu 35 bis 45 % aus Ölsäure (C 18:1[9]), 28 bis 35 % Linolsäure (C 18:2) und 2 bis 4 % Palmitinsäure (C 16:0), wie Tabelle 1 zeigt. So könnte *Carum carvi* ein in Europa anbauwürdiger »nachwachsender Rohstoff« für die Fettchemie werden, wenn die durch die bisherige Inkulturnahme nicht wesentlich von ihren Wildpflanzeneigenschaften veränderte Pflanze züchterisch verbessert werden kann. Hierzu gehört: vor allem Verbesserung der Ausfallfestigkeit, Erhöhung der Samenerträge, Erhöhung des Fettgehaltes, Erhöhung des Anteils an Petroselinsäure u. a. m. Der Preis für das Erntegut, den die Oleochemie für das Produkt »Kümmel-Samen« zahlen kann, ist ausschlaggebend für die weitere Entwicklung dieser Kulturpflanze.

Bildlegenden (von links)

1 Teilbestand von Kümmel nach der Blüte.
2 Die kleinen, weißen Blüten stehen in zusammengesetzten Dolden; die 5 Kronenblätter sind rundlich bis verkehrteiförmig, das äußere Kronenblatt ist etwas größer.
3 Fruchtdolde nach der Blüte.
4 Reifer Fruchtstand.
5 Die Teilfrüchte sind unterschiedlich groß, sichelförmig gebogen, stark gerippt und braungrau gefärbt.

Literatur

BECKER-DILLINGEN, J., 1929: Der Kümmel (*Carum carvi* L.). In: Handbuch des gesamten Gemüsebaues, 2. Aufl., 647–652. Verlag Paul Parey, Berlin.

HEEGER, E. F. & K. BRÜCKNER, 1950: Kümmel (*Carum carvi* L.). In: Heil und Gewürzpflanzen. Arbeiten des Sortenamtes für Nutzpflanzen, Bd. 1, 85–88. Deutscher Bauern Verlag, Berlin.

HEGI, G., 1926: *Carum carvi* L. Wiesen-Kümmel. In: Illustrierte Flora von Mitteleuropa. Bd. V/2, 1181–1187. Verlag Lehmanns, München.

KLEIMAN, R. & G. F. SPENCER, 1982: Search for New Industrial Oils: XVI. Umbelliflorae – Seed Oils Rich in Petroselinic Acid. JAOCS, 59, 29–38.

PAHLOW, M., 1979: Heilpflanzen. Verlag Gräfe und Unzer, München.

SCHAUENBERG, P. & F. PARIS, 1975: Pflanzen mit ätherischen Ölen und Harzen. In: Heilpflanzen. 2. Auflage, 182–210. BLV-Verlagsgesellschaft, München.

Doldengewächse

Anis
(*Pimpinella anisum* L.)

Biologie
Zur Gattung *Pimpinella* gehören etwa 90 Arten, die im Mittelmeergebiet beheimatet sind. Die Chromosomenzahl von *P. anisum* beträgt n = 9. Die Pflanze ist einjährig mit einer feinen spindelförmigen **Wurzel**. Der runde **Stengel** mit feinen Rillen ist 30 bis 50 cm hoch und im oberen Teil verzweigt. Die unteren **Laubblätter** sind gestielt, rundlich bis nierenförmig, gekerbt und gezähnt. Die oberen Blätter sind dreilappig, eingeschnitten und gezähnt, variabel, kurz gestielt bis aufsitzend. Die ganze Pflanze trägt eine kurze flaumige Behaarung und duftet nach Anis. Die Dolden sind klein bis mittelgroß, locker, in Doppeldolden angeordnet. **Hüllblätter** fehlen oder sind nur einblättrig. Die **Kronblätter** sind weiß mit Mittelstreifen, etwa 1,5 mm lang, außen kurz behaart mit eingeschlagenem Zipfel. Das Griffelpolster ist niedrig, kegelförmig mit etwa 2 mm langem **Griffel**. Die 5 Antheren sind lang, umgebogen. Es herrscht Protandrie vor und damit Fremdbefruchtung. Die Bestäubung erfolgt durch verschiedenartige Insekten.

Die **Frucht** ist länglich oval bis birnenförmig, kurz flaumig behaart, wenig gerippt, sie zerfällt schwer in die beiden Teilfrüchte, so daß im Saatgut meist ganze Doppelfrüchte, zum Teil auch noch mit den Fruchtstielen vorliegen. Die Früchte sind 3 bis 5 mm lang und 2 bis 3 mm dick, sie sind grünlich bis bräunlich-grau gefärbt. Das **Tausendkorngewicht** der Teilfrüchte beträgt 1,5 bis 3,5 g. An Samen (Früchte) können 5 bis 10 dt/ha bis maximal 20 dt/ha geerntet werden.

In den Früchten sind enthalten: 18 % Roheiweiß, 8 bis 12 % Fett, 4 bis 5 % Zucker, 24 % sonstige N-freie Extraktstoffe, 17 bis 18 % Rohfaser, 1,5 bis 6,0 % ätherische Öle, 5 bis 7 % Asche. Das ätherische Öl besteht zu 80 bis 90 % aus Anethol = Aniscampher = p-Propenylanisol ($C_{10}H_{12}O$)

sowie 10 bis 20 % Anisaldehyd und Anissäure. Das fette Öl enthält 50 bis 70 % der erwünschten Petroselinsäure = C18:1[6] (siehe oben), 22 bis 28 % Ölsäure = C 18:1[9], 5 bis 9 % Linolsäure und 5 bis 10 % gesättigte Fettsäuren, meist Palmitinsäure = C 16:0 (s. Tab. 1).

Geschichte und Verbreitung

Die Heimat von *Pimpinella anisum* ist nach verschiedenen Autoren wahrscheinlich in Ägypten, Syrien, Cypern oder eventuell Griechenland zu suchen. Sicher ist dies jedoch nicht, da die Pflanze dort nicht wild vorkommt. Sie stammt bestimmt aus dem Orient. Einzelne Autoren sehen in *P. cretica* die Stammform von *P. anisum*. Anis war schon im klassischen Altertum eine Kulturpflanze. Sie wird bei THEOPHRAST, DIOSKURIDES, PLINIUS, COLUMELLA u. a. beschrieben und ihre Heilwirkung hervorgehoben. Die Heilwirkung von Anis wurde schon früh erkannt. Anisfrüchte waren Bestandteil des berühmten Mittels gegen alle Gifte = »Theriak« von König ANTIOCHUS DEM GROSSEN von Syrien (224 bis 187 v. Chr.). Die Heilkraft dieser Pflanze war auch im alten China und im Indien des 5. Jahrhunderts bekannt und geschätzt. Nach Mitteleuropa ist Anis mit anderen Gewürz- und Heilpflanzen durch die Römer gekommen und hat sich später durch die Klöster erhalten und verbreitet. LUDWIG DER FROMME hat im »Capitulare de villis« (795) *Anesum* erwähnt. Danach ist Anis in den meisten Arznei- und Kräuterbüchern des Mittelalters als wertvolle Heilpflanze zu finden. FUCHS sagt im »New Kräuterbuch« 1543 in Basel: »Es (*Anisum*) aus Syrien, jetzt gemein, so dass es fast in allen Gärten wächst.« Aus den Gärten ist Anis teilweise verschleppt worden und vereinzelt verwildert. Großflächige Anbauten sind aus dem 19. Jahrhundert von Holland, bei Straßburg, aus Württemberg und aus Sachsen-Anhalt, Thüringen, Franken sowie Böhmen und Mähren bekannt. Im größerem Umfang angebaut und exportiert wurde und wird Anis aus Rumänien, Italien, Spanien, aus Malta und besonders aus Rußland. Auch in Amerika wird Anis kultiviert.

Nutzung und Entwicklung

Eine Beschreibung der Gewinnung des ätherischen Öls wird schon von BRUNSCHWIG um 1500 gegeben. Das Anisöl und die Anisfrüchte sind ein altes Heilmittel ge-

gen Magenerkrankungen, Krampfkoliken und Blähungen (»Windwasser«), wie Kümmel. Jedoch auch bei Bronchialkatarrh, Kehlkopferkrankungen und sonstigen Erkältungskrankheiten kann Anisöl erfolgreich angewendet werden. Als Salbe hilft es gegen Muskel- und Nervenschmerzen. Auch gegen Ungeziefer wie Motten, Kleiderläuse, Milben usw. kann Anisöl eingesetzt werden. Vielfach wird Anis zusammen mit Kümmel und Fenchel für Teemischungen und Pulvermischungen verwendet. In den meisten Hustenmitteln ist Anis neben Fenchel ein wesentlicher Bestandteil.

Ein weiterer großer Bereich für die Nutzung von Anis liegt in der Küche als Gewürz: Anis im Brot, Anisplätzchen, Anisschnitten und zu Konfitüren. Eine große Menge der geernteten Anisfrüchte wird zur Herstellung von Schnäpsen und Likören verarbeitet: »Ouso« in Griechenland, »Rake« in der Türkei, »Anisette« in Frankreich, »Allasch« in Rußland u. a. Auch im Volksbrauchtum und -glauben spielt in vielen Gegenden Anis eine Rolle: Anis als Liebeszauber am Andreastag (30. November), Anis als Aphrodisiacum u. a.

Die Gewinnung des fetten Öles kann, wie beim Kümmel, aus den Rückständen nach der Wasserdampfdestilation zur Gewinnung der ätherischen Öle durch übliche Extraktionsverfahren erfolgen. Wie beim Kümmel liegt eine zukünftige Bedeutung in dem hohen Anteil (50 bis 70 %) Petroselinsäure (C 18:1[6]), aus der die vielfach von der Oleochemie gesuchte Laurinsäure (C 12:0) gewonnen werden kann. Um jedoch fettes Anisöl in größeren Mengen wirtschaftlich erzeugen zu können, muß die »Gartenpflanze« Anis stark züchterisch verbessert werden: höhere Samenerträge, bessere Vitalität, höhere Gehalte an fettem Öl und an ätherischen Ölen, höchste Anteile an Petroselinsäure u. a. m.

Bildlegenden (von links)

1 Die Einzelpflanzen von Anis sind meist nicht sehr robust; die Wuchshöhe liegt bei 30 bis 50 cm.
2 Die lockeren Dolden sind klein bis mittelgroß und in Doppeldolden angeordnet.
3 Die Bestäubung erfolgt meist durch verschiedene Insektenarten: kleine Dolde nach der Befruchtung.
4 Das Erntegut liegt meist in grünlichen bis bräunlich-grauen Doppelfrüchten vor, teilweise noch mit Fruchtstielen.

Literatur

BECKER-DILLINGEN, J., 1929: Anis (*Pimpinella anisum* L.). In: Handbuch des gesamten Gemüsebaues. 2. Aufl., 659–661. Verlag Paul Parey, Berlin.

HEEGER, E. F. & K. BRÜCKNER, 1950: Anis (*Pimpinella anisum* L.). In: Heil- und Gewürzpflanzen. Arbeiten des Sortenamtes für Nutzpflanzen, Bd. 1, 22. Deutscher Bauern Verlag, Berlin.

HEGI, G., 1926: *Pimpinella anisum* L. Anis. In: Illustrierte Flora von Mitteleuropa. Bd. V/2, 1209–1211. Verlag Lehmanns, München.

SCHAUENBERG, P. & F. PARIS, 1975: Pflanzen mit ätherischen Ölen und Harzen. In: Heilpflanzen. 2. Auflage, 182–210 (324). BLV-Verlagsgesellschaft, München.

Fenchel
(*Foeniculum vulgare* Mill.)

Biologie
Die Gattung *Foeniculum* umfaßt nur 2 Arten. Die Art *F. vulgare* Mill. wird in 2 subspec. unterteilt:
subspec. *piperitum* Pfeffer- oder Eselsfenchel
subspec. *capillaceum* (Gilib. Holmboe) Gartenfenchel
var. *vulgare* (Mill.) Wilder Fenchel
var. *dulce* (Miller-Thellung) Süßer- oder Gewürzfenchel
var. *azoricum* (Miller-Thellung) Italienischer-, Bologneser-, Gemüse- oder Zwiebelfenchel
Die Zahl der Chromosomen ist n = 11; alle subspec. und var. sind untereinander kreuzbar.
Fenchel ist zweijährig bis ausdauernd, es gibt auch einjährige Kultursorten. Die **Wurzel** ist eine tiefgehende fleischige Pfahlwurzel mit Seitenästen und mehreren Köpfen. Im ersten Jahr bilden die Grundblätter eine üppige, aufsteigende Rosette. Aus dieser können im zweiten Jahr mehrere **Stengel** austreiben. Diese erreichen Wuchshöhen von 90 bis 200 cm. Der **Stengel** ist rund, fein gerillt, markerfüllt und je nach Standraum mehr oder weniger verästelt. Die **Laubblätter** sind im Umriß länglich eiförmig bis dreieckig, 3 bis 4fach gefiedert und zerteilt. Die unteren Blätter sind gestielt, die oberen aufsitzend. Die großen **Blattscheiden** sind 3 bis 6 cm lang und schmal, nach oben etwas erweitert und vorgezogen mit dünnlappigem Ende. Die **Blütendolden** erreichen eine Größe bis 15 cm im Durchmesser, mit bis zu 25 ungleich langen Verzweigungen (Strahlen). Die **Einzelblüten** sind klein; **Hüllblätter** fehlen; die **Kronenblätter**, breit, rundoval, 0,75 bis 1,0 mm lang, eingerollt, grüngelb gefärbt. Die Blüte ist zwittrig mit 5 nach innen gebogenen Antheren und einem kurzen dicken **Griffel** mit warzenförmiger Narbe. Die

Doldengewächse

Früchte sind 3,5 bis 6,9 mm lang, 1,5 bis 2,0 mm breit und 1,0 mm dick. Sie zerfallen leicht in die langovalen, walzenförmigen Teilfrüchte mit fünf auf einer Seite abgeflachten, teilweise leicht bananenförmig stumpfkantigen Längsrippen. Das **Tausendkorngewicht** beträgt 3 bis 7 g.
Die Früchte enthalten: 10 bis 12 % fettes Öl, 2 bis 6 % ätherisches Öl, 4 bis 5 % Zucker, 19 bis 20 % N-freie Extraktstoffe und 16 bis 18 % Rohprotein sowie 8 bis 10 % Asche. Das ätherische Öl besteht zu 50 bis 60 % aus »Anethol«, weiter sind enthalten »Methylchavicol«, verschiedene »Terpene« und »Campher« sowie »Fenchon« (C_{10} $H_{10}O$). Das ätherische Öl kann, wie schon bei Kümmel und Anis ausgeführt, durch Wasserdampfdestillation gewonnen werden. Die 8 bis 12 % fettes Öl enthalten 55 bis 65 % Petroselinsäure (C $18{:}1^{6}$), 20 bis 24 % Ölsäure (C $18{:}1^{9}$), 13 bis 15 % Linolsäure (C 18:2) und 1 bis 5 % Palmitinsäure (C 16:0) (s. Tab. 1). Die verschiedenen Varietäten, Herkünfte und Landsorten variieren stark in der chemischen Zusammensetzung der Fenchelfrüchte. An Früchten können von den heute verbreiteten »Sorten« 8 bis 20 dt/ha geerntet werden.

Geschichte und Verbreitung

Der Fenchel stammt aus dem Mittelmeerraum. Hier ist er noch heute als Wild- und Kulturpflanze zu finden. Aus den mediteranen Gebieten ist die schon früh gesammelte Gewürz- und Heilpflanze bis nach Westindien, China, Japan, Neuseeland, Süd- und Nordamerika, Abessinien, Süd-Afrika, Mittel- und Westeuropa verschleppt worden. Überall auf der Welt wird Fenchel angebaut und ist auf trockenen, wärmeren Standorten verwildert zu finden, so auch in Mitteleuropa bis auf 1700 m über NN.
Schon im frühen Altertum war Fenchel als Gewürz-, Heil- und Gemüsepflanze bekannt

und geschätzt. Alle antiken Schriftsteller berichten über ihn. Auch die alten Ägypter, Araber, Chinesen und Inder nutzten und kultivierten den Fenchel, wie viele Hinweise im alten Schrifttum belegen.

Im frühen Mittelalter wurde Fenchel durch die Klöster nach Mitteleuropa gebracht. Auch hier wurde er bald in allen Kloster-, aber auch Bauerngärten angebaut, von wo er, teilweise in die Flur geschleppt, verwilderte. Er spielte seit dieser Zeit in der Heilkunde, in der Küche und im Brauchtum eine wichtige Rolle. Mit der Ausdehnung der Pharmazie entwickelte sich im 19. Jahrhundert auch ein großflächiger Feldanbau in Europa: in Holland, Frankreich, Österreich-Ungarn, Rumänien, Italien, Griechenland und Rußland (seit 1908 auch in Amerika). In Mitteleuropa wurde Fenchel in Sachsen, Thüringen, in Ostpreußen und in Unterfranken im Feld kultiviert. Dieser Anbau ist nach dem 2. Weltkrieg völlig verschwunden. Die Importe kommen heute aus Rußland, den Balkanländern und Ost-Asien.

Nutzung und weitere Entwicklung

Die Hauptnutzung lag und liegt auch heute noch in der Verwendung der reifen Früchte und selten der Wurzeln als **Heilmittel**. Der Pharma-Wirkstoff des Fenchel ist das ätherische Öl, das bis zu 6 % der Trockensubstanz in den Früchten enthalten ist, und besonders das hierin zu 50 bis 60 % vorhandene »Anethol«. Es ist deshalb dem »Anisöl« ähnlich. In der Medizin wird es verwendet: als Hustenmittel in Säften und Bonbons, als Beruhigungsmittel und gegen Blähungen. Oft findet eine Mischung aus Fenchel, Anis und Kümmel Anwendung.
Schon der Leibarzt Kaiser Ferdinands I., MATHIOLUS, veröffentlichte 1563 in Prag eine Abhandlung: »Natur und Kraft und Würckung des Fenchels«. Hierin steht: »Fenchel hilft bei Magenverstimmung, Blähungen, Appetitlosigkeit, Verschleimung, Menstruationsbeschwerden, Augenentzündungen, Gallen- und Leberleiden, mangelhafte Milchsekretion, nervöse Unruhe, Geschwüren und entzündeten Brüsten.« Pfarrer KNEIPP empfielt Fencheltee bei Husten, Lungenleiden, als krampflösendes Mittel bei Asthma und Keuchhusten.
Fenchel als **Gewürz** wird wie Anis und oft mit diesem zusammen in der Küche eingesetzt: im Gebäck, zu eingemachten oder getrockneten Früchten, zum Kraut, zu Kä-

se, zu Reis u. v. m. Fenchel im Branntwein ist als »Absinth« und »Sambuco« bekannt. Die Fenchelpflanze kann als **Gemüse** zubereitet werden: eingelegt in Salz und Essigwasser, wie Gurken; die Blätter gekocht als Beilage z. B. zu Fisch (Aal).

Als **Gemüse** wird, verstärkt in neuerer Zeit auch in Mittel- und West-Europa, die var. *azoricum* = Gemüse- oder Zwiebelfenchel, auch italienischer Fenchel genannt, angebaut. Bei dieser Varietät sind die jungen Blattsprosse verdickt und stehen wie bei einer Zwiebel schuppenförmig übereinander. Sie sind zart, süßlich mild schmeckend und ergeben gedünstet ein wohlschmeckendes Gemüse.

Zur var. *dulce* gehören die Formen, deren Früchte heute als Gewürz und als Arzenei sowie zur Gewinnung des ätherischen Öles angebaut und genutzt werden. Diese eignen sich auch zur Gewinnung des fetten Öles für die Oleochemie, wie bei Kümmel und Anis. Wie schon bei den beiden zuletzt genannten Arten betont, müssen hierzu noch Verbesserungen durch intensive züchterische Bearbeitung erfolgen: Lagerfestigkeit, Resistenz gegen Rost, Winterfestigkeit, zwei- bis einjährige Typen, hoher Fruchtertrag, fester Fruchtsitz und hoher Gehalt an ätherischem und fettem Öl mit hohen Wirkstoffanteilen (Anethol und Petroselinsäure). Mit einer Doppelnutzung von ätherischem und fettem Öl kann eine höhere Wirtschaftlichkeit erzielt werden, auch wenn die Fruchterträge nicht sonderlich hoch sind.

Bildlegenden (von links)

1 Teilbestand des Fenchel in Blüte.
2 Die Blütendolden sind bis 15 cm groß mit grüngelb gefärbten Kronenblättern.
3 Die zahlreichen (bis 25) Doldenverzweigungen sind ungleich lang.
4 Die Laubblätter mit großen Blattscheiden sind 3- bis 4fach gefiedert und stark zerteilt.
5 Die Fenchelfrüchte zerfallen leicht in langovale, walzenförmige Teilfrüchte.

Literatur

BECKER-DILLINGEN, J., 1929: Fenchel (*Foeniculum vulgare* L.). In: Handbuch des gesamten Gemüsebaues. 2. Aufl., 671–674. Verlag Paul Parey, Berlin.

HEEGER, E. F. & K. BRÜCKNER, 1950: Fenchel (*Foeniculum vulgare* L.). In: Heil- und Gewürzpflanzen. Arbeiten des Sortenamtes für Nutzpflanzen, Bd. 1, 57–59. Deutscher Bauern Verlag, Berlin.

HEGI, G., 1926: *Foeniculum* Miller. In: Illustrierte Flora von Mitteleuropa. Bd. V/2, 1284–1289. Verlag Lehmanns, München.

SCHAUENBERG, P. & F. PARIS, 1975: Pflanzen mit ätherischen Ölen und Harzen. In: Heilpflanzen. 2. Auflage, 182–210 (298). BLV-Verlagsgesellschaft, München.

Koriander
(*Coriandrum sativum* L.)

Biologie
Die Gattung *Coriandrum* umfaßt 2 Arten, die im östlichen Mittelmeerraum beheimatet sind. Von diesen ist lediglich *C. sativum* als Kulturpflanze geeignet.
Koriander ist eine einjährige Pflanze von feinstengeligem Wuchs. Dementsprechend ist auch die **Wurzel** dünn, spindelförmig, wenig verzweigt. Der kahle **Stengel** ist aufrecht 30 bis 80 cm hoch, rund mit feinen Rillen, wenig beblattet, im oberen Teil ästig verzweigt. Die hellgrünen **Laubblätter** sind verschieden, wobei die Fiederung von unten nach oben zunimmt, so daß die oberen Blätter aus dünnen Fiederchen bestehen. Die unteren Blätter sind langgestielt mit rundlichen Fiederblättchen; die oberen, feingliedrig geschlitzten Blätter sitzen mit der Blattscheide auf. Die ganze Pflanze riecht unangenehm nach Wanzen; deshalb auch Bezeichnungen wie Wanzenkraut u. a. Die **Blüten** stehen in Doppeldolden, zu je 3 bis 6 kleineren, langgestielten Dolden mit Hüllblättchen. Die Hüllblätter der Einzelblüten fehlen. Die **Kronblätter** der äußeren Blüten sind zungenförmig vergrößert. Die inneren kleinen, wenig gerundeten Blütenblätter sind symmetrisch angeordnet. Antheren, Griffel und Narbe sind wie bei den vorher beschriebenen Umbelliferen ausgebildet. Auch bei Koriander ist Protandrie (Vormännlichkeit) der Einzelblütchen gegeben, so daß die Fremdbefruchtung begünstigt wird. Die **Frucht** zerfällt weniger häufig in die beiden Teilfrüchte. Sie ist rundoval bis kugelförmig, im frischen Zustand glatt, getrocknet mit 10 bis 12 meridianen Rippen, beigefarbig bis bräunlich grau gefärbt; die Größe der Früchte variiert stark.

Nach der Fruchtgröße werden zwei Formen unterschieden:
var. *vulgare* Abf. = Frucht 3,5 bis 4,5 mm im Durchmesser, Tausendkorngewicht = 17 bis 19 g; Südländische Herkünfte.
var. *microcarpum* DC = Frucht im Durchmesser 3,0 bis 3,5 mm; Tausendkorngewicht = 9 bis 10 g; Deutsche Herkünfte.
Die Frucht enthält: 11 bis 12 % Rohprotein, 18 bis 22 % fettes Öl, 0,2 bis 0,8 % ätherisches Öl, 1 bis 2 % Zucker, 10 bis 12 % Stärke, 11 bis 13 % N-freie Extraktstoffe, 26 bis 30 % Rohfaser und 4 bis 6 % Asche. Das **ätherische Öl** besteht hauptsächlich (60 bis 70 %) aus Linalool (= Coriandrol), etwa 20 % Kohlenwasserstoffe, wie Pinen, Cymen und Terpene und einige andere. Es wird durch Wasserdampfdestillation als schwach gelbe Flüssigkeit gewonnen. Das **fette Öl** enthält 50 bis 70 % der von der Oleochemie geschätzten Petroselinsäure (cis-6-octadecensäure = C 18:1^{6}), 25 bis 30 % Ölsäure (C 18:1^{9}), 6 bis 8 % Linolsäure (C 18:2) und 6 bis 10 % Palmitinsäure (C 16:0) (s. Tab. 1).

Die Erträge an lufttrockenen reifen Früchten liegen bei 10 bis 20 dt/ha.

Geschichte und Verbreitung

Koriander ist, wie die anderen Gewürz- und Heilpflanzen aus der Familie der Umbelliferen, eine alte Kulturpflanze. Ihre Heimat liegt wahrscheinlich am östlichen Mittelmeer und in Vorderasien. Einige Autoren nehmen an, daß *Coriandrum* aus Ägypten und Nordafrika stammt, was von anderen wiederum bezweifelt wird, obwohl Korianderfrüchte in altägyptischen Gräbern gefunden wurden.
Koriander wird erwähnt und als Gewürz- und Heilpflanze beschrieben: in alten Papyri und hieroglyphischen Aufzeichnungen, im Alten Testament, in den Sanskritschriften, von THEOPHRAST (4. Jahrhundert v. Chr.) und späteren griechischen Schriftstellern, von den Römern im 1. Jahrhundert n. Chr. Nach Mitteleuropa ist er wahrscheinlich schon durch die Römer gekommen. LUDWIG DER FROMME (795), KARL DER GROSSE (812), die Mönche von St. Gallen (820) nennen *Coriandrum* als Gewürz- und Heilpflanze. Danach scheint er in Mitteleuropa in Vergessenheit geraten zu sein, da Koriander weder bei der heiligen HILDEGARD (12. Jahrhundert) noch bei ALBERTUS MAGNUS erwähnt wird. Erst Ende des 14. Jahrhunderts taucht er in Danzig in einer Gewürzliste wieder auf. Im 16. Jahrhundert wird er in allen Arzneibüchern genannt und in vielen Hausgärten kultiviert.

In der Neuzeit wird Koriander in Weißrußland, Ungarn, Mähren, in Frankreich in der Touraine, in Nord-Italien, aber auch in Vorderindien, China und Japan sowie in Nordamerika als Gewürzpflanze feldmäßig angebaut. Durch das leichte Abfallen der Früchte bei Reife ist die Pflanze in all diesen Gebieten, selbst in Südamerika, verwildert an Wegrändern, auf Brachflächen, als Unkraut in den verschiedensten Kulturen anzutreffen. In Mitteleuropa war bis zum 2. Weltkrieg ein begrenzter Feldanbau als Gewürzpflanze in Thüringen auf den Muschelkalkböden zu finden. Der derzeitige Bedarf ist

stark zurückgegangen und wird meist aus Importen aus Ostasien gedeckt.

Nutzung und weitere Entwicklung

Im Altertum und im Mittelalter war Koriander eine vielangewendete **Heilpflanze**. Das Kraut wurde gegen Entzündungen und Geschwüre benutzt. Die Früchte wurden gegen Blähungen und Magenerkrankungen, bei Durchfall u. a. m. gegessen. Heute finden die Korianderfrüchte und das ätherische Öl als Appetitanreger, sonst meist in Gemischen mit Kümmel, Anis und Fenchel als Tee zur Blutreinigung, zur Linderung von Magen- und Gallenbeschwerden, bei Husten und Erkrankungen der Atemwege sowie äußerlich bei Rheuma und Gelenkschmerzen Anwendung.

Das ätherische Öl wird weiter zum Parfümieren in der Seifenfabrikation und zur Herstellung von Maiglöckchenparfüm benutzt.

Aber auch als **Gewürz** wurde Koriander schon bei den Ägyptern, Griechen und Römern verwendet und dabei die günstige Wirkung auf die Verdauung genutzt. Auch heute noch sind die Korianderfrüchte ganz oder gemahlen Bestandteil von Gewürzmischungen mit Kümmel, Curry, Paprika u. ä. sowie mit Fenchel, Anis, Ingwer u. a. Mit Koriander können gewürzt werden: Kohl- und Krautgerichte, Rote Beete, Kürbis, Gurken usw. sowie Liköre, Weißbiere und Tabak. Auch im Brot und in anderen Gebäcken, wie Lebkuchen, Printen, vielfach wieder zusammen mit Kümmel, Anis und Fenchel, werden Korianderfrüchte als Gewürz verwendet.

Nun ist in den letzten Jahren das fette Öl des Koriander, das aus den Rückständen der Wasserdampfdestillation der ätherischen Öle gewonnen werden kann, in den Vordergrund des Interesses zur Erzeugung von »nachwachsenden Rohstoffen« gerückt. Seit 1983 laufen in Göttingen, in Zusammenarbeit mit einer Pflanzenzuchtfirma, Anbauversuche und Untersuchungen zur züchterischen Verbesserung dieser zwar alten, jedoch auf dem Stand der Gartenkultur und von Landsorten stehenden Pflanze. Es sind, wie auch bei den anderen Umbelliferen, einige wichtige Eigenschaften zu verbessern, um Koriander zu einer Kulturpflanze für einen wirtschaftlichen Feldanbau zu machen: Verbesserung der Standfestigkeit, höhere Vitalität, höhere Fruchterträge, Verringerung des Fruchtschalenanteiles, höherer Gehalt an ätherischem und fettem Öl in den Früchten.

Eine ausreichende Anpassungsfähigkeit besitzt diese Pflanze, das beweist ihre weltweite Verbreitung.

Bildlegenden (von links)

1 Teilbestand in Blüte.
2 Die Kronenblätter der äußeren Blüten sind zungenförmig vergrößert.
3 Die Blüten bilden Doppeldolden aus 3 bis 6 kleineren langgestielten »Strahlen« (Dolden).
4 Fruchtstand von Koriander vor der Reife.
5 Die Frucht ist rundoval bis kugelförmig, sie zerfällt selten in die beiden Teilfrüchte.

Literatur

BECKER DILLINGEN, J., 1929. Der Koriander (*Coriandrum sativum* L.) In: Handbuch des gesamten Pflanzenbaues. 2. Aufl., 663–664, Verlag Paul Parey, Berlin.

HEEGER, E. F. & K. BRÜCKNER, 1950: Koriander (*Coriandrum sativum* L.). In: Heil- und Gewürzpflanzen. Arbeiten des Sortenamtes für Nutzpflanzen Bd. 1, 81–82. Deutscher Bauernverlag, Berlin.

HEGI, G., 1926: *Coriandrum*. In: Illustrierte Flora von Mitteleuropa. Bd. V/2, 1071–1074. Lehmanns Verlag, München.

MEIER zu BEERENTRUP, H., 1989: *Coriandrum sativum* a New Oilcrop for Industrial Uses. XII Eucarpia Congress, Göttingen. Vorträge für Pflanzenzüchtung, 15, 6.

Doldengewächse

Dill
(*Anethum graveolens* L.)

Biologie
Die Gattung *Anethum* umfaßt wie *Foeniculum* nur 2 Arten. Auch sind *Anethum* und *Foeniculum* morphologisch nahestehend, so daß Linné sie zu einer Gattung zusammenschloß. Beide *Anethum*-Arten sind im Mittelmeerraum beheimatet und verbreitet. Die Chromosomenzahl beträgt n = 11.
Anethum graveolens ist eine einjährige Pflanze. Die Art kann in drei sich nicht wesentlich unterscheidbare Formen unterteilt werden:
1. f. *minus* = Wilder oder Acker-Dill.
2. f. *submarginatum* = Sowa-Dill.
3. f. *hortorum* = Garten-Dill.

Die **Wurzel** ist spindelförmig, fein, mit wenig Seitenwurzeln. Der **Stengel** ist aufrecht, 50 bis 120 cm hoch, wenig verästelt, röhrig mit weißen und grünen Längsstreifen, kahl, schwach gerieft, vielfach bläulich bereift. Die ersten gebildeten **Laubblätter** sind büschelig zusammenstehend, gestielt, drei- bis mehrfach fiederteilig, sie haben einen würzigen Geruch und Geschmack (typischer Dill-Geschmack). Die **Stengelblätter** sitzen auf länglichen, etwa 2 cm langen Blattscheiden und sind stark gefiedert. Die Fiederblättchen sind fadenartig dünn bis mittelgrob und hell- bis dunkelgrün gefärbt. Die **Blüten** stehen in 15 bis 20 cm großen vielstrahligen Doppeldolden. Die kleinen **Blütchen** haben keine Hüllblätter; die 5 **Kronblätter** sind dottergelb, gleichförmig, an der Spitze etwas eingerollt. Der **Griffel** ist kurz, aufrecht, zur Reife über das kleine niedrige Griffelpolster zurückgeschlagen. Die 5 **Antheren** sind liegend und nach oben gebogen, sie stäuben meist vor Reife der Narbe (Protandrie), so daß Fremdbefruchtung vorherrscht. Bienen und Schwebfliegen sowie Hummeln und andere Insekten übertragen meist den Pollen.
Die **Früchte** sind eiförmig bis oval, abgeflacht, mit gelblichem Flügelrand, gelbbraun bis dunkelbraun gefärbt, etwa 3 bis 4 mm lang, 2 bis 2,5 mm breit. Sie zerfallen leicht

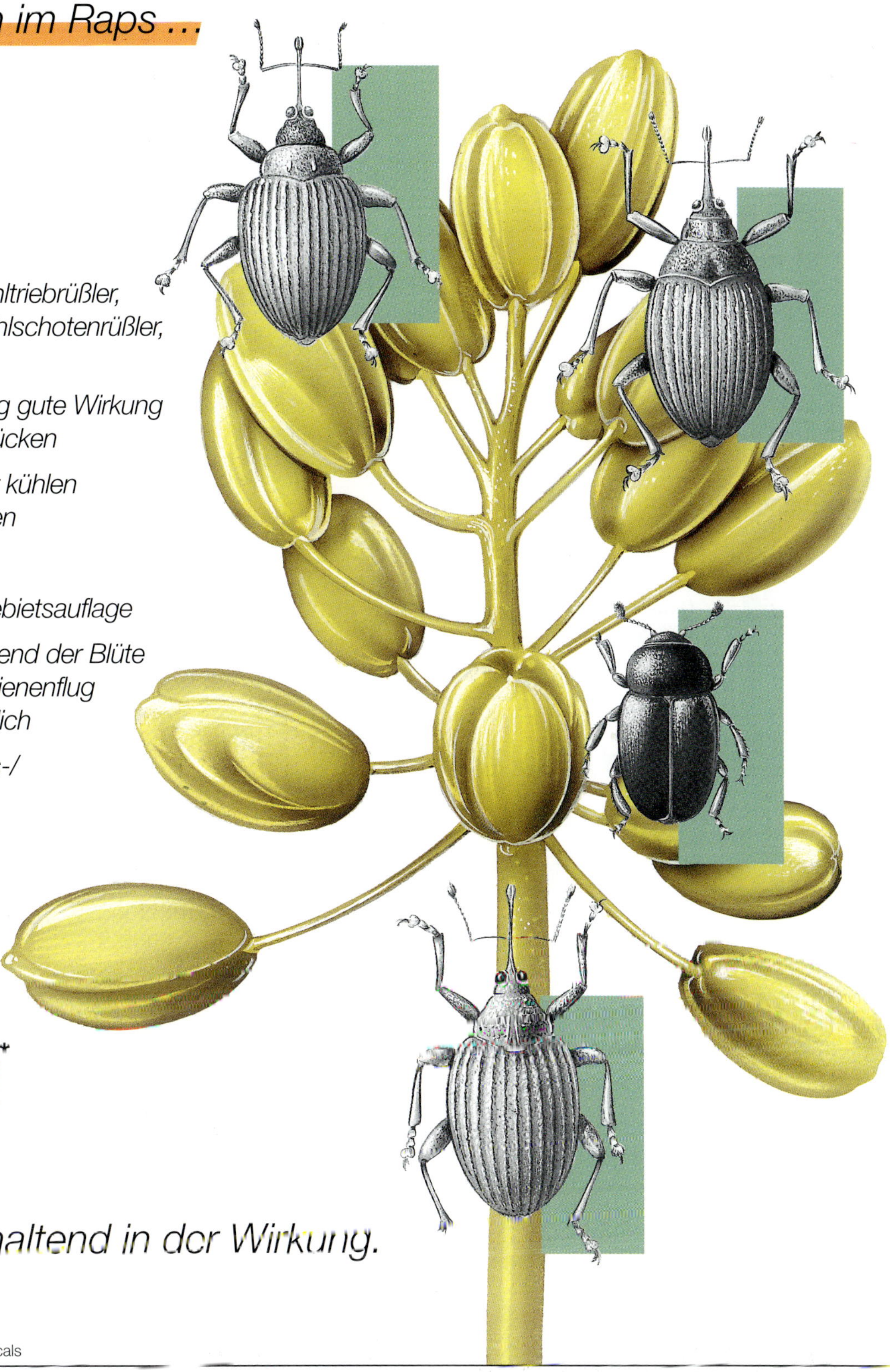

in die beiden Teilfrüchte; diese sind abgeflacht, halblinsenförmig. Das **Tausendkorngewicht** schwankt zwischen 0,9 bis 2,0 g.
Die Teilfrüchte enthalten: 16 bis 20 % fettes Öl, 14 bis 16 % Roheiweiß, 2 bis 4 % ätherisches Öl. Dieses besteht zu 40 bis 60 % aus Carvon, weiter Limonen, Phellandren und anderen Terpenen sowie etwas Paraffin. Im Kraut sind 0,5 % ätherisches Öl enthalten.
Das fette Öl besteht zu 78 bis 80 % aus Petroselinsäure (C 18:1[6]), 6 bis 10 % Ölsäure (C 18:1[9]), 5 bis 9 % Linolsäure (C 18:2) und 2 bis 5 % gesättigte Fettsäuren (Palmitin- und Stearinsäure). Es ist also, wie die bisher besprochenen Umbelliferen-Öle, besonders interessant für die Oleo-Chemie zur Herstellung von Laurinsäure (C 12:0).
Der Ertrag an Teilfrüchten kann in Mitteleuropa 6 bis 16 dt/ha betragen.

Geschichte und Verbreitung
Der Dill stammt aus dem Orient: Persien und Ost-Indien. Einige Autoren suchen die Heimat im Kaukasus oder in Ägypten. Heute ist *Anethum graveolens* im ganzen Mittelmeergebiet, in großen Teilen von Europa, in Abessinien in Südafrika, West-Indien sowie in Nord- und Süd-Amerika (Chile und Paraguay) angebaut und verwildert zu finden.
Der Dill ist, wie Fenchel, eine uralte Gewürz- und Heilpflanze. Die Griechen und Römer nutzten Dill in der Küche und schätzten seine Heilwirkung. Sie wußten, daß ein Abkochen der Früchte die Milchabsonderung fördert, Blähungen und Leibschmerzen vertreibt, harntreibend wirkt, aber bei zuviel Genuß die Sehkraft mindert. Auch die Juden bauten in Palästina Dill an, wie dem Neuen Testament zu entnehmen ist (Matthäus 23): »Wehe euch, ihr Schriftgelehrten und Pharisäer, ihr Heuchler, daß ihr die Minze und den Dill und den Kümmel verzehntet.«

Wahrscheinlich haben die Römer den Dill nach Mitteleuropa gebracht. Hier erscheint die Pflanze in den Capitularen und Kräuterbüchern des 8. bis 12. Jahrhunderts mit Hinweisen auf ihren Gebrauch als Heilpflanze und Gewürz. Der Dill war bis zur Neuzeit eine Gartenpflanze, die kaum in größeren Flächen angebaut wurde, lediglich, um Saatgut für den Samenhandel zu gewinnen. In Hausgärten vermehrt sich Dill infolge des leichten Fruchtausfalls durch Selbstaussaat.

Doldengewächse

Nutzung und weitere Entwicklung
Wie schon mehrfach erwähnt, werden beim Dill, wie bei den anderen hier genannten Doldenblütlern, hauptsächlich die Früchte (Teilfrüchte) und das aus ihnen durch Wasserdampfdestillation oder durch Alkoholextraktion gewonnene ätherische Öl in der Medizin angewendet, meist zur Behebung oder Milderung von Magen- und Darmverstimmungen sowie zur Appetitanregung, deshalb ist er auch Bestandteil von Magenschnäpsen und Likören.
Als Gewürz werden seltener die Früchte, jedoch sehr vielfältig das frische oder getrocknete junge Laub verwendet: für Blattsalate, Gurkengewürz, zu Soßen, zu Fischgerichten, zu Käse u. a. m.

Der Nutzung entsprechend, gibt es in der Dillzüchtung zwei Richtungen: 1. **Blätterdill** mit stark würzigen Pflanzen, aufrechtem Wuchs und hohem Blattanteil. 2. **Körnerdill** mit aufrechten, lagerfesten Pflanzen und festem Kornsitz sowie hohen Wertstoffgehalten der Früchte.

Für eine zukünftige Nutzung des Dills als »nachwachsender Rohstoff« müssen zu den schon unter 2. genannten Zuchtzielen noch höhere Kornerträge und höhere Gehalte an fettem Öl hinzukommen.

Bildlegenden (von links)
1 Teilbestand von Dill in Blüte.
2 Die Blüten stehen in vielstrahligen Doppeldolden. Sie sind klein und besitzen 5 dottergelbe Kronenblätter.
3 Dolde nach der Befruchtung.
4 Fruchtstand mit reifen Früchten.
5 Die Früchte zerfallen leicht in die beiden Teilfrüchte. Diese sind auf einer Seite abgeflacht, gelbbraun bis dunkelbraun gefärbt.

Literatur

BECKER-DILLINGEN, J., 1929: Der Dill (*Anethum graveolens* L.). In: Handbuch des gesamten Gemüsebaues. 2. Aufl., 676–678. Verlag Paul Parey, Berlin.
HEEGER, E. F. & K. BRÜCKNER, 1950: Dill (*Anethum graveolens* L.) In: Heil- und Gewürzpflanzen. Arbeiten des Sortenamtes für Nutzpflanzen Bd. 1, 46–47. Deutscher Bauern Verlag, Berlin.
HEGI, G., 1926: *Anethum* L. em. Miller. In: Illustrierte Flora von Mitteleuropa, Bd. V/2, 1290–1294. Verlag Lehmanns, München.

Petersilie
(*Petroselinum crispum* (Mill.) Nym.
= *Petroselinum hortense* Hoffm.)

Biologie
Die Gattung *Petroselinum* Hill hat 4 in Mitteleuropa und im Mittelmeergebiet vorkommende Arten, von denen weit verbreitet sind:

A. spec. *Petroselinum segetum* (L.) Koch = Acker-Petersilie in Südwest-Europa heimisch; einjährig oder einjährig überwinternd.

B. spec. *Petroselinum hortense* Hoffm. (= *P. crispum* (Mill.) Nym.)

a) var. *foliosum* (Alef.) Thellung = Blattpetersilie
   1. f. *sylvestre* Alef. = Wildpetersilie
   2. f. *vulgare* (Noisette) Alef. = Glattblättrige Petersilie
   3. f. *crispum* (Miller) Fiori et Paoletti = Krause Petersilie
   4. f. *tenuisectum* Thellung = Feinblättrige Petersilie
   5. f. *variegatum* (Noisette) Alef. = Weißbunte Zierpetersilie
b) var. *tuberosum* (Bernh.) Thellung = Wurzelpetersilie
   1. f. *breve* Alef. = Kurze Wurzelpetersilie
   2. f. *longum* Alef. = Lange Wurzelpetersilie

Die Zahl der Chromosomen ist n = 11. Es sollen fruchtbare Bastardierungen mit Sellerie (*Apium graveolens* L.) gelungen sein.
Diese systematische Einteilung zeigt die ganze Vielförmigkeit im Habitus und die dementsprechende Nutzungsmöglichkeit von Petersilie.
Die Gartenpetersilie ist zwei- bis mehrjährig. Die Blüte und Fruchtbildung erfolgt im

Doldengewächse

2. Jahr, danach kann die Pflanze in weiteren Jahren blühen und fruchten.
Die **Wurzel** ist eine tiefgehende, spindelförmige, mehr oder weniger verzweigte Pfahlwurzel, die bei var. *foliosum* dünn und hart und bei var. *tuberosum* keilförmig, fleischig verdickt, wie bei der Möhre, ist. Der **Sproß** erscheint im 2. Jahr, meist mehrstengelig. Der **Stengel** ist rund, schmal gerillt, vielfach hohl, 30 bis 120 cm hoch, von der Mitte an lang verzweigt.
Bei den **Laubblättern** werden drei Hauptformen unterschieden; siehe Systematik unter var. *foliosum*: forma 1., 2. und 3. = glattblättrige-, krause- und feinblättrige Petersilie. Die Blattform ist im Umriß dreieckig, mehrfach dreizähnig zerschnitten bis fiederförmig, dunkelgrün, glänzend. Grund- und untere Stengelblätter sind gestielt; die oberen Blätter sitzen auf der breiten, hautrandigen Scheide. Es kommt recht häufig zu Heterophilie (Verschiedenblättrigkeit). Die 10 bis 20 strahligen, endständigen **Blüten-Dolden** sind lang gestielt. Es werden 1 bis 3 lanzettliche und hautrandige **Hüllblätter** ausgebildet. Die **Einzelblüten** sind zwittrig oder männlich; es herrscht Protandrie, d. h., die Antheren stäuben, bevor die Narbe empfangen kann. Die **Kronblätter** sind klein, etwa 0,7 mm lang und grüngelb gefärbt.
Die ganze **Frucht** ist breit eiförmig bis herzförmig, mit dünnen Längsrippen, graubraun, etwa 2,5 bis 3,0 mm lang und 2 mm dick. Die **Teilfrüchte** sind innen flach mit stark gebogenem Rücken.
Die Früchte enthalten: 2 bis 6 % ätherisches Öl mit dem Hauptbestandteil »Apiol« und 20 bis 24 % fettes Öl mit 68 bis 72 % Petroselinsäure (C 18:1^{6}), 16 bis 20 % Linolsäure (C 18:2), 8 bis 10 % Ölsäure (C 18:1) und 4 bis 8 % gesättigte (C 16:0 und C 18:0) Fettsäuren. Weiter ist das Glykosid »Apiin« und saures Kaliummalat in den Früchten zu finden. Das **Tausendkorngewicht** der Teilfrüchte beträgt 1,2 bis 1,8 g.
Auch in der Wurzel sind etwa 0,05 bis 0,08 % ätherische Öle neben Zucker und Schleimstoffen enthalten. Das ätherische Öl (Petersilienöl) enthält hauptsächlich: Petersilienkampfer, Apiol, Myristicin- und Phenoläther. Die Stengel und Blätter sind reich an Vitamin C und Provitamin A sowie an B_1, B_2 und Nikotinsäure.

Geschichte und Verbreitung

Im ganzen Mittelmeergebiet ist die Petersi-

lie wild zu finden, sie wächst in steinigem Gelände, in der Nähe von Wasser. Verwildert kommt die Pflanze heute in ganz Europa vor, bis Island, Norwegen und Grönland. Aber auch nach Nord- und Süd-Amerika, Süd-Afrika, Indien, Japan, Australien und Neuseeland wurde sie gebracht und ist dort vielfach verwildert.
Die Petersilie war bereits im Altertum eine geschätzte Heilpflanze, wobei nicht immer klar zu unterscheiden ist, ob es sich in den alten Berichten um Petersilie oder Sellerie (*Apium graveolens* L.) handelt. Nach Europa kam sie sicher durch die Römer. Sie hat sich danach über die Klostergärten in ganz Europa verbreitet und ist aus den Gärten teilweise verwildert, wie auch die anderen Küchen- und Heilkräuter aus der Familie der Doldengewächse.
Petersilie wird in allen Heil- und Kräuterbüchern von KARL DEM GROSSEN, LUDWIG DEM FROMMEN, der HEILIGEN HILDEGARD VON BINGEN, von ALBERTUS MAGNUS, BRUNFELS, BOCK, CORDUS und von vielen weiteren aufgeführt und als Heil- und Küchenkraut hoch gelobt.
Zu einem feldmäßigen Großanbau ist Petersilie jedoch nur vereinzelt gekommen, z. B. für Konservenfabriken. Etwas größere Flächen dienten im 20. Jahrhundert der Saatguterzeugung, dabei konnten Kornerträge von 6 bis 12 dt/ha erzielt werden.

Nutzung und weitere Entwicklung

Wie schon erwähnt, war Petersilie zuerst ein Heilkraut, das schon in der Medizin des Altertums angewendet wurde. Dabei waren Kraut, Wurzeln, Früchte und das Öl offizinell. Hauptanwendungsgebiete lagen und liegen auch heute noch in der Volksheilkunde. Sie wird eingesetzt gegen Magenerkrankungen, zur Entwässerung, bei Husten und Asthma, bei Gelbsucht u. a. m. Aus Stengel und Blättern, der Wurzel und den Früchten werden Tees oder frischer Saft hergestellt und verabreicht, der zur Reinigung der Leber und Nieren dient.
Heute liegt die Hauptanwendung der jungen Blätter als Gewürz zu Fleisch, Salaten, zu Kartoffeln, Soßen, als Verzierung zu kalten Platten u. a. m. Auch können die Blätter und jungen Stengel, als Gemüse zubereitet oder gebacken, gegessen werden. In neuerer Zeit ist die **Wurzelpetersilie** wieder verstärkt in die »Vollwertkost« aufgenommen worden. Es werden Gemüse und Salate daraus hergestellt.
Für die Nutzung von Petersilie als »nachwachsender Rohstoff« zur Gewinnung von fettem Öl mit hohen Petroselinsäure-Anteilen gilt das schon bei den übrigen Umbelliferen mit hohen C 18:1^{6}-Gehalten gesagte: Es muß vorerst eine intensive züchterische Bearbeitung zur Ertragssteigerung und Qualitätserhöhung erfolgen.
Petroselinsäure enthalten auch die Früchte vom wilden **Sellerie** (*Apium graveolens* L.) mit 12 bis 16 % fettem Öl, das zu 50 bis 52 % aus C 18:1^{6}, 24 bis 26 % C 18:1^{9} und 20 % C 18:2 besteht.
Ebenso beinhalten die Teilfrüchte der **Möhre** (*Daucus carota* L.) 16 bis 18 % fettes Öl mit 56 bis 60 % Petroselinsäure, 12 bis 16 % Ölsäure und 22 bis 24 % Linolsäure.

Doldengewächse

Eine weitere Pflanze aus der Familie der *Umbelliferae* mit einem Ölgehalt von etwa 28 % ist die ebenfalls als Gewürzkraut genutzte **Bibernelle** (*Pimpinella sanguisorba* L.). Die Frucht ist 3 bis 5 mm lang, 2 bis 4 mm breit, gelblich bis hellbraun, kantig, leicht geflügelt, mit rauher Oberfläche. Das Tausendkorngewicht beträgt 7 bis 8 g.

Auch aus der **Familie der** *Solanaceae* sind einige Heilpflanzen mit recht beachtlichen Gehalten an fettem Öl zu nennen:

Stechapfel (*Datura stramonium* L.). Der Samen enthält neben 0,33 % des Alkaloids »Hyoscyamin« (gegen Asthma wirksam), 17 bis 25 % Öl mit 60 bis 65 % Ölsäure, 10 bis 20 % Linolsäure, 2 bis 3 % Palmitinsäure und 2 bis 3 % Margarinsäure (C 17:0).

Bilsenkraut (*Hyoscyamus alba* L. und *H. niger* L.). Die Pflanzen liefern die in der Pharmazie verwendeten Alkaloide »Atropin« und »Hyoscyamin«. Die Samen enthalten 20 bis 35 % fettes Öl.

Tollkirsche (*Atropa belladonna* L.). Die Samen enthalten 0,86 % »Atropin« und 34 % fettes Öl, das nicht giftig ist und sogar als Speiseöl verwendet werden kann.

Bildlegenden (von links)

1 Teilbestand von *Petroselinum hortense* var. *foliosum* (Blattpetersilie) f. *vulgare* (Glattblättrige Petersilie) in Blüte.
2 *Petroselium hortense* var. *hortense* f. *crispum* (Krause Petersilie) bei Blühbeginn.
3 Die Dolden bestehen aus 10 bis 20 Strahlen; die Einzelblüte ist klein und grüngelb gefärbt.
4 Reifer Fruchtstand.
5 Die breit eiförmigen Doppelfrüchte stehen zu 10 bis 12 auf den zahlreichen »Strahlen«.
6 Die Teilfrüchte sind innen flach mit stark gebogenem Rücken.

Literatur

BECKER-DILLINGEN, J., 1956: Die Gartenpetersilie *Petroselinum crispum* (Mill.) Nym. In: Handbuch des gesamten Gemüsebaues. 6. Auflage, 614–618. Verlag Paul Parey, Berlin.

HACKBARTH, J., 1944: Die Ölpflanzen Mitteleuropas. Wissenschaftliche Verlagsgesellschaft, Stuttgart.

HEGI, G., 1926: *Petroselinum* Hill. In: Illustrierte Flora von Mitteleuropa. Bd. V/2, 1154.1161. Verlag Lehmanns, München.

Bäume und Sträucher

Ölbaum/Olive
(*Olea europaea* L.)

Bäume und Sträucher

Biologie

Die Gattung *Olea* gehört zur Familie der *Oleaceae* und zur Ordnung *Ligustrales*. Die Gattung umfaßt etwa 35 Arten, die meist in Ostindien, Südafrika, Australien und Polynesien verbreitet sind. Einige sind noch bis Nordafrika zu finden, und die Verbreitung von *Oleae europaea* reicht bis Mitteleuropa (Gardasee).

Olea europaea wird in 4 Unterarten unterteilt:

subsp. *europaea* (= *O. sativa* Hoffmgg. et Link) aus dem Mittelmeergebiet, subsp. *sylvestris* (Miller) Rouy (= *O. oleaster* Hoffmgg. et Link) aus dem Mittelmeergebiet, subsp. *laperrirci* (Batt. et Trab.) Cif aus Nordafrika, subsp. *ferruginea* (Royle) Cif. (= *O. euspitata* Wall ex G. Don) aus Asien. Die Zahl der Chromosomen beträgt n = 24.

Der Ölbaum, *Oleae europaea*, ist zunächst ein mittelhoher Strauch, der sich zu 10 bis 20 m hohen Bäumen auswächst. Die Bäume können ein hohes Alter erreichen. Auf der Weltausstellung 1867 in Paris wurde ein 1.000jähriger Olivenbaum gezeigt. 2 bis 4 m kann der Stamm dick werden. Der Baum ist durch sein intensives Wurzelwerk, das sich etwa 12 m in die Breite und 6 m in die Tiefe ausdehnt, anspruchslos, kommt mit wenig Wasser aus und kann deshalb noch auf trokkenen, steinigen Hängen kultiviert werden. Allein durch den Ölbaum werden diese Standorte einer landwirtschaftlichen Nutzung zugeführt.

Im Jugendstadium haben die Sträucher und Bäume eine helle **Rinde**. Die **Zweige** sind teilweise mit Dornen besetzt, rundlich bis etwas kantig. Die immergrünen **Laubblätter** sind lanzettlich bis schmal langoval, sie haben an der Spitze einen kleinen Stachel und sitzen mit einem kurzem Stiel gegenständig am Zweig. Die Blätter sind ganzrandig, ledrig glatt; die Oberseite ist dunkelgrün, die Unterseite durch Sternhaare silbrig. Ihre Lebensdauer beträgt 3 Jahre. Je 10 bis 40 **Blüten** stehen in unterschiedlich großen traubigen Blütenständen in den Blattachseln. Die Einzelblüte besteht aus einem vierzähnigen Kelch, einer vierlappigen, weißen Krone mit kurzer Röhre, 2 Staubblättern, einem oberständigen Fruchtknoten mit 2 Fächern und je 2 Samenanlagen in jedem Fach und einer zweilappigen Narbe. Es besteht vorwiegend Fremdbefruchtung, einzelne Bäume sind männlich steril oder selbststeril.

Die ein-, selten zweisamige **Steinfrucht** ist oval bis rundlich, wie bei der Pflaume mit fleischigem Mesokarp umgeben, 3 bis 8 cm lang, 1 bis 2,5 cm dick, glatt. Die Farbe variiert sortenbedingt von weiß, grün, rötlich, violett bis schwarzblau. Der Kern ist sehr hart, länglich bis leicht keulenförmig, etwas plattgedrückt, gefurcht und runzelig, hellbraun gefärbt. Der Samen, fest in der Steinfrucht sitzend, ist langoval, 9 bis 11 mm lang.

Die **reifen Früchte** enthalten 14 bis 25 % fettes Öl und 5 bis 6 % Rohprotein. Das fette Öl der gesamten Olive besteht aus 60 bis 65 % Ölsäure (C $18:1^{9}$), 7 bis 16 % Palmitoleinsäure (C 16:1), 1 bis 2 % Myrestoleinsäure (C 14:1), 1 bis 3 % Stearinsäure (C 18:0) und 4 bis 15 % Linolsäure

(C 18:2) (s. Tab. 1). Das **Fruchtfleisch** enthält je nach Sorte 23 bis 60 % Rohfett, 6 bis 7 % Rohprotein, 8 bis 10 % Kohlehydrate und 2 bis 3 % Asche. In den **Kernen** sind 10 bis 13 % fettes Öl mit 80 bis 90 % Ölsäure (C 18:1[9]), 8 bis 10 % Palmitoleinsäure (C 16:1), 8 bis 10 % Stearinsäure (C 18:0) und 6 bis 8 % Linolsäure (C 18:2) enthalten.

Das Olivenöl ist reich an Provitamin A und an Tokopherol (Vitamin E).

Die Ernte fällt in die Monate Dezember bis Februar. Sie wird vielfach noch durch Pflükken der Früchte von Hand vorgenommen. Jedoch werden heute die Oliven in zunehmenden Ausmaß mit Geräten abgeschüttelt, auf Tüchern aufgefangen oder von der Erde aufgelesen. Die ganzen Früchte werden zu einem Brei zermahlen, durch zwei Preßvorgänge wird das Speiseöl gewonnen und danach die Preßrückstände zur Gewinnung des restlichen Öles für technische Zwecke extrahiert.

Die Erträge im Mittelmeerraum betragen etwa 400 kg Öl je Hektar. Maximal werden in gutgepflegten Anlagen 12,5 t je ha Oliven geerntet.

Die **Vermehrung** der Olive erfolgt meist durch Stecklinge oder Steckholz, wie beim Wein. Die Anzucht ist problemlos, da die Bewurzelung und Sproßbildung durch zahlreiche Adventiv-Augen ermöglicht wird. Auch das Pfropfen auf Sämlingsunterlagen, wie bei anderen Obstarten, wird häufig angewendet.

Geschichte und Verbreitung

Von den meisten Autoren wird der Oleaster (*Olea oleaster* = *O. europaea* subsp. *sylvestris* Rouy) als Stammform des Olivenbaumes *Olea europaea* subsp. *europaea* (= *O. sativa*) angesehen. Der Oleaster ist heute vielfach als hoher Strauch in den immergrünen Buschwäldern des Mittelmeergebietes zu finden. Als Baum bildet die Wildform dichte Wälder im Gebirge von Algesiras und Mischwälder mit Korkeichen auf Mallorca (Balearen), auf Sardinien und in Algerien sowie in Kleinasien, wo Oleaster bis zu 2.000 m über NN anzutreffen ist.

Der Zeitpunkt der Inkulturnahme und der Umwandlung zur Kulturpflanze ist ungewiß. Nach einzelnen Autoren soll die Kulturform *O. europaea* (= *O. sativa*) im Orient entstanden sein und von dort über Ägypten, Syrien, Kleinasien und Griechenland sich über das ganze Mittelmeergebiet bis Oberitalien und Südfrankreich ausgebreitet haben. Dabei sollen, wie heute noch, vielfach die Kultur- und Wildform nebeneinander gewachsen sein. Wildkerne wurden in neolithischen Schichten in Spanien gefunden sowie ganz ähnliche Typen von Ölbaumkernen in Mykene und im Palast des Knossos auf Kreta. Auch die Sumerer kannten den Ölbaum. Aus Ägypten liegen Berichte über den Ölbaum und seine Nutzung von 3000 v. Chr. vor. Den Mumien wurden Kränze aus Olivenzweigen um die Stirn gelegt. Aus etwas jüngerer Zeit stammen die Hinweise auf den Ölbaum aus Syrien und Palästina. Die Phönizier exportierten bereits Olivenöl zur Zeit Salomons. Nach der Bibel kehrte die Taube aus der Arche Noah mit einem Ölbaumzweig

im Schnabel zurück. So ist der Olivenzweig bis heute ein Symbol des Friedens.
In Griechenland war der Ölbaum schon in der Zeit vor Homer bekannt. In der Ilias finden wir Hinweise auf eine intensive Kultur des Ölbaumes. Nach der Sage entstand der Olivenbaum in Athen aus der Lanze der Pallas Athene. Er war deshalb auch ihr geweiht. Die Vernichtung eines Ölbaumes wurde schwer bestraft.
Die Phönizier und Griechen haben mit ihrer Kolonisation die Ausbreitung des Olivenbaumes im Mittelmeergebiet stark gefördert. Jedoch soll der Ölbaum erst im 7. vorchristlichen Jahrhundert nach Italien (Apulien) gekommen sein. Von dort breitete er sich nach Norden aus, so daß im 1. Jahrhundert v. Chr. eine Blütezeit der Oliven- und -Öl-Produktion in Italien gegeben war. Es wurde Olivenöl bis in die Alpenländer ausgeführt. Zur Zeit der römischen Kaiser war die Olivenkultur im gesamten Mittelmeerraum und besonders in Nordafrika weit verbreitet. Mit der Besiedlung durch die nomadischen Araber ging der Anbau mehr und mehr zurück und kam im 11. bis 13. Jahrhundert ganz zum Erliegen. Im Mittelalter entwickelte sich in bestimmten günstigen Gebieten wieder ein intensiver Olivenanbau, mit dessen Produktion ein vielseitiger Handel mit Olivenöl betrieben wurde.
Nach der Entdeckung der neuen Welt entstanden auch in Amerika Oliven-Pflanzungen, so z. B. in 2.300 m über NN in Mexiko. Nach den amerikanischen Befreiungskriegen wurde der Anbau stark ausgedehnt. Es entwickelte sich im 17. und 18. Jahrhundert ein Olivenanbau in Peru, Chile und in Kalifornien. Später, zu Beginn des 20. Jahrhunderts, folgten auch Anbauversuche im südöstlichen Nordamerika und Argentinien.
Die **Hauptproduktion** von Oliven und Olivenöl liegt jedoch nach wie vor in Europa, wie Tabelle 3 zeigt. Von den 800 Mio. Ölbäumen in der Welt stehen 97 % im Mittelmeergebiet. Die Olivenproduktion in der Welt ist von 1934/38 von 4,6 auf 9,5 Mio. t 1986/88 und in Europa von 3,6 auf 6,9 Mio. t stetig gestiegen. Die Produktion von Olivenöl nahm in der Welt von 1934/38 mit 0,8 auf 1,8 Mio. t 1986/88 und in Europa von 0,7 auf 1,4 Mio. t zu. Dieser Produktionsanstieg ist zu anderen Ölpflanzen, wie Sonnenblumen, Soja, Raps vergleichsweise gering (s. Tab. 3). Die höchsten Produktionen an Olivenöl lagen 1981/82 in Italien (444.000 t), Spanien (410.000 t) und Griechenland (237.000 t). In der Produktion von Speiseoliven liegt Spanien mit 165.000 t und die Türkei mit 122.000 t an der Spitze der Weltproduktion.

Nutzung und Verwertung

Olivenöl wurde schon im Altertum vielseitig genutzt: als Brennöl in den Lampen, zur Schönheitspflege der Haut, als Speiseöl, für sakrale Salbungen und als Heilmittel zur Behandlung von Wunden und Geschwüren. Auch wurden frische Oliven in Salzwasser eingelegt, zur Herstellung von Speisen verwendet.
In heutiger Zeit dient es als Speiseöl und in der Technik als Brenn- und Maschinenöl, zur Herstellung von besonderen Seifen und wegen seines hohen Ölsäureanteiles als Ba-

sisrohstoff für die Oleochemie. Leider ist Olivenöl durch die hohen Arbeitsaufwendungen bei der Ernte dreimal so teuer wie Soja- oder Sonnenblumenöl, deshalb werden andere, billiger erzeugbare Pflanzenöle mit hohem Gehalt an Ölsäure (C 18:1) gesucht, wie z. B. Sonnenblumenöl mit 80 bis 90 % Ölsäure (siehe bei »Sonnenblumen«).

Offizinell wird heute reines Olivenöl als *Oleum olivarum* oder *Oleum olivae* verwendet. Äußerlich angewendet wird es in Salben, Wundpflastern u. ä. Innerlich dient es als ein einhüllendes Mittel bei Magen- und Darmentzündungen, bei Vergiftungen, als mildes Abführmittel und bei Gallenleiden.

Ein hoher Anteil der Olivenproduktion, 160.000 bis 170.000 t in Spanien, 122.000 t in der Türkei, 67.000 t in Griechenland, 74.000 t in Italien und die gesamte Olivenernte in USA = 63.000 t, das sind insgesamt 720.000 t in der Welt, gehen in den **Direktverzehr**: als Salzoliven, in schwachem Essig oder Wein eingelegt und vollreif zu Käse u. a. gegessen. Es gibt spezielle Sorten, die sich besonders für diese Nutzungsrichtung eignen. In Tunesien soll es Tafeloliven geben, die so groß wie Aprikosen sind.

Das **Holz** des Ölbaumes ist hart, braungelb gefärbt, feinfaserig und gut zu polieren. Es eignet sich besonders für Drecgsler- und Tischlerarbeiten. Die alten, bizarren Stämme sind ein ideales Material für Bildhauer. Auch wird aus Abfallholz eine besondere Holzkohle hergestellt. In der Rinde, in den jungen Zweigen und in den Blättern sind eine Vielzahl von Stoffen enthalten, wie Harze, Säuren, fetthaltige Verbindungen, ätherische Öle, Gerbstoffe u. a. m., die teilweise genutzt werden.

Seit längerer Zeit werden in den Hauptanbauländern mit wissenschaftlichen Methoden neue Olivensorten gezüchtet. So gibt es eine große Anzahl von Sorten für die verschiedenen Anbaugebiete mit recht unterschiedlichen Eigenschaften, wie Frostresistenz, Resistenz gegen Olivenfliege, gegen Pilzerkrankungen, besondere Eignung für die Ölgewinnung oder für die Konservierung u. a. m. Sicher können durch die Anwendung neuer Biotechnologien weitere Züchtungserfolge in naher Zukunft erzielt werden.

Bildlegenden (von links)

1 Alter Olivenhain in Süditalien.
2 In Südeuropa wurden vor einigen Jahren viele neue Oliven-Anlagen geschaffen, wie hier in Südspanien.
3 Die Blüten stehen in unterschiedlich großen, traubigen Blütenständen.
4 Je Fruchtknoten sind in 2 Fächern je 2 Samenanlagen angelegt, von denen meist nur eine fruchtet.
5 Die ein-, selten zweisamigen Steinfrüchte sind oval bis rundlich und grün, rötlich, violett bis schwarzblau und weiß gefärbt. Der Kern ist länglich bis leicht keulenförmig und sehr hart.

Literatur

BONNET, J. & P. BONNET, 1964: L'Olivier. Hachette, Paris.

BREDEMANN, G., 1943: Ölbaum. In: SCHMIDT & MARKUS: Handbuch der tropischen und subtropischen Landwirtschaft. Bd. I, 552–561. Verlag Mittler & Sohn, Berlin.

BROUSSE, G., 1989: Ölbaum. In: REHM: Spezieller Pflanzenbau in den Tropen und Subtropen. 2. Auflage, 218–227. Verlag Eugen Ulmer, Stuttgart.

FRANKE, G.,1967: Ölbaum. In: Nutzpflanzen der Tropen und Subtropen, Bd. I, 201–214. Verlag Hirzel, Leipzig.

HEGI, G., 1943: Olea L. (Ölbaum). In: Illustr. Flora von Mitteleuropa Bd. V/3, 1934–1943. Verlag Lehmanns, München.

MORETTINI, A., 1962. Der Ölbaum. In: BALLY: Trop. und Subtrop. Weltwirtschaftspflanzen II. Teil, 20–78. Verlag Enke, Stuttgart.

REBOUR, H., 1971: Olive. In: BLANCKENBURG & CREMER: Handbuch der Landwirtschaft und Ernährung in den Entwicklungsländern, Bd. 2, 320–329. Verlag Eugen Ulmer, Stuttgart.

Bäume und Sträucher

Walnuß
(*Juglans regia* L.)

Biologie

Die Walnuß gehört zur Familie der *Juglandaceae* mit 6 Gattungen und etwa 43 Arten. Diese sind in den wärmeren Teilen der gemäßigten Zone der nördlichen Hemisphäre und in Ostasien zu finden. Alle Arten aus der Familie der *Juglandaceae* haben eßbare Samen und liefern mit ihren dicken Stämmen ein hartes Werk- und Möbelholz.
Die Gattung *Juglans* L. umfaßt 8 Arten:
Juglans regia (Walnuß) in Europa, *J. cinera* (Butternuß) in Amerika, *J. nigra* (Schwarznuß) in Nordamerika und Europa, *J. mandschurica* in Ostasien und auf der Krim, *J. sieboldiana* in Ostasien, *J. cordiformis* in Japan, *J. rupestris* im südlichen Nordamerika, *J. bixbyi* als Pfropfunterlage verwendet.
Juglans regia bildet 10 bis 25 m hohe Bäume mit hellgraubrauner Rinde und breiter, lockerästiger Krone und einem weitreichenden Wurzelwerk. Es gibt Baumriesen bis 130 cm Stammdurchmesser. Die **Laubblätter** sind unpaarig gefiedert mit einem langem Stiel. Die **Fiederblättchen** sind ein- bis fünfpaarig, breit-oval, zugespitzt 5 bis 18 cm lang und 3 bis 5 cm breit, mit glattem Rand, grün und glänzend, in der Jugend mit Drüsenhaaren besetzt. Die Endblättchen messen mit langem Stiel bis 25 cm.
Der Walnußbaum ist **monözisch diklin**, d. h., die beiden Geschlechter stehen getrennt auf einer Pflanze. Auch zwittrige Blüten kommen vor.
Die **männlichen Blüten** sind herabhängende, etwa 10 cm lange, grüne Kätzchen mit zahlreichen Staubblättern, die in den Blattachseln vorjähriger Zweige stehen. Die **weiblichen Blüten** entwickeln sich an den Enden der letztjährigen Zweige. Sie stehen in 2 bis 3 Blütchen locker zusammen. Die Hüllblätter sind klein und mit dem **Fruchtknoten** verwachsen, der eine aufrechte Samenanlage enthält. Der **Griffel** ist kurz mit nach außen gekrümmten Narbenschenkeln. *J. regia* ist ihrem Blütenbau entsprechend

ein Windbestäuber und damit Fremdbefruchter. Die Fremdbefruchtung wird noch weiter durch Protandrie und Protogynie von Baum zu Baum und Blüte zu Blüte wechselnd, begünstigt.

Die kugelige, glatte, grün, später braun gefärbte, einsamige **Steinfrucht** hat eine fleischige äußere Schale und eine härtere, zweiteilige, stark runzlige, gelbbraune innere Fruchtschale, in der 2- oder 4-fächrige, stark zergliederte Samen mit 2- bis 4-lappigen, stark gefaltete, große Keimblätter liegen. Die Größe der Nüsse ist auf einem Baum und vor allem zwischen unterschiedlichen Bäumen (Herkünfte, Rassen, Formen und Sorten) sehr verschieden: durchschnittlich = 38 x 36 mm (18 x 15 bis 50 x 35 mm). Ebenso gibt es große Unterschiede in der Schalendicke: von papierdünn bis 1 bis 2 mm stark.

Bei den meisten heute in Deutschland angebauten Sorten soll eine apomiktische Frucht- und Samenbildung, ohne Befruchtung, möglich sein.

Der **Ölgehalt** der Walnußsamen liegt zwischen 50 und 65 % mit einem Linolsäureanteil von 45 bis 55 % und 16 bis 32 % Ölsäure, 8 bis 12 % gesättigte Fettsäuren sowie 8 bis 10 % α-Linolensäure und 5 bis 7 % γ-Linolensäure (s. Tab. 1). Danach ist das Walnußöl, das einen sehr angenehmen Geschmack hat, ein ernährungsphysiologisch wertvolles Öl, vor allem auch durch den Anteil an γ-Linolensäure.

Weiter enthalten die Samen: 15 bis 20 % Rohprotein, 12 bis 14 % Kohlehydrate sowie Vitamin A, B_1, B_2 und C.

Geschichte und Verbreitung

Die Heimat der Walnuß liegt wahrscheinlich im Orient. In Europa war der Walnußbaum schon in den wärmeren Zwischeneiszeiten verbreitet. Mit dem wiederkehrenden Eis wurde *J. regia* bis nach Vorderasien zurückgedrängt und wanderte später erst wieder langsam bis nach Mitteleuropa. Die Römer brachten den Walnußbaum nach Germanien, und KARL DER GROSSE erließ Anordnungen zu seiner Kultivierung.

Schon im Altertum war die Walnuß ein vielgeschätztes Genuß-Nährmittel. Sie war dem Jupiter geweiht und galt als Fruchtbarkeitssymbol. Die Griechen streuten Walnüsse unter die Gäste, wenn die Braut das Schlafgemach betrat, damit Zeus den Neuvermählten Fruchtbarkeit schenke.

In Europa verbreitete sich der Walnußbaum

in allen Weinbaugebieten. Meist wurde und wird er in kleinen Plantagen, an Straßenrändern oder in Streuobstanlagen kultiviert. 1936 sollen etwa 3 Mio. Bäume im damaligen deutschen Reichsgebiet gestanden haben. Strenge Winter dezimierten immer wieder die in nördlichen Gebieten stehenden Bestände. Größere Anbauflächen sind im Mittelmeergebiet zu finden.
In der Welt werden jährlich 824.000 t Walnüsse erzeugt, davon 205.000 t in den USA, 152.000 t in China, 126.000 t in der Türkei, 70.000 t in Rußland und 45.000 t in Italien.

Nutzung und Verwertung

Angebaut wurde seit alters her der Walnußbaum wegen seiner nahrhaften und wohlschmeckenden **Nüsse**, aus denen man auch ein feines **Speiseöl** durch kaltes Pressen gewinnen kann. Aber auch wegen des feinfaserigen, festen und glatten **Holzes**, das sowohl in der Möbeltischlerei als auch für die Herstellung von Gebrauchsgegenständen, die eine hohe Festigkeit verlangen, wie z. B. für Gewehrschäfte und -kolben, Verwendung findet, wird der Baum kultiviert.
Die Nüsse sind heute ein Hauptbestandteil der »Vollwertkost« in vielerlei Formen und Kombinationen. Sie finden Verwendung in der Konditorei, bei der Pralinenherstellung und mancherlei Süßwaren. Halbreife Nüsse werden zu Mus und zu Nußlikör verarbeitet. Die Rückstände von der Ölpressung geben ein nährstoffreiches, wohlschmeckendes Mehl, das zur Herstellung von Nahrungsmitteln verwendet werden kann. Die **Preßrückstände** enthalten: 32 bis 36 % Rohprotein, 11 bis 13 % Rohfett, 26 bis 28 % Kohlehydrate und 5 bis 8 % Rohfaser.

In der **Pharmazie** werden die Blätter und teilweise die grünen Fruchtschalen als Tee oder Extrakte verwendet. Als Wirkstoffe sind hierin enthalten: das Alkaloid Juglandin, Juglon, Gerbstoffe, 0,3 % Nucit (= Zucker), Nucitansäure, 0,3 % ätherische Öle, Gummistoffe, Flavonoide und Eiweiße. Die Gerbstoffe sind gegen innere und äußere Entzündungen, vornehmlich der Schleimhäute, wirksam; das Juglon heilt Pilzerkrankungen, so eignet sich ein Aufguß von Walnußblättern auch zur Behandlung von Hauterkrankungen u. ä.
Die grünen Nußschalen ergeben Färbe- und Beizmittel von intensiver brauner Farbe. Die harten Nußschalen können als Heizmittel dienen.
Der Walnußbaum wird meist aus Samen gezogen, wobei kräftige, ertragreiche Bäume als Saatgutlieferanten ausgewählt werden. Aber auch das Okulationsverfahren wird häufig angewandt. Hierbei werden robuste, winterharte Arten, wie *J. nigra* als Unterlagen verwendet und darauf ertragreiche Formen okuliert.
Der **Durchschnittsertrag** (geschätzt) eines Baumes soll bei 12,1 kg liegen. Auf günstigen Standorten beträgt der mittlere Ertrag an Nüssen etwa 17,5 kg je Baum. Maximal können von 30 bis 80 Jahre alten Bäumen jährlich etwa 50 kg Nüsse geerntet werden.
Durch verstärkte, planvolle Züchtungsarbeit unter Anwendung der Gewebe- und Zellkultur und durch Nutzung der Heterosis lassen sich sicher Verbesserungen im Ertrag und in der Qualität der Walnüsse erzielen, wie Erfolge in USA zeigen.

Bildlegenden (von links)

1 Alter Walnußbaum in einem Garten, wie er in West- und Mitteleuropa häufig zu finden ist.
2 Bei der Walnuß stehen beide Geschlechter getrennt auf einer Pflanze (monözisch diklin): die weiblichen (oben links) etwas über den männlichen.
3 Die Früchte mit einer glatten grünen, später braunen/schwarzen Fruchtschale stehen häufig paarig zusammen.
4 Die Steinfrucht besteht aus einer zweiteiligen, runzeligen, harten, gelbbraunen inneren Fruchtschale und dem 3- bis 4fächerigen zergliederten Samen mit 2 stark gefalteten Keimblättern.

Literatur

HACKBARTH, J., 1944: Walnuß. In: Die Ölpflanzen Mitteleuropas, 312-317. Wissenschaftliche Verlagsgesellschaft, Stuttgart.
HEGI, G., 1924: *Juglans* L. Walnuß. In: Illustr. Flora von Mitteleuropa, Bd. III, 7–10. Verlag Lehmanns, München.
PAHLOW, M., 1979: Heilpflanzen. Verlag Gräfe & Unzer, München.
SCHNEIDERS, E., 1940: Der neuzeitliche Walnußbau. Verlag Eugen Ulmer, Stuttgart.

Mandelbaum
(*Prunus amygdalus* (Stokes) Batsch. = *P. dulus* (Mill.) D. A. Webb.)

Biologie

Die Gattung *Prunus* gehört zur großen Familie der Rosengewächse (*Rosaceae*) und umfaßt etwa 25 Arten, die über die ganze Welt verbreitet sind. *Prunus amygdalus* ist nahe verwandt mit dem Pfirsich *(Prunus persica* (L.) Sieb et Zucc.) und diesem morphologisch sehr ähnlich. Es werden zwei Varietäten unterschieden: var. *amara* D. Buckheim = Bittermandeln und var. *dulcis* = Süße Mandeln, je mit einer großen Zahl von subvar. und formae, die alle n = 8 Chromosomen haben.

Der Mandelbaum ist ein mittelhoher (meist unter 10 m) Baum oder Strauch mit schwach rötlich gefärbten Zweigen und relativ schwacher Wurzelausbildung.

Die **Laubblätter** sind länglich lanzettlich, zugespitzt, etwa 5 bis 10 cm lang, mit 1,5 bis 2,5 cm langem Stiel und gezähntem Rand, am Grund befinden sich häufig 1 bis 2 Drüsen. Die Farbe ist dunkelgrün, glänzend. Die **Blüten** erscheinen im Frühjahr sehr früh vor den Laubblättern. Sie sitzen zu zweit oder dritt auf kurzen Stielen und bestehen aus einem glockigen, behaarten Kelchbecher mit reichlich Nektar absondernden Drüsen, der aus 4 ovalen **Kelchblättern** besteht; 4 etwa 2 cm langen, verkehrt eiförmigen, aber etwas ausgebuchteten, rosaroten bis weißlichen **Kronblättern** mit dunklen Adern; vier **Staubblättern**, die etwas kürzer als die Krone sind, und einer keulenförmigen Narbe auf einem kurzem Griffel.

Es herrscht Vorweiblichkeit (Protogynie) und innerhalb eines Baumes Selbststerilität, so daß zu einer normalen Befruchtung immer mehrere Bäume zusammengepflanzt werden müssen.

Die **Früchte** reifen erst im Herbst; sie sind eiförmig, etwas zusammengedrückt, 3,5 bis 4,6 cm lang und 2,5 bis 3,5 cm dick, graugrün, filzig-samtig behaart. Das ledrig zähe **Fruchtfleisch** platzt bei voller Reife auf, es

findet keine Verwendung. Meist ist ein, selten zwei Fruchtkerne in einer Frucht enthalten. Die harte, etwas zusammengedrückte **Steinschale** ist deutlich scharf gerandet, außen mit unregelmäßigen Gruben, innen glatt. Die Schalen sind sehr unterschiedlich dick, es werden dünnschalige (Krachmandeln) und dickschalige Rassen bzw. Formen unterschieden.

Der **Samen** ist zimtbraun, abgeplattet, etwa 2 cm lang und 1,2 bis 1,5 cm breit. Die Samen enthalten: 40 bis 60 % fettes Öl mit 68 bis 80 % Ölsäure (C 18:1), 12 bis 22 % Linolsäure und 6 bis 8 % Palmitinsäure (s. Tab. 1); 25 bis 30 % Rohprotein; 7 bis 13 % N-freie Extraktstoffe; 10 % Zucker; 3 bis 4 % Rohfaser; 2 bis 3 % Asche. Weiter sind im Samen zu finden: 2 bis 3 % gummiähnliche Stoffe; 2 bis 4 % Pentosane; das Glykosid Amygdalin; ein Fermentgemisch »Emulsin« (Synaptase) sowie das Phytovitelin »Amandin«. Die Bittermandeln sind giftig und toxisch für Vögel und kleine Säugetiere wie Mäuse und Ratten. Durch Kochen oder Rösten sowie Schälen verlieren sie jedoch ihre Giftigkeit.

Geschichte und Verbreitung

Die Heimat des Mandelbaumes ist nicht mehr festzustellen, da Kulturformen leicht verwildern und nicht mehr getrennt werden kann, ob es sich um Wildformen oder verwilderte Kulturformen handelt. Die antiken Autoren berichten von kultivierten Mandeln, sie beschreiben schon verschiedene Rassen und Verfahren zur Veredelung. Aus der Tertiär-Zeit liegen Funde über das Vorkommen von Mandeln in Mitteleuropa vor. Die ältesten Kulturen von Mandelbäumen dürften in Persien, Assyrien und Palästina entstanden sein. Bei den Phöniziern war der Mandelbaum der Göttin »Amygdale« geweiht. Im 11. oder 10. Jahrhundert v. Chr. kam die Mandel nach China, etwas später nach Syrien und Kleinasien und im 5. Jahrhundert v. Chr. nach Griechenland. Nach einer Sage aus Kleinasien ist die Bittermandel aus dem Leichnam einer Tochter des Midas erwachsen, die sich aus Trauer über ihren verstorbenen Bräutigam das Leben genommen hatte. THEOPHRAST beschreibt bereits Verfahren, um aus bitteren Mandeln durch Zurückschneiden, Düngen und Pfropfen süße zu erhalten. Im 2. Jahrhundert v. Chr. kam die Mandel nach Italien, wo sie COLUMELLA im 1. Jahrhundert n. Chr. als dort einheimisch beschreibt. Durch die Römer konnte der Mandelbaum bis in die Alpentäler vordringen. Im Jahr 820 werden *amandelarii, amandula* und *amandola* im Entwurf zum Klostergarten von St. Gallen genannt. Im 8. und 9. Jahrhundert scheint die Mandel in Frankreich und im südlichen Deutschland eingeführt worden zu sein. ALBERTUS MAGNUS, KONRAD von MEGENBERG und die heilige HILDEGARD beschreiben den Mandelbaum. Aus dem Mittelalter wird über Anbau von Mandeln in der Pfalz, um Straßburg und in Lindau/Bodensee berichtet. Der größte Teil der verwendeten Mandeln im Mittelalter kam jedoch aus Italien. Später, im 19. und 20. Jahrhundert lagen die Hauptanbaugebiete in Südfrankreich, Süd-Italien, Sizilien,

Spanien, Portugal, Dalmatien, Griechenland, Südrußland, Kleinasien und Persien. Heute werden 1,06 Mio. t Mandeln jährlich erzeugt, davon 0,31 Mio. t in USA und ebensoviel in Spanien. In den letzten Jahren ist man bemüht, den Mandelbaum in den wärmeren Weingebieten, wie in der Pfalz, am Kaiserstuhl und am Bodensee, wo er schon im Mittelalter heimisch war, wieder anzusiedeln.

Die Mandel blüht sehr früh und ist deshalb immer durch Spätfröste gefährdet. Angebaut werden heute fast nur noch süße Mandeln (var. *dulcis*). Diese werden durch Samen oder meist durch Okulieren auf bittere Mandeln, Pfirsiche oder Aprikosen vermehrt.

Nutzung und Verwertung

Weiter nach Norden ausgebreitet haben sich die Mandel-Arten als **Ziersträucher** und **-bäume**. Als Frühblüher sind sie in Gärten und Parkanlagen beliebt und entsprechend weit verbreitet.

Die Bittermandel (var. *amara*), mit ihrem hohen Amygdalin-Gehalt, aus der das **bittere Mandelöl** (zum Würzen von Süßspeisen) gewonnen wurde, ist im Anbau fast völlig verschwunden. Heute wird das Bittermandel-Öl billiger und in größerer Ausbeute aus Aprikosenkernen gewonnen.

Den größten Bedarf an **süßen Mandelkernen** haben die Pralinenhersteller und die Konditoreien für die Marzipan- und Gebäckherstellung. Große Mengen gehen aber auch in den Direktverzehr als Knabberfrüchte und in die moderne Vollwertküche.

Das **fette Mandelöl** mit seinen hohen Anteilen (70 bis 80 %) an Ölsäure und mittleren Linolsäuregehalten (16 bis 20 %) ist ein wertvolles, dem Olivenöl ähnliches **Speiseöl**. Es findet aber auch in der Feinmechanik als dünnflüssiges **Schmieröl** und in der **Pharmazie** Verwendung. Schon im 15. Jahrhundert wurde Mandelöl zur äußerlichen Anwendung bei Hauterkrankungen, Rheuma u. ä. und innerlich als mildes Laxans und Emolliens bei Entzündungen der Luft- und Verdauungswege benutzt. In der Homöopathie findet Bittermandelöl bei Asthma und Diphtherie Verwendung.

Die Preßrückstände der Ölgewinnung gehen überwiegend in die Kosmetik als Mandelkleie, die zur schonenden Hautreinigung benutzt wird. Auch können die von süßen Mandeln stammenden Rückstände der Ölgewinnung verfüttert werden.

Im letzten Jahrzehnt sind in USA und in der Türkei neue Zuchtsorten entstanden, die eine wesentliche Verbesserung im Ertrag und in der Qualität der Mandelsamen darstellen.

Bildlegenden (von links)

1 Mandelblüte in der Pfalz an der Weinstraße im zeitigen Frühjahr.

2 Die Blüten erscheinen vor den Laubblättern und stehen zu zweit oder dritt auf kurzen Stielen an den Zweigen.

3 Die einzelnen Blüten bestehen aus dem behaarten Kelchbecher mit nektarliefernden Drüsen, 4 eiförmigen rosaroten bis weißlichen Kronenblättern, 4 Staubblättern und einer keulenförmigen Narbe mit kurzem Griffel.

4 Die eiförmigen Früchte reifen erst im Herbst.

5 Das ledrige, zähe Fruchtfleisch platzt bei voller Reife auf. Die unterschiedlich dicken Schalen der Steinfrucht umschließen den zimtfarbigen, abgeplatteten Samen.

Literatur

FISCHER, W., 1948: Ölpflanzen-Pflanzenöle. Frank'sche Verlagsbuchhandlung, Stuttgart.

HEGI, G., 1928: *Prunus amygdalus* Stokes, Mandelbaum. In: Illustr. Flora von Mitteleuropa. Bd. IV/2, 1086–1091. Verlag Lehmanns, München.

REHM, S., 1989: Spezieller Pflanzenbau in den Tropen und Subtropen. Handbuch der Landwirtschaft und Ernährung in den Entwicklungsländern. 2. Auflage, Bd. 4, 411. Verlag Eugen Ulmer, Stuttgart.

Bäume und Sträucher

Haselnuß
(*Corylus avellana* L.)

Biologie
Die Haselnuß gehört zur Familie der Birkengewächse (*Betulaceae*). In der Gattung *Corylus* L. sind 8 Arten zusammengefaßt, die in der nördlich gemäßigten Zone verbreitet sind. In Mitteleuropa wächst vorwiegend *C. avellana* L. Als Ziergehölze oder Nutzhölzer sind in Europa noch zu finden:

1. *C. colurna* L. = Türkische oder Baumhasel; meist bis zu 20 m hohe Bäume mit breiten, am Grunde herzförmigen Laubblättern, Nüsse fast breiter als lang; aus Südost-Europa stammend, bis zum Himalaya und Zentralchina verbreitet; das Holz kann zu Schnitzereien und Möbeln verarbeitet werden.
2. *C. maxima* Mill. (= *C. tubulosa* Willd.) = Lamberts- oder Blutnuß; bildet bis 5 m hohe Sträucher mit dunkelroten Blättern. Sie stammt aus Südost-Europa und Kleinasien und ist nicht ausreichend frosthart für Norddeutschland. Es erwachsen große, wohlschmeckende Früchte, teilweise auch mit roten Kernen (»Rote Lambertsnuß« oder »Echte Bluthasel«).

Corylus avellana L. bildet 1 bis 4 m hohe Sträucher, selten kleine Bäume. Die Rinde ist hellgrau bis rötlich braun, glatt mit kleinen Korkwarzen. Die jungen Triebe und Zweige sind grau, im ersten Jahr rauh behaart. Die **Wurzel** ist stark verzweigt, nicht sonderlich tiefgehend. Die kurzgestielten, rundlichen, am Grunde herzförmig zugespitzten **Laubblätter** sind zweizeilig bis rundumlaufend angeordnet. Der Rand ist gesägt, die Blattnerven unterseits flaumig behaart. Die ovalen Nebenblätter fallen frühzeitig ab.

Der **Blütenstand** ist, wie bei der Walnuß, zweihäusig (diclin) auf einer Pflanze (monözisch). Es herrscht stark differenzierte Protandrie, d. h., die 1 bis 4 nebeneinander stehenden männlichen Blüten (Kätzchen) stäuben schon, wenn die weiblichen sich noch im Knospenstadium befinden. Dadurch ist Selbststerilität innerhalb der Pflanze gegeben, Selbstbefruchtung ist jedoch möglich. Gelegentlich kommen auch zwittrige Blüten vor.
Die **männlichen Blütchen** sind ohne Blütenhüllen, sie stehen mit je 2 ovalen Vorblättern einzeln in den Achseln von rund-ovalen, hellbraunen, flaumigen Tragblättchen mit 4 gespaltenen (= scheinbar 8) Staubblättern.

Die etwa 0,5 cm hohen **weiblichen Blüten** sitzen, wie Laubknospen, nur durch je 2 fadenförmige, leuchtend rote Narben kenntlich, aufrecht zu 2 bis 5 nebeneinander. Der Pollen wird durch Wind übertragen. Wegen der ungleichen Blüte der beiden Geschlechter wird der Anbau von mehreren Büschen nebeneinander empfohlen.

Die **Frucht** (Nuß) sitzt in einem, je nach Genotyp sehr verschieden hohen, oben mehr oder weniger stark ausgefransten Fruchtbecher. Es stehen 1 bis 5 Früchte in einem Fruchtstand auf einem Stiel zusammen. Die Nüsse sind erst hellgrün, später bei voller Reife hell- bis dunkelbraun gefärbt; sie lösen sich und fallen leicht aus den Fruchtbechern. Die Zahl, die Größe und Form der Nüsse variiert je nach Art und Sorte (Genotyp) sehr stark. Hierin stecken noch viele Möglichkeiten für züchterische Verbesserungen der Haselnußerträge, obwohl es schon seit längerem Sorten (Herkünfte) in den Baumschulen zu kaufen gibt.
Auch die Dicke der Fruchtschale ist sehr verschieden. Von den beiden angelegten Samenanlagen in einem Fruchtknoten kommt meist nur ein Same zur Ausbildung, ganz selten sind zwei Samenkerne zu finden. Die mittelbraune Samenschale umschließt zwei große Keimblätter als Speicherorgane und den kleinen spitzen Keimling. In den Samen sind enthalten: 50 bis 60 % fettes Öl, das zu 80 bis 90 % aus Ölsäure (C $18{:}1^{9}$), 4 bis 8 % Linolsäure und 8 bis 12 % Palmitinsäure (C 16:0) besteht. Das Öl entspricht etwa dem von Olivenkernöl (s. Tab. 1). Weiter sind in Haselnußsamen enthalten: 12 % hochwertiges Eiweiß, 7 bis 8 % Kohlehydrate, reichlich Vitamine B, B_1, C und E sowie Kalium und Calcium.
Ein mittlerer Ertrag wird mit 2 bis 5 kg Nüsse je Strauch angegeben. SCHNEIDERS rechnet von einer 6- bis 8jährigen Anlage mit einem jährlichen Ertrag von 1500 kg Nüsse je Hektar = 350 kg Öl und 120 kg Roheiweiß.

Geschichte und Verbreitung

Die Haselnuß, *Corylus avellana* L., ist eine Art, die schon im Tertiär nachzuweisen ist. Unsere jetzige Haselnuß hat sich wahrscheinlich im Pliocaen aus *C. macquarrii* Heer zu *C. avellana* entwickelt, wie aus verschiedenen Funden und aus Rückmutationen geschlossen werden kann. Auch liegen zahlreiche Blätterfunde aus dem Diluvium aus Frankreich, Norddeutschland, Schottland und Schweden vor. In Schweden

drang *C. avellana* in der Nacheiszeit bedeutend weiter nach Norden vor, als sie jetzt verbreitet ist.
Die Inkulturnahme erfolgte offensichtlich schon frühzeitig. Die Schriftsteller des Altertums THEOPHRAST, PALLADIUS, CATO, PLINIUS, VIRGIL erwähnen und beschreiben die Haselnuß. Reste von *C. avellana* wurden in Pompeji und anderen römischen Städten gefunden.

Vom Mittelalter bis heute ist die Haselnuß über ganz Europa bis Kleinasien als Unterholz in Buchen- und Eichenwäldern, an Rändern von Fichtenbeständen, als Hauptbestandteil der Buschvegetation im Karst zu finden. Der Strauch kommt in den Alpen und den Gebirgen am Mittelmeer bis 1300 m über NN vor.

Der Haselstrauch bevorzugt fruchtbare, trockene Böden und meidet Sand- und Sumpfstandorte.
Im 19. und zu Beginn des 20. Jahrhundert lagen die Hauptanbaugebiete im Südosten Europas, in der nördlichen Türkei und am Schwarzen Meer. Auch in Böhmen waren größere Haselnuß-Anlagen zu finden. Der gewerbsmäßige Anbau ist heute wegen der geringen Erträge im nördlichen Europa völlig verschwunden. Wir finden die Haselnuß in den verschiedensten Arten und Formen nur noch in Parkanlagen und Hausgärten als Zierstrauch und zum Eigenverzehr der Nüsse kultiviert.
Es werden heute in der Welt jährlich etwa 552.000 t Haselnüsse produziert, davon 360.000 t in der Türkei, 130.000 t in Italien und 23.000 t in Spanien.

Die Haselnuß dient im Haushalt vornehmlich als Ersatz oder Ergänzung der Mandel. Ein großer Teil der importierten Haselnüsse findet Verwendung in der Pralinen- und Schokoladenindustrie. Vielfach wird die Haselnuß allein oder in Mischung mit anderen Nüssen roh geknabbert. In der neuzeitlichen Küche werden damit jedoch auch spezielle Vollwert-Speisen kreiert.

Aus den Samen kann ein wohlschmeckendes Speiseöl gepreßt werden, denn die Kerne enthalten 55 bis 65 % Öl. Auch findet dieses Öl mit seinen hohen Ölsäurewerten Verwendung für die Herstellung spezieller Farben, in der Kosmetik und, wenn es preiswert erzeugt werden kann, auch in der modernen Oleochemie. Die Preßrückstände lassen sich, wie bei der Mandel, für die

menschliche oder tierische Ernährung einsetzen.
Eine weitere Nutzung liegt in der Verwertung des Holzes: Es werden daraus Späne für Flechtwerk, Brenn- und Zeichenkohle, sowie Stöcke verschiedener Art hergestellt. Die Vermehrung kann aus Früchten (Samen) oder durch Steckholz, Absenker, Wurzelschosser und durch Okulieren erfolgen. Die ohne Zweifel nach Kreuzungen innerhalb der Art, aber auch zwischen den Arten (interspezifische Kreuzungen) auftretende Heterosis (Hybridwüchsigkeit) kann mit den modernen Methoden der vegetativen Vermehrung, wie Zell- und Gewebekulturen, effektiv genutzt werden. Eine Intensivierung der pflanzenzüchterischen Arbeit könnte lohnend sein.

Bildlegenden (von links)

1 Haselnußsträucher werden in Südeuropa in Plantagen angebaut, in Mitteleuropa stehen meist einzelne Büsche in Gärten, Anlagen und an Wegrändern.
2 Die männlichen Blüten erscheinen schon sehr früh im Frühjahr.
3 Die unscheinbaren weiblichen Blüten mit je 2 roten Narbenästen sitzen wie eine Laubknospe zu 2 bis 5 nebeneinander.
4 Stäubende männliche »Kätzchen«. Der Pollen wird durch Wind übertragen.
5 Früchte vor der Reife von *Corylus avellana*, die vorwiegend im nördlichen Europa wächst.
6 *Corylus maxima* (= *C. tubulosa*) die Blut- oder Lambertsnuß.
7 Früchte der Haselnuß teilweise geöffnet. Die Größe und Zahl der Nüsse variiert je nach Genotyp sehr stark.

Literatur

FISCHER, W., 1948: Ölpflanzen – Pflanzenöle – Ölbäume unserer Heimat. 44–50. Frank'sche Verlagsbuchhandlung, Stuttgart.
HACKBARTH, J., 1944: Die Haselnuß. In: Die Ölpflanzen Mitteleuropas, 317–319. Wissenschaftliche Verlagsgesellschaft, Stuttgart.
HEGI, G., 1923: *Corylus* L. Haselnuß. In: Illustr. Flora von Mitteleuropa. Bd. III, 71–75. Verlag Lehmanns, München.
SCHNEIDERS, E., 1940: Erfolgreiche Walnuß- und Haselnußkultur. Prakt. Wegweiser Nr. 6.

Bäume und Sträucher

Pistazie
(*Pistacia vera* L.)

Biologie

Die Pistazie gehört zur Familie der *Anacardiaceae*, zu der auch die Kaschunuß (*Anacardia occidentale* L.) eingeordnet wird, die etwa 300 Arten umfaßt. Nahe verwandt mit *Pistacia vera*, der echten Pistazie oder auch Pimpernuß genannt, ist *Pistacia lentiscus* L., der Mastix-Strauch, der mit insgesamt 5 Arten der Gattung im Mittelmeergebiet weit verbreitet ist. Die wahrscheinlich aus Abessinien stammende *P. lentiscus* var. *chia* liefert das vielseitig verwendbare Mastix-Harz, das u. a. schon im Altertum eine bekannte und heute noch genutzte Droge war. Auch *P. atlantica* Desf., die seit 1790 in Europa kultiviert wird, sowie die im östlichen Mittelmeer verbreitete *P. mutica* Fisch et Mey., sind ebenfalls wirtschaftlich wertvolle Mastix-Erzeuger. *P. chinensis* Bunge ist in China und *P. mexicana* H. B. et Kunth in Mexiko verbreitet.

Pistacia vera, ein 2 bis 4 m hoher, Blätter abwerfender **Baum** mit tief gehenden **Wurzeln**, stellt nur geringe Ansprüche an den Boden. Er ist salzverträglich und kommt mit wenig Wasser aus. Die Pistazie benötigt relativ kühle Winter, um im Frühjahr die Ruheperiode rechtzeitig zu unterbrechen. Für einen reichlichen Fruchtansatz sind warme Sommermonate notwendig.

Die **Laubblätter** sind ein- oder zweipaarig gefiedert, mit eiförmigen, aufsitzenden Fiederblättern. Die **Blüten** stehen 2-häusig, weibliche und männliche auf verschiedenen Bäumen. Die Blütenrispen sind zusammengesetzte kurze Trauben. Die **weiblichen Blüten** bestehen aus: 5 Hüllblättern, einem kugeligen Fruchtknoten mit einer Samenanlage, einem kurzem 3-spaltigen Griffel mit 3 nach außen gekrümmten Narben. Die **männliche Blüte** hat 3 bis 5 kurze Staubblätter mit großen Staubbeuteln, die von 2 Vorblättern und 2 Hüllblättern umschlossen werden. Die Bestäubung erfolgt der Zweihäusigkeit entsprechend durch Wind. In Kulturanlagen soll jeder 8. Baum ein Pollenspender sein. Die männlichen Bäume müssen unter Berücksichtigung der Hauptwindrichtung gleichmäßig verteilt werden.

Die **Frucht** ist eine schief eiförmige, etwas zusammengedrückte Steinfrucht (Nuß) mit dünnem Exokarp und hartem, einsamigem, hellbraunen bis gelblich-weißem Endokarp. Sie ist an den übrigen Früchten der Gattung gemessen groß: 1,8 bis 2,2 cm lang, 0,8 bis

1,2 cm breit und ebenso dick. Die **Samen** sind etwas zusammengedrückt und haben eine dünne, rote, rotbraune bis rotviolette Schale. Die Keimblätter sind hellgrün, flach eingesenkt, mit einem nach oben stehenden Würzelchen. Die Schale öffnet sich meist bei Reife an der Spitze in 2 Spalten. Die Samen enthalten: etwa 25 % Eiweiß, 50 bis 58 % fettes Öl und etwa 7 % Stärke sowie 3,3 % Saccharose. Sie haben einen spezifischen, angenehmen, aromatischen Geschmack, der von dem ätherischen Pistazienöl herrührt. Das fette Öl setzt sich aus 60 bis 70 % Ölsäure, 20 bis 22 % Linolsäure und 10 bis 18 % Palmitinsäure sowie 1 bis 2 % Stearinsäure (s. Tab. 1) zusammen.

Die Ernte setzt im 4. bis 6. Jahr nach der Bepflanzung ein; es können im Vollertrag etwa 3 t Nüsse je Hektar geerntet werden. Die Ernte erfolgt durch Pflücken von Hand oder durch Schütteln und Herunterschlagen (letzteres ist nicht empfehlenswert, da die Bäume verletzt werden).

Die Vermehrung erfolgt heute fast ausschließlich durch Pfropfen auf *P. atlantica* und *P. terebinthus*, die beide eine gute Nematodenresistenz besitzen. Wegen der besseren Standortanpassung werden in der Türkei, im Iran und in Italien wildwachsende Bäume veredelt und kultiviert. Gepflanzt wird im Verband 4 x 5 bis 6 x 8 m.

Geschichte und Verbreitung

Die Heimat von *Pistacia vera* ist der Mittelmeerraum. Hier wurde sie schon im Altertum kultiviert. Aus dem Mittelmeergebiet hat sich die Pistazie über den Nahen Osten bis Zentralasien ausgebreitet. Erst im 20. Jahrhundert ist sie nach Amerika gekommen, wo sie heute in den Südstaaten der USA mit Erfolg angebaut wird.

Durch die starke Nachfrage und die hohen Preise wurde der Anbau im letzten Jahrzehnt zunehmend ausgedehnt. Die Welterzeugung liegt heute zwischen 80.000 und 90.000 t, davon etwa 50.000 t im Iran und 18.000 t in der Türkei. Weitere Erzeugungsländer für Pistazien sind: Afghanistan, Syrien, Griechenland, Italien und die USA (Kalifornien).

Nutzung und Verwertung

Wegen seines spezifischen, aromatischen Geschmackes wird der größte Teil der erzeugten Pistazien direkt als **Schalen-Obst**, oft leicht gesalzen und geröstet, verzehrt. Weiter geht ein großer Teil in die Pralinen-

und Konfitürenindustrie: Pistazien in Schokolade, Speiseeis, Torten, aber auch in Wurstwaren (Mortadella) und Pasteten. Häufig dient sie wegen ihrer roten Samenschale und den grünen Keimblättern als Verzierung und Geschmacksverbesserung von mancherlei Speisen der modernen Kochkunst.

Aus nicht direkt verwerteten Pistazien kann ein sehr wohlschmeckendes Speiseöl (siehe Fettsäurezusammensetzung) gewonnen werden, das hoch bezahlt wird.

Auf den Laubblättern der echten Pistazie entwickeln sich Gallen, die etwa 32 % Gerbstoffe enthalten. Sie werden »Bakkaragallen« genannt und aus Persien nach Europa eingeführt.

In USA, aber auch in den Mittelmeerländern wird in neuerer Zeit ein beachtlicher Züchtungsaufwand für die Verbesserung der Erträge, der Ertragssicherheit und der Qualität der Früchte betrieben, da die Nachfrage weiterhin eine steigende Tendenz aufweist.

Bildlegenden (von links)

1 Junge, lückige, 3jährige Pistazien-Anlage vor der Ertragsreife in Spanien.

2 Die Laubblütler sind ein- oder zweipaarig gefiedert, mit eiförmigen aufsitzenden Fiederblättern. Die Blüten stehen zweihäusig auf verschiedenen Bäumen.

3 Die weiblichen Blüten bilden zusammengesetzte, lockere Trauben.

4 Die männliche Blüte hat 3 bis 5 kurze Staubblätter mit großen Staubbeuteln, die in lockeren Rispen zusammenstehen.

5 Reife Früchte öffnen sich meist an der Spitze in 2 Spalten, so daß der Samen mit der dünnen roten bis rotvioletten Schale sichtbar wird. Die Keimblätter sind hellgrün gefärbt.

Literatur

FRANKE, W., 1976: Nutzpflanzenkunde. Obstliefernde Pflanzen, 246. Verlag G. Thieme, Stuttgart.

HEGI, G., 1925: *Pistacia* L., Pistazie. In: Illustr. Flora von Mitteleuropa, Bd. V/1, 229–233. Verlag Lehmanns, München.

LÜDDERS, P., 1989: Weitere Obstarten. In: REHM: Handbuch der Landw. und Ernährung in den Entwicklungsländern. 2. Auflage. Bd. 4, 414–422. Verlag Eugen Ulmer, Stuttgart.

LÜDDERS, P. & H. W. DEBOR, 1977: Bibliographie des internationalen Pistazienschrifttums. Aktuelle Literaturinformation aus dem Obstbau. Nr. 73. TU Berlin.

WHITHOUSE, W. E., 1957: The Pistatio Nut. Econ. Bot. 11, 281–321.

WOODROOF, J. G., 1979: Tree Nuts. Bd. 2. 2. Aufl. AVI. Publ., Westport, Conn.

Bäume und Sträucher

Avocado
(*Persea americana* Mill.)

Biologie
Die Avocadobirne gehört zu der überwiegend in den Tropen verbreiteten Familie der *Lauraceae* (Lorbeergewächse). Verwandte Gattungen sind u. a. *Cinnamomum*, die Zimtgewächse und *Laurus*, der Lorbeer. Innerhalb der Art *P. americana* werden 3 Typen unterschieden:

1. *Mexikanischer Typ*:
   kleine, dünnschalige Früchte mit hohem Ölgehalt; gute Kälteverträglichkeit bis – 6 °C. Das gequetschte Blatt riecht nach Anis. Im Mittelmeergebiet kultiviert.
2. *Guatemaltekischer Typ*:
   dickschalige Frucht mit mittlerem Ölgehalt; frostempfindlich bis – 4,5 °C.
3. *Westindischer Typ*:
   große Früchte mit zäher Schale; sehr frostempfindlich; geringer Ölgehalt von 3 bis 7 %.

Avocado bildet 12 bis 15 m hohe, immergrüne **Bäume** mit einem starken **Wurzelsystem**, das eine sehr aktive Mykorrhiza ausbilden kann, wenn die Temperaturen und die Bodenfeuchte nicht zu stark schwanken. Das **Laub** ist dunkelgrün mit breiten, lanzettlichen Blättern. Die **Blüten** mit einem Durchmesser von 1 cm sind unscheinbar und stehen in endständigen Rispen. Die einzelne Blüte besteht aus 6 Blütenblättern, 9 Staubblättern, je zu 3 und 6 Antheren angeordnet, einem einfachen Griffel mit Narbe. Der einfächerige Fruchtknoten enthält nur eine Samenanlage. Es herrscht Dichogamie (die beiden Geschlechter sind zu verschiedenen Zeiten befruchtungsfähig) und damit Fremdbefruchtung vor, ohne daß

Nachbarbestäubung von Blüte zu Blüte ausgeschlossen ist. Es gibt zwei Blütenformen: a) die Antheren öffnen sich erst am Nachmittag, während die Narben schon am Vormittag befruchtungsfähig sind; b) die Narben sind am Nachmittag des ersten Tages empfängnisfähig, während die Antheren erst am nächsten Tag stäuben. Es wird empfohlen, um die Befruchtungsrate zu erhöhen, unterschiedliche Genotypen nebeneinander zu pflanzen.

Aus dem Fruchtknoten entwickelt sich eine Beere mit bis zur Reife weichem Fleisch. Die **Frucht** hat die Größe einer Pflaume bis zu einer großen, 1 bis 2 kg schweren Birne mit einem im Durchmesser 3 bis 6 cm großen harten, braunen Kern = Steinfrucht. Die Schale ist derb, glänzend und leicht genarbt und dunkelgrün bis bläulichgrün gefärbt. Die Schalendicke variiert stark, je nach Sorte und Typ. Das weiche Fleisch ist weiß (cremefarbig) bis hellgrün und enthält wertvolle Nährstoffe; in 100 g Frischmasse sind enthalten: 59 bis 86 g Wasser, 5 bis 32 g Rohfett, 0,8 bis 4,4 g Rohprotein, 1,2 bis 10,0 g verdauliche Kohlehydrate, 1,5 g Rohfaser, 200 I. E. Vitamin A, 15 mg Vitamin C, 1,0 mg Niacin, 0,15 mg Riboflavin, 0,07 mg Thiamin und 38 mg Mineralstoffe. Das Fruchtfleisch ist von angenehm nußartigem Geschmack. Das Öl hat folgende Zusammensetzung: 65 bis 82 % Ölsäure, 6 bis 12 % Linolsäure und 8 bis 26 % Palmitinsäure (s. Tab. 1).

Der Baum wächst am besten auf mittleren bis leichten, gut durchlüfteten und ausreichend feuchten Böden mit pH-Werten von 5,5 bis 6,5 und bei Bodentemperaturen, die nicht wesentlich über 30 °C liegen. Avocado ist ein Gewächs der Subtropen, wobei die Klimaansprüche je nach Typ und Herkunft deutlich variieren können, so daß er auch in Süd-Spanien, Süd-Italien und Griechenland angebaut werden kann.

Die Anzucht der Bäume erfolgt über Samen oder heute meist durch Pfropfung oder Okulierung auf *Phytophtera*-resistenten Unterlagen. Gepflanzt wird auf 6 x 8 bis 10 x 12 m Abstand. Die meisten Bäume tragen vom 4. bis 6. Jahr an. Die Ernte erfolgt durch Pflücken von Hand. Es können unter günstigen Verhältnissen 5 bis 12 t je Hektar frische Früchte pro Jahr geerntet werden.

Geschichte und Verbreitung

Die Heimat des Avocado-Baumes liegt in Mittelamerika. Schon die Spanier fanden ihn als Kulturpflanze der Indianer bei der Entdeckung Amerikas vor. Der Name leitet sich von der aztekischen Bezeichnung »ahuacatl« ab. Erst in der Mitte des vorigen Jahrhunderts erwachte das Interesse für die nahrhafte Frucht in Europa. Seit Anfang des 20. Jahrhunderts wird Avocado auch außerhalb ihres Heimatgebietes kultiviert: in Kalifornien, Florida, Brasilien, Argentinien, Nordaustralien, Südafrika, Israel und im Mittelmeergebiet. In den letzten 10 Jahren hat der Anbau, bedingt durch verbesserte Lagerungs- und Transportmöglichkeiten, stark zugenommen. Die größten Produzenten sind: Mexiko mit 474.000 t, USA mit 248.000 t, Brasilien mit 140.000 t und die Dominikanische Republik mit 136.000 t.

Nutzung und Verwertung

Der hohe Nährwert und der angenehme Geschmack sowie die vielseitige Verwertbarkeit machen die Avocadofrucht zu einer der wertvollsten Obstarten, die heute dank der Kühlschiffe in fast allen Ländern der Erde angeboten werden. Mitteleuropa bezieht die größte Menge des Avocadobedarfes aus Israel und Südafrika.

Die meisten Früchte werden frisch gegessen: Die Avocado-Birne wird der Länge nach geteilt, der Kern entfernt, das weiche Mesokarp mit Gewürz bestreut und als Vorspeise ausgelöffelt. Auch zur Herstellung von Salaten, Suppen, Torten, Desserts und Likören finden Avocadobirnen Verwendung.
Aus den für den Transport zu weich gewordenen Früchten wird Avocado-Öl gewonnen, das im Preis 10mal höher liegt als z. B. Erdnußöl. Mit seinem hohen Ölsäureanteil wird es vornehmlich zur Herstellung von Kosmetika benutzt. Es ist aber auch ein wohlschmeckendes Speiseöl, das etwa dem Olivenöl entspricht. Es kann, wenn es billig angeboten wird, auch für die Oleochemie von Interesse sein.
Insbesondere in USA wurden durch Klonselektionen und Hybridisation zwischen den 3 Typen leistungsfähige, qualitativ verbesserte Sorten gezüchtet, die durch die vegetative Vermehrung schnell Verbreitung fanden. In dieser Richtung können sicher durch die neuen Methoden der Pflanzenzüchtung weitere Fortschritte erwartet werden.

Bildlegenden (von links)
1 Avocado-Anlage in Südspanien.
2 Die Blätter sind dunkelgrün, breit, lanzettlich.
3 Die Frucht variiert von der Größe einer Pflaume bis zu 1 bis 2 kg schweren Birnen.

Literatur

BERGH, B. O., 1969: Avocado. In: FERWERDA & WIT: Outlines of Perennial Crop Breeding in the Tropics. Veenman & Zonen, Wageningen.

BRÜCHER, H., 1977: Tropische Nutzpflanzen. Verlag Springer, Berlin.

FRANKE, W., 1976: Nutzpflanzenkunde. Obstliefernde Pflanzen. *Persea americana* Mill., 292–293. Verlag G. Thieme, Stuttgart.

REHM, S. & G. ESPIG, 1984: Die Kulturpflanzen der Tropen und Subtropen. Verlag Eugen Ulmer, Stuttgart.

SCHRÖDER, CH., A., 1989: Avocado. In: REHM: Handbuch der Landwirtschaft und Ernährung in den Entwicklungsländern. 2. Auflage, Bd. 4, 357–360. Verlag Eugen Ulmer, Stuttgart.

Bäume und Sträucher

Jojoba
(*Simmondsia chinensis*)

Unter dem Abschnitt »Ölpflanzen in Europa – Bäume und Sträucher« muß heute dieser in Zukunft auch in Europa anbauwürdige Strauch genannt werden.
Simmondsia chinensis gehört zur Familie der *Simmondsiaceae* (*Buchsaceae*), die meist in den Subtropen beheimatet sind. Jojoba wächst als 0,60 bis 3 und 5 m hoher **Strauch** auf trockenen Standorten bis 1200 m über NN in Mexiko, Arizona und Kalifornien. Er hat eine bis 10 m tief gehende **Pfahlwurzel** und kommt deshalb mit jährlichen Niederschlägen von 120 bis 200 mm aus, hat jedoch unter diesen trockenen Anbaubedingungen ein sehr langsames Wachstum. Der Strauch kann bis zu 100 und 200 Jahre alt werden.
Der immergrüne Wüstenstrauch hat grau-

blaue, aufrechtstehende, gegenständige **Blätter**. Die Pflanze ist diözisch. Bei Pflanzungen muß auf ein Verhältnis weiblich zu männlich von 6:1 geachtet werden. Es dauert 3 bis 5 Jahre, bis die generative Phase eintritt. Nach 5 Jahren können 400 bis 500 g, nach 12 Jahren 2 bis 4 kg und nach 25 Jahren bis 13,5 kg Nüsse je Busch geerntet werden.
Die **Nüsse** mit einem Tausendkorngewicht von 800 bis 1.000 g enthalten 48 bis 56 % dünnflüssiges Wachs, das als einziges Pflanzenöl dem Spermöl (Wachs) des Pottwales (*Physeter macrocephalus* oder *P. catodon*) entspricht. Das Jojoba-Öl enthält etwa: 30 % C 40-, 50 % C 42-, 10 % C 44-Fettsäureester. Eingehende Untersuchungen ergaben eine große Übereinstimmung in den wichtigsten Eigenschaften von Sperm-Öl, Wal-Öl und Jojoba-Öl.
Jojoba-Öl könnte Spermöl, Walrat, Bienen- und Palmwachs ersetzen und eventuell preiswerter sein. Es kann eingesetzt werden in der Produktion von Kosmetika, als Heilmittel bei Hauterkrankungen, als Schmieröl und Motorenöl sowie in der Lederindustrie u. a. m.
Es laufen Anbauversuche in Trockengebieten von Arizona, Mexiko, Argentinien, Israel, Indien, Kenia, Südafrika und Südaustralien. Zur Zeit werden jährlich etwa 1.000 t Jojoba-Bohnen erzeugt. Für aride Gebiete in Süd-Europa kann die Jojoba-Kultur interessant sein, wenn das Öl weiterhin hohe, kostendeckende Preise erzielt (10 US-$/kg).

Weiter sollten im Rahmen dieses Abschnittes zumindest die in Mitteleuropa in Wäldern, Parks und anderen Bepflanzungen wachsenden Bäume und Sträucher genannt werden, die fettes Öl in ausreichenden Mengen in ihren Früchten und Samen speichern, so daß diese eventuell als **Sammelfrüchte** genutzt werden können. In Tabelle 4 werden einige dieser Bäume und Sträucher mit ihren Fettgehalten und den Fettsäurewerten genannt.

Bildlegenden (von links)

1 Jojoba bildet einen immergrünen Wüstenstrauch, der durch Anzucht von Jungpflanzen vermehrt wird. Erst nach 3 bis 5 Jahren tritt die generative Phase ein.
2 und 3 Die Blätter sind graublau gefärbt und stehen gegenständig, aufrecht.
4 Die dünnschaligen Nüsse haben ein Tausendkorngewicht von 800 bis 1000 g.

Bäume und Sträucher

Tabelle 4: Weitere Bäume und Sträucher mit ölhaltigen Samen und Früchten (Sammelfrüchte) (HACKBARTH, REGEL, HILDITCH, MARQUARD)

Pflanzenart	Fettgehalt % d. T. M	Fettsäuren in % des Öles: Caprinsäure C 10:0	Laurinsäure C 12:0	Myristinsäure C 14:0	Palmitinsäure C 16:0	Stearinsäure C 18:0	Ölsäure C 18:1	Linolsäure C 18:2	Linolensäure C 18:3	Erucasäure C 22:1
Laubbäume										
Rotbuche (*Fagus silvatica*) Früchte	12–14				3–5	2–4	70–80	8–10		
Eiche (*Quercus robur* u. *Q. sessiliflora*)	3-4-15				2–4	10–12	50–60	25–30		
Linde (*Tilia cordata* u. *T. platyphyllos*)	25–30				12–14		28–30	55–60		
Roßkastanie (*Aesculus hippocastanum*)	5–8				4–5	2–4	60–70	20–24	2–3	
Ulme (*Ulmus campestris* u. *U. montana* = *effusa*)	10–30	48–52	16–20	3–5	2–3		10–12	8–10		
Birke (*Betula alba*)	28–40				12–16		28–30	50–65		
Ahorn [1] (*Acer campestre* / *A. pseudoplatanus* u. / *A. platanoides*)	25–30 / 12–14 / 18–20				7–9	1–3	18–27	30–35	3–5	14–18
Esche (*Fraxinus excelsior*, *F. chinensis*) und *F. ornus*)	24–28			0–1	4–8	1–2	25–38	55–70	1–2	
Eberesche (*Sorbus aucuparia*)	20–22				4–8	0–2	24–30	48–60	0–3	2–12
Robinie (*Robinia pseudoacacia*)	10–15				8–12	50–60	25–30	25(	4–8	
Maulbeere (*Morus alba*)	25–35				18–22			78–82		
Spindelbaum (Pfaffenhütchen) (*Euonymus europaea*)	28–40				15–28	2–5	32–48	6–28	6–24	

Bäume und Sträucher

Pflanzenart	Fettgehalt % d. T. M	Fettsäuren in % des Öles: Caprinsäure C 10:0	Laurinsäure C 12:0	Myristinsäure C 14:0	Palmitinsäure C 16:0	Stearinsäure C 18:0	Ölsäure C 18:1	Linolsäure C 18:2	Linolensäure C 18:3	Erucasäure C 22:1
Sträucher										
Wilde Rosen (*Rosa villosa, R. arvensis, R. rugosa*)	6–10				2–6		10–28	50–60	14–32	
Holunder (*Sambucus racemosa*)	24–26				20–24		45–50	30–34	8–12	
Roter Hartriegel (*Cornus sangurinea*)	12–15				6–8	5–7	18–20	68–72	0–2	
Wilder Wein (*Ampelopsis quinquefolia*)	18–20				8–12		15–20	68–72		
Kreuzdorn (*Rhamnus carthartica*)	8–12				1–2	5–7	28–32	30–40	20–24	
Nadelbäume										
Zirbelkiefer (*Pinus cimbra*)	50–60				6–8	0–2	10–12	50–55	20–30	
Kiefer (*Pinus silvestris*)	25–32				6–8		8–10	50–55	20–25	
Fichte (*Picea excelsa*)	30–36				4–8		8–10	50–60	20–25	
Weißtanne (*Abies alba*)	24–28				6–8		10–12	50–60	18–20	
Lärche (*Larix europaea*)	10–12				6–8		10–12	50–60	18–20	

1) γ-Linolensäure (C 18:3) 1 – 2 %; Eicosensäure (C 20:1) 5 – 7 %; Nervonsäure (C 24:1) 6 – 8 %

Literatur

Anonym, 1977: »Jojoba«. National Academy of Sciences. 65–72.

GRIESBACH, J., 1980: Jojoba – eine Kultur mit Zukunft. Entwicklung und ländlicher Raum 4, 27.

JHARA, SH. & T. TANAKA, 1978: Fatty Acid Compositions of the Oils of *Celtis sinensis* var. *japonica* and *Zelkova serrata*. J. Amer. Oil Chem. Soc. 55, 471–472.

LÜDDERS, P., 1989: Jojoba. In: REHM: Handbuch der Landwirtschaft und Ernährung in den Entwicklungsländern. 2. Auflage, Bd. 4, 233–235. Verlag Eugen Ulmer, Stuttgart.

MIWA, J. A. ROTHFUS & E. DIMITROFF, 1980: Extreme-Pressure Lubricant Tests on Jojoba and Sperm Whale Oils. J. Amer. Oil Chem. Soc. 56, 765–770.

YERMANOS, D. M., T. F. BANIGAN, & A. J. VERBISCAR, 1980: Response of Jojoba Seedlings to Different Photoperiods. J. Amer. Oil Chem. Soc. 56, 751–752.

Ölgewinnung in Nebennutzung

Ölgewinnung in Nebenutzung

Schon bei den im vorigen Abschnitt »Bäume und Sträucher« genannten Pflanzen erfolgt die Ölgewinnung mehr oder weniger als Nebennutzung, der Hauptzweck des Anbaues dient der Erzeugung von Früchten und Nüssen (Schalenfrüchten) zum Direktverzehr.

Bei den folgenden Pflanzen sind die ölhaltigen Teile jedoch Abfallprodukte, die nur teilweise einer Gewinnung von Fettstoffen zugeführt werden.

Stachel- und Johannisbeere
(*Ribes* L. spec.)

Sie gehören zur Familie der *Saxifragaceae*, zu der mehrjährige Kräuter, aber auch Holzgewächse zählen. Die Gattung *Ribes* L. umfaßt etwa 125 Arten, die über die gesamte nördliche gemäßigte Zone und in den Gebirgen von Mittel- und Südamerika verbreitet sind. Die Gattung wird in zwei Sektionen unterteilt:

1. *Grossularia* A. Rich. = stacheliger Strauch; Blüten einzeln oder zu 2 bis 3 mit kurzem Stiel oder sitzend; Beeren relativ groß, rund-oval.
2. *Ribesia* Pers. = stachelloser Strauch; Blüten in Trauben stehend. Beeren kleiner, meist kugelig.

Weiter werden 4 Untergattungen unterschieden: *Berisia, Ribesia, Coreosma* und *Grossularia*.

Die Gattung *Ribes* bildet mittelgroße Sträucher mit einfachen gelappten, meist gezähnten Laubblättern. Die **Blüten** bestehen aus 4 bis 5 Staubblättern, 2 meist verwachsenen Griffeln, einem unterständigen, einfächrigen Fruchtknoten mit zahlreichen Samenanlagen. Die **Frucht** ist eine verschiedenartig geformte Beere. Die **Samen** sind mit einer schleimigen äußeren und einer krustigen inneren Schale umgeben.
Alle *Ribes*-Arten entwickeln Kurztriebe mit Blüten und vegetative Langtriebe. Der Blühverlauf ist meist protogyn, d. h., die Narben sind schon vor dem Öffnen der Knospe empfängnisreif. Selbstbestäubung kommt häufig vor, besonders bei *R. nigrum*. Es wird reichlich Honig gebildet, der von zahlreichen Insektenarten gesammelt wird.
Mehrere Arten sind frühblühende Ziersträucher in Gärten und Parkanlagen. Den Griechen und Römern waren die *Ribes*-Arten nicht bekannt.
Alle Arten haben n = 8 Chromosomen und sind untereinander kreuzbar.

Als **Beerenobst** werden kultiviert:

a) Schwarze Johannisbeere
(*Ribes nigrum* L.)

Biologie
Ribes nigrum bildet einen kräftigen, dornenlosen, bis 2 m hohen **Strauch** mit widerlichem Geruch (Wanzenbeere, Bockbeere, Katzenbeere u. a.). Die **Laubblätter** sind 3 bis 5 cm groß, lappig, gestielt, groß, am Grunde herzförmig. Der Rand ist grob gesägt. Die Oberseite ist kahl, die Unterseite teilweise behaart mit gelblichen Harzdrüsen.
Die **Blütentrauben** stehen in Blattachseln und die **Blüten** auf gegliederten Blütenstielen. Der glockige Kelch ist behaart und hat stumpf-längliche zurückgeschlagene Zipfel. Die Kronblätter stehen aufrecht und sind nur halb so lang wie die Kelchblätter. Der Griffel ist kurz mit gespaltener zweilappiger Narbe. Die Blüten sind fast homogam, deshalb herrscht meist Selbstbefruchtung. Auch ist der Insektenbesuch schwach.

Die **Beeren** sind kugelig, meist groß, schwarz, mit Drüsen besetzt und von eigenartigem, dem Geruch des Holzes ähnlichem Geschmack.

Der Beerensaft enthält: 35 bis 38 % Wasser, 10 bis 14 % Zucker, 2,5 bis 4,0 % freie Säuren (vor allem Apfelsäure), Pektine, hohe Anteile an Vitamin C und 0,7 bis 1,0 % Asche. Im Holz und in den Blüten sind ätherische Öle enthalten. Die 2,0 mm x 1,1 mm großen, unregelmäßigen **Samen** mit einem Tausendkorngewicht um 1 g beinhalten 28 bis 32 % fettes Öl mit 15 bis 20 % γ-Linolensäure, mehr als im *Oenothera*-/(Nachtkerzen)-Öl (s. Tab. 1). Auch die weitere Fettsäurezusammensetzung mit 44 bis 51 % Linolsäure, 12 bis 14 % α-Linolensäure und 9 bis 13 % Ölsäure ist ernährungsphysiologisch günstig. So werden heute die Kerne der Schwarzen Johannisbeere zu Kern-Öl-Kapseln als Stoffwechselkatalysator verarbeitet. Aber auch die Beeren liefern geschätzte Nährmittel: Saft, Gelee, Likör (Magenlikör) u. a. m. In der Volks-

heilkunde wird die Schwarze Johannisbeere gegen Gicht eingesetzt (Gichtbeere).

Geschichte, Verbreitung und Nutzung
Ribes nigrum ist allgemein im europäischen Waldgebiet von Frankreich, Großbritannien bis zum Schwedischen Lappland, in Rußland bis zum Kaukasus, Armenien, Zentralsibirien, Turkestan, Himalaja bis zur Mandschurei verbreitet. Kultiviert wird sie auch in Südeuropa: Portugal, Spanien, Italien. Als **Ursprungsgebiet** wird das nördliche Europa angenommen, da in Schweden in quartären Tuffen fossile Reste von *Ribes nigrum* gefunden wurden.
Eine erste Beschreibung des Strauches gibt 1583 der Botaniker DODONAEUS. Erst aus der zweiten Hälfte des 16. Jahrhunderts liegen Kulturempfehlungen vor.
Die Blätter und jungen Triebe werden in der Heilkunde als Tee, der harn- und schweißtreibend wirkt und Arthritis-Schmerzen lindert, verwendet. Auch gegen Hustenanfälle und Keuchhusten sollen Blattaufgüsse wirksam sein.
Heute gibt es eine ganze Reihe von ertragreichen, qualitativ hochwertigen Sorten. Inwieweit der γ-Linolenanteil des Kernöles züchterisch noch zu erhöhen ist, bleibt entsprechenden Untersuchungen vorbehalten.

b) Rote Johannisbeere
(Ribes rubrum (L.) em. Janez)
R. rubrum ist ein 1 bis 2 m hoher, buschiger **Strauch** ohne Dornen. Die **Laubblätter** sind lang gestielt, 3- bis 5-lappig, am Grunde herzförmig und deutlich gezähnt. Die **Blüten** stehen in überhängenden Trauben an einem dünnen Stiel. Die Kelchblätter sind grünlich und die Kronblätter grüngelb. Der Griffel ist zweispaltig. Die **Beeren** sind rot oder gelblich weiß gefärbt und haben kleine 2,2 mm x 2,1 mm große, unregelmäßig keilförmige Kerne mit einem Tausendkorngewicht von 4,6 g. Die Beeren enthalten 83 bis 86 % Wasser, 4 bis 9 % Invertzucker, 1,8 bis 2,6 % freie Säuren, vor allem Zitronensäure, 1,5 % Pektinstoffe, 0,4 % Pentosane, 0,4 bis 0,7 % Eiweißstoffe, Vitamin C, 4 % Rohfaser, 0,7 % Asche. In den Kernen (Samen) sind enthalten: 18 bis 26 % fettes Öl mit 3 bis 6 % γ-Linolensäure, 29 bis 31 % α-Linolensäure, 41 bis 42 % Linolsäure (s. Tab. 1).
Die Rote Johannisbeere kommt wild in Norddeutschland vor, und ist allgemein verbreitet in Nord- und Nordosteuropa bis Lappland und Sibirien (über 70° nördlicher Breite). Die im Aussehen *Ribes rubrum* sehr ähnliche *Ribes vulgare* Lam. ist in Auewäldern in Belgien, Frankreich und England heimisch. Auch *Ribes petraeum* Wulfer aus Nordamerika und *Ribes propinquum* Turez. aus Ostsibirien gelten nach einigen Autoren als Stammformen für *Ribes rubrum*. Abbildungen finden sich im Mainzer Herbarium von 1480 mit der Bezeichnung »Ribes, sant johans drubgin«.
Die Johannisbeere war im Mittelalter eine Heilpflanze, die in entsprechenden Kräuterbüchern beschrieben ist. Die Inkulturnahme soll in Belgien oder Nordfrankreich stattgefunden haben. Ende des 16. Jahrhunderts gab es schon die ersten Kultursorten. Es wurden die verschiedensten Formen selek-

tiert, die sich in Geschmack, der Größe der Früchte und Trauben sowie der Farbe der Früchte unterscheiden.
Die **Nutzung** erfolgt meist als Saft, Gelee, Kompott und als Wein. Die anfallenden Samen können der Ölgewinnung, insbesondere der ernährungsphysiologisch wichtigen γ-Linolensäure, zugeführt werden, jedoch ist der Anteil dieser Fettsäure wesentlich geringer als bei *R. nigrum* (s. Tab. 1).

c) Stachelbeere
(*Ribes crossularia* L. = *TR. uvacrispa*):
Sie wurde erst im 16. Jahrhundert in Mitteleuropa in Kultur genommen. Die ersten Abbildungen stammen aus dem Jahr 1490. Heute gibt es zahlreiche ertragreiche und ertragssichere Zuchtsorten mit guter Qualität der Inhaltsstoffe und Resistenz gegen Krankheiten.
Die Stachelbeere bildet einen 0,60 bis 1,20 m hohen Strauch mit einzeln oder zu zweit stehenden unscheinbaren **Blüten**.
Die **Beeren** enthalten: 84 bis 88 % Wasser, 0,3 bis 0,6 % Eiweiß, 6 bis 8 % Dextrose und Laevulose, 1,2 % Pektine, 1,4 % freie Säuren (Zitronen-, Wein- und Apfelsäure), 3,5 % Rohfaser, 0,2 bis 0,6 % Asche, Gerbstoffe, Gummi. In den 3,6 mm x 1,8 mm großen, leicht keilförmigen Kernen mit einem Tausendkorngewicht von 3,7 g sind 16 bis 20 % fettes Öl enthalten, das durch seinen Anteil an 11 % γ-Linolensäure interessant ist (s. *Oenothera* u. Tab. 1).
Verwendet wird die Stachelbeere als Kompott, Marmelade, Frischobst, zu Konserven sowie zur Herstellung von Wein und Essig, wobei die Kerne für eine Ölnutzung anfallen. Unreife Früchte können starke Magen- und Darmerkrankungen hervorrufen und sogar toxisch wirken.

Bildlegenden (von links)

1 Junger Strauch der Schwarzen Johannisbeere im Garten.
2 Blüten-Anlage der Schwarzen Johannisbeere bei Blühbeginn.
3 Reife Früchte von *Ribes nigrum*.
4 Die Samen sind sehr unregelmäßig und haben ein Tausendkorngewicht um 1g.
5 Der Busch der Roten Johannisbeere wächst meist etwas mehr in die Breite.
6 Die langgestreckten Trauben von *Ribes rubrum* blühen von oben nach unten.
7 Die Früchte der Roten Johannisbeere sind je nach Genotyp (Sorte) unterschiedlich in Größe und Rispenbesatz.
8 Die unregelmäßig keilförmigen Samen (Kerne) haben ein Tausendkorngewicht um 4,5 g.
9 Stachelbeerstrauch im Hausgarten.
10 Früchte der Stachelbeere vor der Reife.
11 Die leicht keilförmigen Kerne haben ein Tausendkorngewicht von 3,5 bis 4,0 g.

Literatur

BAUER, R., F. GRUBER, F. KEEP, D. L. KNIGHT & F. NILSSON, 1962: *Ribes* L. In: KAPPERT & RUDORF: Handbuch der Pflanzenzüchtung. 2. Auflage, Bd. VI, 439–476. Verlag Paul Parey, Berlin.

HEGI, G., 1924: *Ribes* L. Johannisbeere. In: Illustrierte Flora in Mitteleuropa. Bd. IV/2, 641–654. Verlag Lehmanns, München.

RATLEDGE, C., 1980: Lipid Biotechnology: A Wonderland for the Microbial Physiologist. In: APPLEWHITE: Proceedings of the World-Conference of Biotechnology.

TRAITLER, H., H. J. WILLE & A. STUDER, 1988: Fractionation of Blackcurrant Seed Oil. JAOCS. 65, 755–757.

Ölgewinnung in Nebennutzung

Weinrebe
(*Vitis vinifera* L. ssp. *sativa* D. C.)

Biologie

Die Weinrebe gehört zur Familie der *Vitaceae* mit 10 Gattungen, von denen jedoch nur *Vitis* Fourn. als Kulturpflanze interessiert. Diese läßt sich in zwei Untergattungen aufteilen:

1. *Muscadinia* Planch. mit n = 20 Chromosomen
2. *Euvitis* Planch. mit n = 19 Chromosomen

Zum subgenus *Muscadinia* gehören nur 2, in Nordamerika vorkommende Arten, während subgenus *Euvitis* in 8 Gruppen mit insgesamt 32 Arten unterteilt wird. Die europäische und amerikanische Gruppe VIII = *Viniferae* enthält nur die Art *Vitis vinifera* L., die in 3 Subspecies zerfällt: 1. ssp. *sativa* D.C.; 2. ssp. *silvestris* C.M., beide in Mittel- und Südeuropa, Nordwestafrika, Westtürkei und Palästina vorkommend; 3. ssp. *caucasica* Vav. ist in Bessarabien, Südrußland, Armenien, Kaukasus, Iran, Kaschmir und Turkestan verbreitet. Es sind im Laufe der Rebenzüchtung eine große Zahl von Bastarden zwischen den Arten entstanden, die eine wichtige Rolle in der Resistenzzüchtung als Unterlagen spielen.

Die Weinrebe ist ein ausdauerndes **Holzgewächs** mit langen Trieben. Auch kurze Stammbildungen können durch entsprechenden Schnitt entstehen. Es wird ein kräftiges, tiefgehendes **Wurzelsystem** ausgebildet, so daß die Rebe auch auf trockenen Standorten wachsen kann. Der **Sproß** besteht aus Lang- und Kurztrieben. An den Langtrieben bilden sich Ranken und Geiztriebe. Die **Blütenstände** (Gescheine) sind als Kletteranken umgebildete, traubige Rispen. Ursprünglich ist die Rebe eine zweihäusige Pflanze. Die Kultursorten sind fast ausschließlich durch jahrtausendealte Auslese zwittrig, so daß ein sicherer Traubenansatz gewährleistet ist. Zwischen selbstfertilen, zwittrigen und vollkommen sterilen Reben gibt es alle Übergangsformen.

Die zwittrigen Kulturformen sind vorwiegend Selbstbefruchter; durch die meist herrschende Windbestäubung und die teilweise gegebene Insektenbefruchtung ist eine Fremdbefruchtung nicht ausgeschlossen.

Die Inhaltsstoffe der **Weintraube** variieren von Sorte zu Sorte und zwischen den Herkünften enorm, wodurch sich die Qualitätsunterschiede innerhalb der Produkte und die verschiedenen Nutzungsrichtungen ergeben. Es werden drei **Hauptnutzungen** unterschieden: Keltertrauben zur Wein- und

Saftherstellung, Tafeltrauben und Rosinensorten. Tafel- und Rosinentrauben sind heute vielfach kernlos, während in den normalen Beeren 1 bis 5 relativ große **Samen** ausgebildet werden. Die harten, etwa 7,3 mm x 4,7 mm großen, keilförmigen Samen (TKG 38 bis 45 g) enthalten 10 bis 20 % fettes Öl mit einer Fettsäurezusammensetzung von 50 bis 75 % der essentiellen Linolsäure (C 18:2), 13 bis 31 % Ölsäure (C 18:1[9]), 2 bis 6 % Palmitoleinsäure (C 16:1) und 6 bis 10 % gesättigte Fettsäuren (C 16:0 und C 18:0) (s. Tab. 1).

Geschichte und Verbreitung

Über die Entstehung und Herkunft der *Vitis*-Arten besteht keine eindeutige Klarheit. Es gibt zwar einige fossile Funde aus Mitteleuropa bis in die späte Kreidezeit. Auch lassen sich die einzelnen Gruppen in die Genzentren von VAVILOV recht gut einordnen, jedoch sind noch viele Fragen offen. Geklärt ist, daß *Vitis vinifera* aus dem südeuropäischen Genzentrum, das sich von Gibraltar bis Afghanistan erstreckt, stammt.

Ebenso ist die Abstammung unseres kultivierten Weines nicht restlos sicher: Einige Forscher nehmen als Stammform ssp. *silvestris*, die in den Auewäldern West- und Südwestdeutschlands heute noch zu findende Waldrebe, an, während andere in ssp. *caucasica* die Stammform unserer angebauten ssp. *sativa* sehen.

Die Rebe ist eine sehr alte Kulturpflanze, die bei allen Kulturvölkern des Altertums in der Ernährung der Menschen eine große Rolle spielte. Wir haben viele bildliche Darstellungen und schriftliche Überlieferungen vom Anbau, der Herstellung und der Verwendung des Weines als Nahrungs-, Genuß- und Heilmittel. Auch über die Verbesserung der Sorten durch Selektion, über Gründüngung im Weinbau, liegen Empfehlungen aus der Zeit vor Christus vor. Im Mittelalter haben die Klöster den Weinbau betrieben und verbessert. Aus neuerer und neuster Zeit sind viele Namen zu nennen von Weinbauern, Beratern, Wissenschaftlern, die durch die Züchtung neuer Sorten oder durch Verbesserungen im Anbau oder in der Kellerwirtschaft den Weinbau und alles, was damit zusammenhängt, weiter entwickelt haben. Ein Meilenstein in der Rebenzüchtung war die Entwicklung pilzresistenter Sorten durch amerikanische und französische Züchter aus Kreuzungen zwischen amerikanischen und eurpäischen *Vitis*-Arten. Dies trug wesentlich zur Ausdehnung des Weinanbaues in feucht-heiße Gebiete der Tropen bei. Es werden heute etwa 10 Mio. ha Wein in der Welt angebaut mit einer Erzeugung von 68 Mio. t Trauben. In Europa stehen 5,0 Mio. ha Reben mit einer Traubenproduktion von 36,0 Mio. t.

Nutzung und Verwertung

Von der oben genannten Erzeugung gehen in der Welt 350 Mio. hl in die Wein- und Saftproduktion, 0,96 Mio. t in die Rosinenverarbeitung, und 7,1 Mio. t werden direkt verzehrt. In Europa werden verwertet: 23,8 Mio. t als Tafeltrauben und 0,15 Mio. t als Rosinen.

Bei der Wein- und Saftherstellung fällt als Preßrückstand ein Trester an, der die Scha-

Ölgewinnung in Nebennutzung

len, Rispen und Kerne enthält. Vielfach wird aus dem Trester noch **Tresterwein** und nach Vergärung des Tresters **Branntwein** (Grappa, Tresterschnaps) hergestellt. Auch in den Rückständen dieser Weiterverarbeitung bleiben die harten Samen unbeschädigt und können auch danach noch einer **Ölgewinnung** zugeführt werden.
Das durch Kaltpressung oder Extraktion und nachfolgender Raffination gewonnene Traubenkernöl hat eine helle Farbe, angenehmen Geschmack und besitzt durch seinen hohen Anteil an Linolsäure (s. Tab. 1) einen beachtlichen ernährungsphysiologischen Wert.
Die Rückstände, die bei der Gewinnung von Traubenkernöl anfallen, **Traubenkernkuchen** und **Traubenkernschrot**, haben 17 % Rohfaser und nur einen geringen Rohproteingehalt sowie viel Gerbsäure. Sie sind deshalb für die Tierernährung nur schlecht oder überhaupt nicht geeignet. Lediglich als Heizmaterial sind sie zu verwenden.
Wieviel der im Trester anfallenden Traubenkerne einer Ölgewinnung zugeführt werden, hängt von der Wirtschaftlichkeit, d. h. dem Preis des Traubenkernöles, ab.

Es gibt noch eine große Zahl von **Obstgehölzen**, die in ihren Samen fettes Öl speichern, das aus den Rückständen der Obstverarbeitung gewonnen werden kann, wenn eine Wirtschaftlichkeit gegeben ist. In Tabelle 5 sind die verbreitetsten Obstbäume und -sträucher mit ihrem Ölgehalt in den Samen und dem Fettsäuremuster zusammengestellt.

Bildlegenden (von links)
1 Moderne Weinanlage im Rheingau (hier mit Gründüngung).
2 Ältere Weingärten in der Pfalz.
3 Weinrispe (Gescheine) bei Abblüte.
4 Weiße Trauben zur Zeit der Lese.
5 Die keilförmigen Kerne sind sortentypisch unterschiedlich groß (Tausendkorngewichte von 35 bis 45 g).

Ölgewinnung in Nebennutzung

Tabelle 5: Obstbäume und -sträucher mit ölhaltigen Samen (Ölgewinnung in Nebennutzung) (HACKBARTH, HILDITCH, BRADDOCK u. a.)

Art	Fettgehalt % im Kern	Palmitinsäure C 16:0	Stearinsäure C 18:0	Ölsäure C 18:1	Linolsäure C 18:2	Linolensäure C 18:3
Prunoideae (Steinfrüchte)						
Aprikose (*Prunus armenica*)	38–42	2–4		60–70	10–20	
Pfirsich (*Prunus persica*)	40–50	2–6		55–65	15–20	
Pflaume (*Prunus domestica*)	19–25	6–8	4–6	55–60	25–35	
Sauer- u. Süßkirsche (*Prunus cerasus, P. acida, P. avium*)	18–24	3–5	1–3	45–50	35–45	
Pomoideae (Kernobst)						
Apfel (*Malus communis*)	22–30	2–8		50–60	10–20	2–4
Birne (*Pirus communis*)	12–14	2–4[1])		60–70	4–6	4–8
Quitte (*Cidonia oblonga*)	14–16	6–8		40–50	30–40	2–4
Mispel (*Mespilus germanica*)	4–6	4–6		50–65	20–30	2–3
Apfelsine (Orange) (*Citrus sinensis*)	10–15	25–28	4–6	26–28	36–40	3–4
Zitrone (*Citrus limon*)	8–12	20–28	3–5	24–32	33–35	6–8
Grapefrucht (*Citrus paradisi*)	6–12	28–30	1–4	25–28	35–38	2–4

[1]) 0,5 bis 1,0 % Laurinsäure (C 12:0)

Literatur

ALLEWELDT, G., 1989: Weintraube. In: REHM: Handbuch der Landwirtschaft und Ernährung in den Entwicklungsländern. 2. Auflage, Bd. 4, 301–310. Verlag Eugen Ulmer, Stuttgart.

BRADDOCK, R. J., 1974: Citrus seeds: a potential food source. Span. 17, 86–87.

HACKBARTH, J., 1944: Die Weinrebe. In: Die Ölpflanzen Mitteleuropas. 329–334. Wissenschaftl. Verlagsanstalt, Stuttgart.

HUSFELD, B., 1962: Reben. In: KAPPERT & RUDORF: Handbuch der Pflanzenzüchtung. 2. Auflage, Bd. VI, 723–773. Verlag Paul Parey, Berlin.

Ölgewinnung in Nebennutzung

Tomate
(*Lycopersicon esculentum* Mill. = *Lycopersicon lycopersicum* (L.) Kassten ex Farw.)

Biologie
Die Tomate *Lycopersicon esculentum* gehört zur Familie der Nachtschattengewächse (*Solanaceae*). Einige andere für die Tomatenzüchtung interessante Arten sind: *Lycopersicon hirsutum, L. peruvianum* und *L. pimpinellifolium*. Die Wildart *L. pimpinellifolium* Mill. ist wahrscheinlich die Ausgangsform der heutigen *L. esculentum*, wobei sich diese über die heute noch kultivierte Kirschtomate *L. esculentum* var. *cerasiforme* (Dun.) Alf. entwickelt hat.

Die Tomate ist eine einjährige krautige Pflanze von 50 bis 150 (maximal 200) cm Höhe. Es sind zwei Wuchstypen zu unterscheiden:

1. Der größere Teil der Sorten hat ein »unbegrenztes« (undeterminiertes) Wachstum, sie werden meist eintriebig gezogen, indem die in den Blattachseln entstandenen Seitentriebe ausgebrochen (ausgegeizt) werden.
2. Andere Formen haben ein determiniertes (begrenztes) oder teilbegrenztes (semideterminiertes) Wachstum, sie werden als »Buschtomaten« bezeichnet.

Die Zahl der Chromosomen beträgt n = 12. Kreuzungen zwischen den verschiedenen Arten gelingen teils schwer und teilweise leicht.

Die Tomate bildet eine kräftige, tiefgehende **Pfahlwurzel**, die eine gute Wasser- und Nährstoffaufnahme gewährleistet. Die **Laubblätter** sind meist einpaarig gefiedert bis gelappt. Die **Blüten** stehen in Trauben, jeweils in den Blattachseln. Die Einzelblüte hat eine grünlich-gelbe, fünfteilige Krone, fünf große, zusammengewachsene Antheren, die auf kurzen Staubfäden der Krone aufsitzen. Die am Ende etwas verdickte Narbe überragt die Antheren. Es überwiegt Selbstbefruchtung, bei freier Abblüte werden nur etwa 5 % Kreuzungen gefunden.

Aus dem oberständigem Fruchtknoten entwickelt sich die von rund, herzförmig bis eiförmig und birnenförmig variierende, meist glatte oder mehr oder weniger gefurchte **Frucht**, die aus 2 bis 4 verwachsenen, eingeschlagenen Fruchtblättern mit einem markreichen Zentrum und zahlreichen Samen besteht. Die Fruchtgröße variiert zwischen den Genotypen und durch Wachstumsbedingungen modifiziert erheblich von 1 bis 12 cm. Die Fruchtschale verfärbt sich während der Reife von grün zu gelb, hellrot oder dunkelrot. Die **Samen** sind von einer schleimigen Gallertschicht umgeben, die

durch Auswaschen über feinen Sieben entfernt werden kann. Der Samen ist breit keilförmig, abgeflacht, weißlich gelb und stark behaart, 2 bis 4 mm lang, 2 bis 4 mm breit und 0,5 mm dick mit einem Tausendkorngewicht von 2,7 bis 3,3 g.
Die Tomatenfrüchte enthalten nur 5 bis 8 % Trockensubstanz, 0,95 % Rohprotein, 0,21 % Fett, 3,28 % Kohlehydrate, 0,75 % Rohfaser und 0,62 % Mineralstoffe. In 100 g Frischsubstanz sind weiter enthalten: 0,82 mg Carotin, 0,057 mg Vitamin B_1, 0,035 mg Vitamin B_2, 0,53 mg Nicotinamid, 24,2 mg Vitamin C; außerdem ätherische Öle und organische Säuren, die zusammen mit Traubenzucker den jeweils typischen Geschmack einer Sorte ausmachen. Die Züchtung ist bemüht, je nach Verwendung der Inhaltsstoffe, im Sinne einer Qualitätsverbesserung zu optimieren.
Die Samen enthalten 24 bis 30 % fettes Öl in der Trockensubstanz mit 50 bis 65 % Linolsäure, 14 bis 20 % Ölsäure und 15 bis 30 % gesättigte Fettsäuren (C 16:0, C 14:0, C 18:0), wie in Tabelle 1 zu ersehen ist. Weiter sind in den Kernen 28 bis 32 % Rohprotein enthalten.
Die Tomate ist, ihrer Herkunft entsprechend, eine wärmebedürftige Pflanze: mit einer Keimtemperatur von 30 bis 35 °C; das Minimum für Keimung und Wachstum liegt bei 10 °C und das Optimum für Wachstum und Entwicklung bei 21 bis 24 °C.

Geschichte und Verbreitung

Als primäres Genzentrum gilt allgemein die Region Peru/Ecuador. Die Domestikation erfolgte wahrscheinlich in Mexiko. Die Indianer nennen sie »tumatle«. Wahrscheinlich ist die Pflanze schon bald nach der Entdeckung Amerikas nach Europa gekommen, sie wurde jedoch wegen ihres ungewöhnlichen Geschmacks nicht als Nahrungsmittel genutzt. In Deutschland führte sie sich erst nach der Jahrhundertwende ein. Heute ist die Tomate eine Weltwirtschaftspflanze mit einer Produktion von 65 Mio. t in der Welt und von 17 Mio. t in Europa. Die Hauptanbauländer sind die USA, Italien, Spanien und die Türkei. Die Erträge schwanken verständlicherweise je nach Anbausystem von 10 bis 20 t/ha in den Tropen, 20 bis 50 t/ha in den Subtropen mit Bewässerung und über 100 t/ha in Israel und Mexiko mit Tropfbewässerung und Flüssigdüngung.

Nutzung und Verwertung

Die Nutzung und Verarbeitung dieser riesigen Ernte erfolgt: 1. als Frischgemüse, 2. als Importware durch Kühlfahrzeuge, 3. als Konserven, 4. als Tomatenmark und 5. als Tomatensaft. Bei der Produktion von Tomatenmark und -saft fallen große Mengen von Samen an, die leicht von den Schalenbestandteilen getrennt und einer Ölgewinnung zugeführt werden können. Das Öl der Tomatensamen ist reich an der essentiellen Linolsäure (s. Tab. 1), so daß es ein geschätztes Speiseöl ergibt. Die relativ hohen Anteile an gesättigten Fettsäuren, insbesondere an C 14:0 = Myristinsäure, macht dieses Öl auch für die Oleochemie interessant. Über die Züchtung von besonders samenreichen Sorten könnte die Nebennutzung intensiviert werden, im besonderen, wenn

Ölgewinnung in Nebennutzung

durch die Hybridzüchtung, die über männlich sterile Formen möglich ist, höhere Samenleistungen je Fläche erzielt werden können.

Eine nahe Verwandte der Tomate, der **Paprika** (*Capricum annuum* L.) stammt aus dem tropischen Amerika. Er wird als Gemüse- oder als Gewürzpflanze in allen gemäßigten und tropischen Ländern kultiviert. Groß ist die Variabilität der angebauten Formen, vom roten, scharfen »spanischen Pfeffer« mit viel Amid »Capsaicin« bis zu den roten, gelben oder grünen milden (süßen) Gemüsepaprikasorten. Der Ölgehalt in den Samen des Paprika beträgt 24 bis 26 % mit 9 bis 10 % Palmitinsäure (C 16:0), 1,0 bis 2,5 % Stearinsäure (C 18:0), 8 bis 10 % Ölsäure (C 18:1) und 70 bis 80 % Linolensäure.

Aus der Gruppe der gartenbaulichen Ackerpflanzen, deren Samen fettes Öl in Nebennutzung liefern können, ist noch der **Spargel** (*Asperagus officinalis* L.) zu nennen. Die roten, runden Spargelfrüchte enthalten je drei rundovale Samen, von 3,5 bis 4,5 mm Länge, 3,0 bis 3,5 mm Breite und 2,0 bis 2,5 mm Dicke. Das Tausendkorngewicht beträgt 18 bis 20 g. Die Samen enthalten 14 bis 18 % fettes Öl mit hohen Anteilen an Linol- und Linolensäure.

Bildlegenden (von links)

1 Buschtomaten im Feld bei Blühbeginn.
2 Die buschigen Typen können auch in größeren Töpfen auf dem Balkon kultiviert werden.
3 Die Blüten stehen in Trauben jeweils in den Blattachseln.
4 Die Einzelblüte hat eine grünlich-gelbe, fünfzipfelige Krone, die fünf Antheren sind zusammengewachsen und stehen unter der etwas verdickten Narbe.
5 Die Frucht besteht aus 2 bis 4 verwachsenen, eingeschlagenen Fruchtblättern mit zahlreichen Samen.
6 Die ausgewachsenen und getrockneten Samen sind abgeflacht, weißlich gelb und stark behaart.

Literatur

BECKER-DILLINGEN, J., 1924: Handbuch des Gemüsebaues. Verlag Paul Parey, Berlin.

CURRENCE, T. M., 1962: Tomato Breeding. In: KAPPERT & RUDORF: Handbuch der Pflanzenzüchtung. 2. Auflage, Bd. VI, 351–368. Verlag Paul Parey, Berlin.

HACKBARTH, J., 1944: Die Tomate. In: Die Ölpflanzen Mitteleuropas. 338–340. Wissenschaftliche Verlagsgesellschaft, Stuttgart.

PRINZ, D., 1989: *Solanaceae*, Tomate. In: REHM: Handbuch der Landwirtschaft und Ernährung in den Entwicklungsländern. 2. Auflage, Bd. 4, 287–294. Verlag Eugen Ulmer, Stuttgart.

Ölgewinnung in Nebennutzung

Tabak
(*Nicotiana tabacum* L. und *N. rustica* L.)

Biologie
Die ebenfalls zur Familie der *Solanaceen* gehörende Gattung *Nicotiana* hat etwa 60 Arten, von denen nur die beiden Arten *N. tabacum*, der gewöhnliche Tabak, und *N. rustica*, der Bauerntabak (Machorka) kultiviert werden. Beide Arten sind natürlich entstandene Anphidiploide mit n = 24 Chromosomen: *N. tabacum* = *N. sylvestris* Speg. et Comes (n = 6) + *N. tomentosiformis* Goodspeed (n = 6), und *N. rustica* = *N. paniculata* L. (n = 6) + *N. undulata* Ruiz et Pavon (n = 6). Eine systematische Unterteilung der beiden Arten erfolgte nach dem jeweiligen charakteristischen Merkmalen und dem Herkunftstyp: Virgin, Orient, Burley, Maryland, Kentucky, Havanna, Brasil für *Nicotiana tabacum* und für *N. rustica*: Machorka, Gelber Machorka, Bakun, Tombak, Dunsa, die verschiedenen Varietäten zugeordnet werden können.
Alle genannten Arten und Rassen haben n = 24 Chromosomen und können fertil miteinander gekreuzt werden. *Nicotiana rustica* hat nur in der UdSSR und in Polen eine wirtschaftliche Bedeutung als billiger Pfeifentabak und für die Selbstherstellung von Zigaretten.
Der Rauchtabak hat einen aufrechten, festen **Stengel** von 50 bis 200 cm Länge. Die **Wurzel** ist eine ausgeprägte Pfahlwurzel mit kräftigen Verzweigungen, die reichlich von VA-Mykorrhiza besiedelt sind. Nur eine ausreichende Mykorrhiza-Entwicklung läßt den Tabak normal kräftig wachsen und verhindert, bzw. vermindert den Befall durch Schadorganismen. Die **Blätter** sind oft groß, oval bis lanzettlich, sie sind wechselständig angeordnet. Der **Blütenstand** bil-

Ölgewinnung in Nebennutzung

det eine breite, lockere Rispe. Die Blütenblätter sind trichterförmig und hellrot bis rosa und bei *N. rustica* gelb gefärbt. Die **Frucht** ist eine ovale, zwei- bis vierfächrige, hell- bis dunkelbraune Kapsel mit einer großen Zahl von kleinen Samen. Die **Samen** sind etwa 0,65 mm lang, 0,5 mm dick, eiförmig, mit deutlichem Nabel und genetzter Oberfläche. Das Tausendkorngewicht liegt bei 0,065 bis 0,083 g. Eine Pflanze erzeugt etwa 400.000 Samen.

Der Samen des im Wuchs kleineren und anspruchsloseren *N. rustica* ist etwas größer mit einem Tausendkorngewicht von 0,096 bis 0,100 g.

Der **Ölgehalt** schwankt, je nach Sorte und Herkunft der beiden Arten, zwischen 33 und 45 %. Das Fettsäuremuster hat 55 bis 75 % Linolsäure (C 18:2), 15 bis 30 % Ölsäure und 5 bis 15 % gesättigte Fettsäuren (s. Tab. 1). Das raffinierte Öl ist nach der Fettsäurezusammensetzung ein hochwertiges Speiseöl, das auch als trocknendes Öl für technische Zwecke eingesetzt werden kann.

Nach entsprechenden Untersuchungen können 6,0 bis 7,5 dt/ha, maximal 10 dt/ha Samen in Nebennutzung geerntet werden.

Geschichte und Verbreitung

Die oben erwähnten natürlichen Kreuzungen mit nachfolgender Chromosomenverdopplung, die zu den beiden heute kultivierten Arten *N. tabacum* und *N. rustica* führten, sind wahrscheinlich im südamerikanischen Genzentrum von Nordwest-Argentinien und Peru entstanden. Von dort haben die Indianer den Tabak auf dem gesamten Kontinent Amerika kultiviert. Hier konnten sich unter den unterschiedlichen Klima- und Anbaubedingungen verschiedene Formen und Rassen bilden. Nach Europa ist der Tabak in der zweiten Hälfte des 16. Jahrhunderts gekommen und wurde vor allem durch den französischen Gesandten in Portugal NICOT propagiert. Er diente zuerst als Heilpflanze und später als Schnupftabak. Es wurden danach Tabaksamen aus den verschiedensten Gebieten Amerikas nach Europa gebracht und in unterschiedlichen Ländern angebaut. Auch andere Wanderwege von Amerika über Indien und Persien von chinesischen oder japanischen Tabakvarietäten führten nach Europa. So ist wohl ein sekundäres Formbildungszentrum für »Orienttabake« in Vorderasien, am Ägäischen und Schwarzen Meer bis nach Maze-

Ölgewinnung in Nebennutzung

donien entstanden. Als der Tabak als Genußmittel, trotz (oder wegen) der Anbauverbote bekannt wurde, erfuhren die verschiedensten Formen im 17. und 18. Jahrhundert eine schnelle Ausbreitung.
Heute werden in der Welt jährlich 6,5 Mio. t lufttrockener Blattabak erzeugt, davon 3,4 Mio. t in Asien mit 1,8 Mio. t in China, 1,5 Mio. t in Nord- und Südamerika mit 0,8 Mio. t in USA und 0,4 Mio. t in Brasilien; 0,8 Mio. t in Europa und 0,4 Mio. t in der UdSSR.
Die **Blatterträge** schwanken je nach Sorte, Klima und Standort von 600 bis 2.500 kg lufttrockene Blätter je Hektar.

Nutzung und Verwertung

Die Ernte und Aufarbeitung des Tabaks, vom Pflücken der Blätter von Hand oder mit Maschinen, über das Aufhängen, Trocknen, Fermentieren, Sortieren und Reifenlassen, bis zur Verarbeitung erfordert auch heute noch viel Handarbeit. Der Tabak wird je nach Sortierung und Herkunft sowie Sorte und Erntezeitpunkt zu Kautabak, Zigaretten, Pfeifentabak und Zigarren verarbeitet.
In trockenen Blattgut sind 0,5 bis 5,0 % Nikotin enthalten. Das Nikotin wird schon von den Schleimhäuten des Mundes und der Luftröhre gelöst und aufgenommen. Die Wirkung und die Aufnahme des Giftes ist deshalb die gleiche, ob Tabak geraucht, geschnupft oder gekaut wird.
Eines der wichtigsten Zuchtziele ist heute die Verminderung des Nikotin- und Teeranteiles im Tabakblatt.
Zur Gewinnung des an sich wertvollen **Tabaksamenöles** ist es notwendig, daß die Blütenstände, die normalerweise bei Blühbeginn gekappt werden, damit der Tabak nicht durch die auf den Blättern haftenden herabfallenden Blütenblätter verschmutzt wird, an der Pflanze belassen werden. Dies bedeutet aber, daß die herabfallenden Blütenblätter mehrmals durch Schütteln von den Blättern entfernt werden müssen. Auch sind die Blatterträge von nicht gekappten Beständen meist um 5 bis 10 % niedriger. Hinzu kommt das Dreschen und Trocknen der Samen.
Inwieweit diese Aufwendungen heute durch den Erlös aus der Samenernte abgedeckt werden, hängt vom zu erzielenden Preis des Tabaksamenöles ab.

Bildlegenden (von links)

1 Tabakbestand in voller Blüte.
2 Aus einem Zuchtgarten: vorne rechts Wildform.
3 Die trichterförmigen, hellrot, rosa oder gelb gefärbten Blüten stehen in einer breiten, lockeren Rispe.
4 Die ovale Frucht wird weitgehend von den Kelchblättern umschlossen.
5 Zur Reife sind die Kapseln hell- bis dunkelbraun, sie enthalten zahlreiche kleine Samen von etwa 0,65 mm Länge und 0,5 mm Dicke.

Literatur

BOLSUNOV, I., 1961: Die Tabakzüchtung für europäische Verhältnisse. In: KAPPERT & RUDORF: Handbuch der Pflanzenzüchtung. 2. Auflage, Bd. V, 152–203.

FRANKE, W., 1976: Nutzpflanzenkunde. 324–327. Verlag Georg Thieme, Stuttgart.

HACKBARTH, J., 1944: Der Tabak. In: Die Olpflanzen Mitteleuropas. 334–338. Wissenschaftliche Verlagsgesellschaft, Stuttgart.

REISCH, W., 1989: Tabak. In: REHM: Handbuch der Landwirtschaft in den Entwicklungsländern. 2. Auflage, Bd. 4, 459–470. Verlag Eugen Ulmer, Stuttgart.

Ölgewinnung in Nebennutzung

Mais
(*Zea mays* L.)

Mais ist wie die anderen Getreidearten vornehmlich eine kohlehydratliefernde Pflanze. Durch den beachtlichen Gehalt an Öl in den Getreidekeimen, die in großen Mengen bei der Mehlherstellung anfallen, werden die Getreidearten, und besonders Mais, zur Ölpflanze in Nebennutzung.

Biologie
Der Mais gehört zur Familie der *Gramineae* (Gräser) und bildet mit 8 weiteren Gattungen den Stamm *Maydeae* (Maisgräser) = *Tripsaceae*. Die Gattung *Zea* hat nur eine Art *Zea mays* L. Die große Formenmannigfaltigkeit wird in verschiedene Gruppen (Convarietäten) nach Kornmerkmalen (= Beschaffenheit des Endosperms) unterteilt (s. Darst. 16).
Neben diesen hier genannten Maisformen unterscheidet man noch den Spelzmais, bei dem die Spelzen wie bei anderen Getreidearten voll ausgebildet sind.
Darstellung 16: Convarietäten des Maises (*Zea mays* L.)
Alle Convarietäten haben n = 10 Chromosomen und sind voll fertil miteinander kreuzbar.
Mais ist eine einjährige, **C4-Pflanze**, die hohe Temperaturen und Sonneneinstrahlungen durch hohe Assimilationsleistungen nutzen kann. Der **oberirdische Sproß** wird bis zu 3 und 4 m hoch. Es wird bei Zuchtsorten meist nur ein Stengel ausgebildet (= Zuchtziel). Die **Wurzeln** sind weit verzweigt und tief in die Erde eindringend, wodurch eine gute Nährstoff- und Wasseraufnahme gewährleistet ist. Vielfach werden aus den ersten oberirdischen Halmknoten Stützwurzeln (auch kurze Luftwurzeln) gebildet, die die Standfestigkeit der großen Pflanze wesentlich verbessern.
Die langen, breit lanzettlichen **Laubblätter** entspringen einzeln den Halmknoten in Abständen von 10 bis 30 cm. Der Sproß endet

im **männlichen Blütenstand** (Fahne), der die Pflanze deutlich überragt. Jede männliche Blüte besteht aus 2 Blütchen mit je 3 Antheren. Die **weibliche Blüte** steht in ein bis zwei mittleren Blattachseln als ein von Lieschblättern umhüllter Kolben mit 12 bis 36 Reihen von je zwei Blütchen, von denen nur eins fruchtbar ist. Die Narben sind bis 50 cm lange, klebrige Fäden, die zur Blüte aus den Hüllblättern (Lieschen) heraushängen.

Die dicht am Kolben zwischen kleinen schuppenförmigen Spelzen sitzenden **Früchte** sind Achänen (Frucht und Samenschale sind fest miteinander verwachsen), die je nach Convarietät (s. Darst. 16) ausgebildet sind.

Mais ist eine monözisch-dikline (einhäusig-zweiständige) Pflanze, d. h., die beiden Geschlechter stehen getrennt auf einer Pflanze. Dies bedeutet, daß Mais fast ausschließlich durch fremden Pollen befruchtet wird. Die Folge ist eine große Formenmannigfaltigkeit für fast alle Merkmale, da durch die Kreuzbefruchtung immer neue Gen- und

Das **Maiskorn** setzt sich nach BERGER und BROUWER wie folgt zusammen:

Fraktion	Protein	Fett	Zucker	Stärke	Asche	Rohfaser	Anteil am Gesamtkorn
	in % der Trockenmasse						
Gesamtkorn	10,0	4,8	1,9	71,9	1,5	2,0	100,0
Mehlkörper	9,4	0,8	0,6	86,4	0,3	0,4	81,1
Keimling	18,8	34,4	10,8	8,2	10,1	1,5	11,9
Frucht u. Samenschale	8,4	3,8	0,9	6,2	1,2	10,2	6,1

Merkmalskombinationen entstehen. Dies erklärt die gute Anpassungsfähigkeit an die unterschiedlichen Umweltbedingungen und die hohe Leistungsfähigkeit. Der einhäusig-getrenntstehende männliche Blütenstand erleichtert aber auch eine züchterische Bestäubungslenkung in Form der erzwungenen Selbstung oder der gezielten Kreuzung. Es können durch Entfernen der männlichen Blütenstände (Entfahnen) relativ leicht Kastrationen bei Einzelpflanzen und auch in großen Beständen durchgeführt werden. Dadurch lassen sich homozygote (gleicherbige) Linien und heterozygote Kreuzungen (Hybriden) herstellen. Darüber hinaus konnten männlich sterile Linien entwickelt werden, die ohne Entfahnung Hybridsaatgut liefern.

Der **Keimling** mit seinem hohen Ölgehalt von 30 bis 45 % nimmt fast 12 % der Gesamtfrucht ein, dadurch kommt der Fettgehalt des Gesamtkornes auf 3 bis 7 %. Das Fettsäuremuster besteht zu 40 bis 68 % aus Linolsäure, 20 bis 32 % Ölsäure und 8 bis 14 % gesättigte Fettsäuren, hauptsächlich Palmitinsäure (C 16:0) (s. Tab. 1). Auch hat

(Darstellung 16)

Convarietäten des Maises (Zea mais L.)

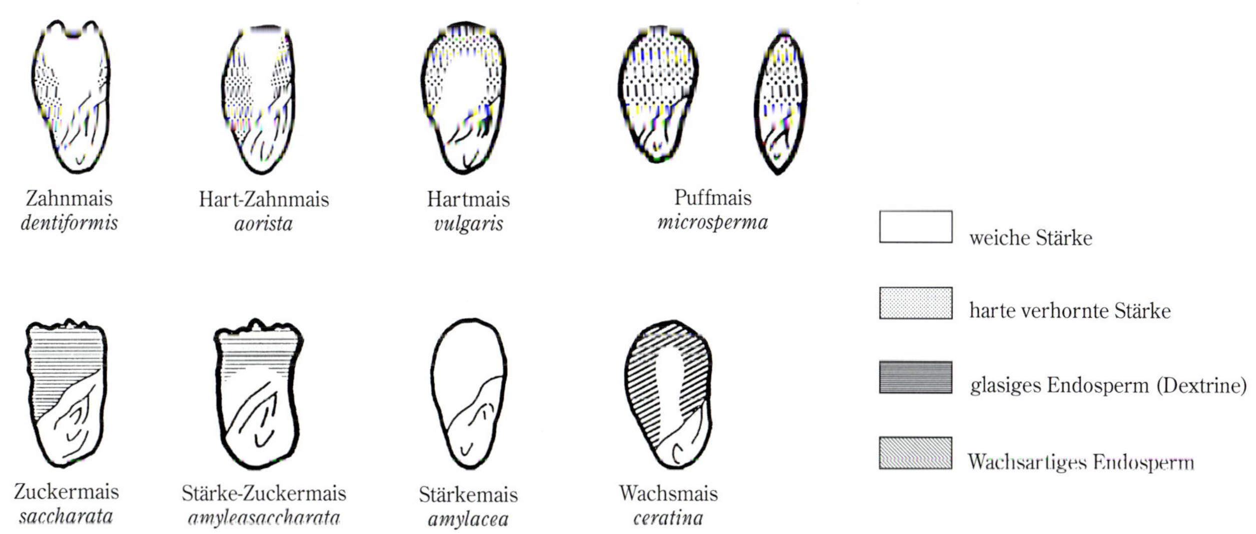

Ölgewinnung in Nebennutzung

das Maiskeimöl einen hohen Tokopherolanteil. Es handelt sich also um ein hochwertiges Speiseöl mit diätetischer Wirkung.

Geschichte und Verbreitung
Die Heimat des Maises ist die Neue Welt. Nach VAVILOV liegt sein Genzentrum im Nord-Westen von Süd-Amerika. Hier wurde er schon 3000 v. Chr. von den Indianern kultiviert. Mit den indianischen Kulturen breitete sich der Mais in vorkolumbianischer Zeit in Amerika nach Süden und Norden aus und wurde zur wichtigsten Nahrungspflanze Nord- und Süd-Amerikas. Viele Bildwerke sakraler Kunst und Zierabbildungen, vor allem in Peru, zeigen Mais-Pflanzen und -Kolben. Diese Abbildungen zeigen eine erstaunliche Vielförmigkeit in der Korn- und Pflanzenausbildung. Daß der Mais eine der ältesten Kulturpflanzen der Erde ist, beweisen auch archäologische Funde in Höhlen und Felsenkammern Neu-Mexikos, die auf 4500 Jahre geschätzt werden.
Umstritten ist die Abstammung des heutigen Kulturmaises. Aus den zahlreichen Funden frühester Maisreste kann man ableiten, daß der Vorfahre des Maises ein Wildgras mit bespelzten Körnern war. Dieses Gras wurde über lange Zeit allmählich von den Indios kultiviert. Über die Vorstellung, wie dieser Urmais ausgesehen haben könnte, gibt es zwei Theorien:

1. Nach FORD war die ursprüngliche Wildpflanze eine einjährige Teosinte (*Zea mexicana* = *Zea mays* L. ssp. *mexicana* Iltis), die schon in der Nacheiszeit von den Indianern der Jäger- und Sammlerstufe domestiziert wurde. Der »Urmais« existiert demnach in der Teosinte noch heute.
2. Nach MANGELSDORF wuchs in der Nacheiszeit in Mittelamerika ein bespelzter Wildmais, den die Indios sammelten. Später, etwa 9000 v. Chr. hat dieser sich mit dem eingewanderten Wildgras Teosinte gekreuzt. Die Kreuzungen wurden wegen ihrer hohen Erträge verstärkt von den inzwischen Ackerbau treibenden Indianern angebaut.

Wenn auch die Frage nach dem Urmais nicht beweiskräftig geklärt werden kann, so steht doch fest, daß Mais in vor- und frühgeschichtlicher Zeit von den Indios in Amerika als einzige Kulturgetreideart kultiviert wurde.
Christoph KOLUMBUS berichtete über diese Getreidepflanze, die die Hauptnahrung

der Eingeborenen darstellte, und nannte sie »Mais« nach dem indianischen Namen »Marisi« oder »Malize«. Die zweite Expedition brachte 1493 von Kuba Maisproben nach Spanien. Zunächst wurde er als Rarität nur in Gärten angebaut. Sein hoher Wert als Kulturpflanze war schnell zu erkennen. Er breitete sich in den folgenden Jahren von Spanien ausgehend in Frankreich, Italien, den Balkanländern, bis nach Südrußland, der Türkei und Nordafrika aus. Zu Beginn des 16. Jahrhunderts kam der Mais durch die Portugiesen an die Westküste Afrikas und etwas später nach Indien und China. Die europäischen Siedler in Amerika übernahmen den Mais von den Indianern. Hierbei gelangte er im 19. Jahrhundert in seine wichtigsten Anbaugebiete in den heutigen Staaten: Iowa, Ohio, Illinois und Indiana (Corn-Belt). Hier entstanden von 1900 an Hybrid-Sorten, die vor allem nach 1945 Europa und fast die ganze Welt eroberten.
Dank der Vielförmigkeit und durch seine Anpassungsfähigkeit an wechselnde Umweltbedingungen wird Mais heute in Meereshöhe und in über 3000 m über NN, vom Äquator bis Südschweden, bis zum 60sten nördlichen und 45sten südlichen Breitengrad, als Kulturpflanze angebaut.
Die Anbaufläche hat in allen Gebieten, in denen der Maisanbau möglich ist, von insgesamt 82,7 Mio. ha 1948/50 auf 127,0 Mio. ha 1985/88 zugenommen. Die Produktion stieg in der Welt von 138,2 Mio. t 1948/50 auf 449,5 Mio. t 1985/88. Damit ist Mais an die zweite Stelle des Getreidebaus nach Weizen, vor Reis gerückt. Die Verbreitung in **Europa** ist ebenfalls enorm gewachsen: 1948/50 10,8 Mio. ha auf 11,4 Mio.ha 1985/88 mit einer Produktion von 67,9 Mio. t. In Europa hat der Maisanbau die größte Bedeutung in Rußland mit 3,5 Mio. ha und in Rumänien mit 3,2 Mio. ha. In Jugoslawien werden 2,2 Mio. ha, in Frankreich 1,6 Mio. ha und in Ungarn 1,3 Mio. ha Mais angebaut.

Nutzung und Verwertung

Große Mengen Mais werden an Schweine, Geflügel, Rinder u. a. verfüttert und dienen so, über das Tier verändert, der menschlichen Ernährung. Besonders in klimatisch ungünstigen Regionen, wo die Temperaturen für die vollständige Kornausreife nicht ausreichen, wird Mais zur Grünfütterung und zur Silagegewinnung angebaut. Aber auch eine Ernte der nicht vollreifen Kolben, mit einem Wassergehalt von etwa 25 bis 30 %, zur Silierung als »Corn-Cop-Mix«, ist zur Einsparung der hohen Trocknungskosten in weniger günstigen Anbaugebieten möglich.
In vielen Teilen der Welt ist der Mais das wichtigste **Direkt-Nahrungsmittel** in vielerlei Form, als »tägliches Brot des armen Mannes«.
Viel Mais wird noch direkt verzehrt in Portugal, den Balkanländern, in Afrika, in Indien und Süd-Amerika. In den verschiedenen Ländern werden unterschiedliche Speisen aus Mais hergestellt, wie »Polenta«, »Tortilla«, »Pop-corn«, u. a. m.
Mais ist in erster Linie durch seinen hohen Kohlehydratgehalt ein Energieträger der Ernährung. Im Durchschnitt enthält das

Maiskorn 77 % Stärke, 2 % Zucker, 9 % Protein, 5 % Fett, 5 % Pentosane und 2 % Asche sowie wechselnde Carotin-Anteile. Es treten jedoch je nach Genotyp große Unterschiede im Proteingehalt und in der Eiweißzusammensetzung sowie im **Fettgehalt** auf.
In neuerer Zeit nimmt das Interesse an Mais für eine industrielle Verarbeitung stark zu. Der Mais als C4-Pflanze, die höhere Produktivität in wärmeren Anbaugebieten besitzt und das vorhandene Wasser optimal

Tabelle 6: Fettgehalte und Fettsäuremuster verschiedener Getreidearten (nach BROUWER, HACKBARTH, HILDITCH, SOUCI-FACHMANN-KRAUT u. a.)

Art		Fettgehalt in % d. T. M.	Fettsäure in % des Öles Palmitinsäure C 16:0	Stearinsäure C 18:0	Ölsäure C 18:1	Linolsäure C 18:2	Linolensäure C 18:3
Mais (*Zea mays* L.)	Frucht Embryo	3–7 30–45	8–12	0–3	20–32	40–68	
Weizen (*Triticum sativum* Lmk.)	Frucht Embryo	1–3 6–8	16–18	0–2	12–14	57–63	10–11
Roggen (*Secale cereale* L.)	Frucht Embryo	1,5–2 8–11	16–18	1–3	12–15	58–62	10–11
Triticale (*Trititoxcale* Wittmack)	Frucht Embryo	1–3 6–10	16–18	1–2	28–10	57–59	3–5[1])
Gerste (*Hordeum vulgare* L.)	Frucht Embryo	1–2 8–10	16–18	0–2	12–14	56–64	10–11
Hafer bespelzt (*Avena sativa* L.)	Frucht Embryo	4,5–9,0 14–18	15–30	0–2	30–50	30–45	1–4
Reis (*Oryza sativa* L.) (Kleie)	Frucht Embryo	1,5–2 14–16	12–16	2–4	42–52	30–40	
Sorghum (*Sorghum bicolor* L. Moench.)	Frucht Embryo	3–4 9–12	18–20	2–6	35–50	30–40	1–2
Rispenhirse geschält (*Panicum mileateum* L.)	Frucht Embryo	2–5 10–12	8–10	1–2	22–26	56–60	
Kolbenhirse (*Setaria italica* L. Beauv.)	Frucht Embryo	2–4 8–10	2–6	1–2	18–20	65–70	2–4
Perlhirse (*Pennisetum americanum* L. Lecke)	Frucht Embryo	4–6 10–12	20–24		22–25	42–46	2–3
Buchweizen (*Fagopyrum esculentum* L. Moench)	Frucht Embryo	2,5–3,5 8–9	14–20	2–2,5	32–40	30–36	3–6[2])
Mutterkorn auf Roggen (*Claviceps purpurea*)		30–35	4–6		60–70		[3])

[1]) 1,0–2,5 % Arachinsäure (C 20:0) [2]) 1–5 % Lignocerinsäure (C 24:0) [3]) 20–25 % Oxylsäure (C 18:1-Ox.)

Ölgewinnung in Nebennutzung

nutzt, kann mehr Energie produzieren als andere Pflanzenarten mit einer C3-Assimilation. Deshalb ist er als nachwachsender Rohstoff im Gespräch. Neben der Herstellung von verschiedenen Stärkeprodukten, kann der Mais direkt zu Ethanol = »Bio«-Ethanol = Agrar-Alkohol verarbeitet werden, wie in größerem Umfange schon jetzt in Brasilien und den USA. Er findet als Treibstoffzusatz und bei anderen industriellen Verarbeitungen Verwendung.

Beim Mais konnten, wie bei kaum einer anderen Kulturpflanze, große züchterische Erfolge erzielt werden. Vor allem brachte die Hybridzüchtung, die Anfang des 20. Jahrhunderts in den USA begann, enorme Leistungssteigerungen und Verbesserungen in der Resistenz gegen Krankheiten und Schädlinge sowie in der Qualität der Ernteprodukte.

Die Maiszüchtung ist in der ganzen Welt weiterhin bemüht, die Sorten zu verbessern. Zu einer Ertragssteigerung als Korn- oder Silomais und einer Sicherung der Leistungen auch unter wechselnden Umweltbedingungen durch Anpassung an die verschiedensten Klimagebiete und durch Resistenz gegen Krankheiten und Schädlinge kommen heute vermehrt Zuchtziele der Qualitätsverbesserung und der Eignung für besondere Nutzungsrichtungen.

Hier hat die Züchtung spezieller Sorten zur vermehrten Erzeugung von **Maiskeimöl** noch viele Möglichkeiten, den Mais von einer Pflanze, von der Öl in Nebennutzung gewonnen werden kann, zu einer Ölfrucht in Hauptnutzung zu entwickeln.

Bei Mais mit seinem sehr großem Keimling ist die Ölgewinnung besonders lohnend, doch enthalten alle **anderen Getreidearten** ebenfalls Keimöl, das bei der Mehlherstellung anfällt. Meist gehen die Keimlinge zusammen mit der Kleie in die Tierernährung. Sie können jedoch auch, wie beim Mais, zur Ölgewinnung herangezogen werden. Die Fettsäurezusammensetzung und damit die Qualität des Öles ist der des Maiskeimöles ähnlich, wie Tabelle 6 zeigt.

Bildlegenden (von links)

1 Maisbestand einer frühen Hybridsorte vom Korntyp *aorista* bei beginnender Reife.
2 Männliche Blüte (Fahne), stäubend.
3 Weiblicher Blütenstand mit den zahlreichen langen, klebrigen Narbenfäden (Quaste).
4 Reife Maiskolben der Convarietät *aorista* mit zurückgeschlagenen Lieschen.
5 Früchte (Körner = Achänen) der ersten fünf in Darstellung 16 genannten Convarietäten.
6 Zahnmaiskorn mit dem deutlich abgesetzten großen Embryo, in dem der weitaus größte Teil des Öles gespeichert ist (Keimöl).
7 Schnitt durch ein Hartmaiskorn mit dem rundum verhornten Mehlkörper.
8 Die C4-Pflanze Mais kann auch helles Mondlicht zur Nährstoffproduktion nutzen.

Literatur

BERGER. J., 1962: Maize. Production and the Manuring of Maize. Centre d'Etude de l'Azote 5, Geneva.

BROUWER, W., 1972: Der Mais (*Zea mays* L.). In: Handbuch des speziellen Pflanzenbaues. Bd. 1, 486–612. Verlag Paul Parey, Berlin.

EBERHART, S. A., 1979: Genetics and breeding. In: Ciba-Geigy: Technical Monograph, Maize. Ciba-Geigy Ltd., Basel.

HEIL, M., 1975: Untersuchungen über den Einfluß von Sorte, Standort und Düngung auf einige technologische Qualitätseigenschaften des Maiskornes. Dissertation, Uni. Gießen.

HEPTING, L. & W. OLTMANN, 1985: Mais (*Zea mays* L.). In: FISCHBECK, PLARRE, SCHUSTER: Lehrbuch der Züchtung landw. Kulturpflanzen. 2. Auflage, Bd. 2, 152–173. Verlag Paul Parey, Berlin.

JUGENHEIMER, R. W., 1976: Corn improvement, seed production and uses. John Wiley and Sons, New York.

JULIANO, B. O., 1985: Rice, Chemistry and Technology. The American Association of Cereal Chemists, Inc. St. Paul, Minnes., 144–146.

MANGELSDORF, P. C., 1974: Corn: its origin, evolution and improvement. Harv. Univ. Press, Cambridge, Mass.

SPRAGUE, G. F. & A. TAVCAR, 1959: Mais (*Zea mays* L.). In: KAPPERT & RUDORF: Handbuch der Pflanzenzüchtung. 2. Auflage, Bd. II, Verlag Paul Parey, Berlin.

SOUCI, FACHMANN & KRAUT, 1986: Die Zusammensetzung der Lebensmittel. Nährwert-Tabellen 1986/87. Wissenschaftl. Verlagsgesellschaft, Stuttgart.

WALL, J. S. & W. M. ROSS, 1970: Sorghum Production and Utilization. The Avi Publishing Company, Inc. Westport, Connec., 143–145.

ZSCHEISCHLER, D. J. & F. GROSS, 1966: Maisanbau und Verwertung. DLG-Verlag, Frankfurt/Main.

Schlußbetrachtung

Schlußbetrachtung

Die vorangehenden Darstellungen der europäischen Ölpflanzen zeigen eine große Mannigfaltigkeit in der Möglichkeit des regionalen Anbaues, in der Pflanzenart, im Öltyp und in der Nutzung des Öles.
Noch viele weitere **Pflanzenarten**, als hier behandelt und aufgezählt wurden, speichern in ihren Früchten und Samen oder sonstigen Pflanzenteilen fettes Öl, das eventuell nutzbar gemacht werden kann, wenn es wirtschaftlich erscheint. Viele halbkultivierte oder wildwachsende Pflanzen wurden in den letzten Jahren auf ihren Ölgehalt und ihre Fettsäurezusammensetzung untersucht, die hier nicht alle aufgeführt werden können, zumal sie, zumindest im Augenblick, wegen ihres Mangels an Kulturpflanzeneigenschaften und geringer Ertragsleistung für eine

Darstellung 17: Verwendung der Fettsäuren in verschiedenen industriellen Bereichen und auf dem Nahrungsmittelsektor (DAMBROTH & SEEHUBER, erweitert)

	Cypryl-säure C 8:0	C 8 + C 10	Caprin-säure C 10:0	Laurin-säure C 12:0	Myristin-säure C 14:0	Palmitin-säure C 16:0	Stearin-säure C 18:0	Ölsäure C 18:1	Linol-säure C 18:2	α-Linolensäure α-C 18:3	γ-Linolensäure γ-C 18:3	Eruca-säure C 22:1	C 20 + C 22 + C 24
Seifen, Waschmittel				○	○	○	○	○					
Kosmetische und Pharma-Produkte	○		○	○	○	○	○	○					
Textil- und Lederindustrie				○	○		○	○					
Lacke und Farben	○	○	○			○	○	○	○	○			○
Gummi	○		○		○		○	○					
Kerzen und Wachse							○	○				○	
Desinfektions- und Insektenschutzmittel	○		○					○					
Kunststoffe (z. B. Alkydharze)	○	○	○	○			○	○	○	○			○
Papierindustrie							○	○					
Schmieröl und Fette							○	○		○		○	○
Bio-Kraftstoffe							○	○		○		○	○
Techn. Hilfsstoffe z. B. Emulgatoren Flotationsmittel u. a.	○	○	○	○		○	○	○					○
Speiseöl- und Margarineherstellung							○	○	○				
Frittierfette				○	○	○	○	○					
Diätnahrungsmittel									○	○	○		

Fettsäuregruppen

landwirtschaftliche Nutzung nicht in Frage kommen. Hingewiesen sei z. B. auf die große Zahl der Kruziferen, bei denen es auch noch die eine oder andere potentielle Kulturpflanze gibt, oder die als Kreuzungselter oder Genspender für die Züchtung von neuen Kruziferen-Sorten dienen kann.
Die **Wirtschaftlichkeit** einer Pflanzenart zur Ölgewinnung hängt ab von einem ausreichenden Gewinn (kostendeckender Preis), den der Landwirt erzielen kann, wenn er die Pflanze unter den Boden- und Klimabedingungen anbaut, die ihm zur Verfügung stehen. Sie hängt aber auch ab von dem Preis, den die aufnehmende Hand und die verarbeitende Industrie bereit ist, für das erzeugte Produkt zu zahlen. Selbst wenn die landwirtschaftliche Anbauwürdigkeit für eine Ölpflanzenart gegeben ist, so bleibt es sinnlos, Pflanzenprodukte zu erzeugen, für die kein Markt mit gewinnbringenden Preisen vorhanden ist. Alle Produktionsplanungen von »nachwachsenden Rohstoffen« für die verarbeitende Industrie bleiben irrelevant, wenn nicht zuerst die Absatzmöglichkeiten bei der Industrie und die Preisgestaltung geklärt sind.
Es wurde einleitend schon auf die Verwertungsmöglichkeiten und den Einsatz von pflanzlichen Ölen für die Herstellung und Verarbeitung von Industrieprodukten hingewiesen, die hier nochmals in einer einfachen Darstellung deutlich gemacht werden (s. Darst. 17).
Hier zeigte sich schon, daß die Industrie ganz besondere Ansprüche an die **Qualität** und die **Zusammensetzung** des pflanzlichen Öles stellt. Dies gilt für die Ernährungsindustrie ebenso wie für die technische Industrie (Oleo-Industrie). In beiden Industriezweigen wird stets nach dem **Gehalt an fettem, nutzbarem Öl** in den Ernteprodukten gefragt, um optimal nutzbringend produzieren zu können, ebenso nach der **Fettsäurezusammensetzung**, von der die Einsatzmöglichkeit und die Produktherstellung abhängt. Hierzu hat die weiterverarbeitende Industrie ganz bestimmte Vorstellungen und Wünsche.
Glücklicherweise gibt es bei den Ölpflanzen recht unterschiedliche Öl-Typen, je nachdem, welche der im Pflanzenreich vorkommenden Fettsäure in dem jeweiligen Fettsäuremuster der Art vorherrscht. Auf die Zusammensetzung des Öles wird schon bei den einzelnen Pflanzen und in Tabelle 1 hingewiesen. Wegen der großen Bedeutung für die Nutzbarkeit einer Ölpflanzenart sind nochmals im abschließenden Überblick die vorkommenden Fettsäure-Typen und die Pflanzen, die **vorwiegend** diese Fettsäuren liefern können, zusammengestellt.

Fettsäuregruppen in den Ölpflanzen Europas:

Capryl-/Caprinsäure
C 8:0, C 10:0

Köcherblümchen, (Feinstielige Höckerblume), *Cuphea leptopoda*
Zigarettenblümchen, *Cuphea ignea*
Kronblattarme Höckerblume, *Cuphea paucipetala*
Lanzettliche Höckerblume, *Cuphea lanceolata*
Niederliegende Höckerblume, *Cuphea procumbens*
Ulme, *Ulmus campestris* u. a. spec.
Zelkova (Ulmacee), *Zelkova serrata*

Laurin-/Myristinsäure
C 12:0, C 14:0

Offene Köcherblümchen, *Cuphea aperta*
Tolucana-Höckerblümchen, *Cuphea tolucana*
Wright-Höckerblümchen, *Cuphea wrightii*

Palmitin-/Stearinsäure
C 16:0, C 18:0

Hafer, *Avena sativa*
Holunder, *Sambucus racemosa*

Ölsäure
C 18:1 Δ 9

Sonnenblume (Ölsäure-Typ), *Helianthus annuus*
Saflor (Ölsäure-Typ), *Carthamus tinctorius*
Raps/ neue Form, *Brassica napus*
Rübsen/ neue Form, *Brassica campestris*
Erdnuß, *Arachis hypogaea*
Sesam, *Sesamum indicum*
Weiße Lupine, *Lupinus albus*
Anden-Lupine, *Lupinus mutabilis*
Kreuzblättrige Wolfsmich, *Euphorbia lathyris*
Erdmandel, *Cyperus esculentus*
Olive, *Olea europaea*
Avocado, *Persea americana*
Mandel, *Prunus amygdalus*
Pistazie, *Pistacia vera*
Haselnuß, *Corylus avelana*
Rotbuche, *Fagus silvatica*
Eiche, *Quercus robur*
Roßkastanie, *Aesculus hippocastanum*
Reis, *Oryza sativa*
Hafer, *Avena sativa*
Aprikose (Kerne), *Prunus armenica*
Pfirsich (Kerne), *Prunus persica*
Pflaume (Kerne), *Prunus domestica*

Fettsäuregruppen

Kirsche (Kerne), *Prunus cerasus, P. acida, P. avium*
Apfel (Kerne), *Malus communis*
Birne (Kerne), *Pirus communis*
Mispel (Kerne), *Mespilus germanica*
Mutterkorn, *Claviceps purpurea*

Petroselinsäure
C 18:1 Δ 6

Petersilie, *Petroselinum sativum*
Dill, *Anethum graveolens*
Fenchel, *Foeniculum vulgare*
Anis, *Pimpinella anisum*
Koriander, *Coriandrum sativum*
Kümmel, *Carum carvi*

Linolsäure
C 18:2

Sonnenblume, *Helianthus annuus*
Saflor, *Carthamus tinctorius*
Nigersaat, *Guizotia abyssinica*
Ölmadie, *Madia sativa*
Mariendistel, *Silybum marianum*
Spitzklette, *Xanthium strumarium*
Soja, *Glicine max*
Baumwollsaat, *Gossypium* spec.
Hanf, *Cannabis sativum*
Seidenpflanze, *Asclepias cornuti*
Ölmalve, *Abutilon avicennae*
andere Malvengewächse, *Malvaceae*
Mais, *Zea mais*
Weizen (Keime), *Triticum sativum*
Roggen (Keime), *Secale cereale*
Triticale (Keime), *Triticosecale*
Gerste (Keime), *Hordeum sativum*
Sorghum (Keime), *Sorghum bicolor*
Schwarzkümmel, *Nigella sativa*
Mohn, *Papaver somniferum*
Ölkürbis, *Cucurbita pepo*
Walnuß, *Juglans regia*
Wein (Kerne), *Vitis vinifera*
Tomate (Samen), *Lycopersicon lycopersicum*
Tabak (Samen), *Nicotiana tabacum*
Ulmacee, *Celtis sinensis* var. *japonica*
Raps-Mutanden, *Brassica napus*

Öl-/Linolsäure
C 18:1, C 18:2

Apfelsine (Orange), *Citrus sinensis*
Zitrone, *Citrus lemon*
Grapefrucht, *Citrus paradisi*
Quitte, *Cidonia oblonga*
Sesam, *Sesamum indicum*
Ölkürbis, *Cucurbita pepo*
Seidenpflanze, *Asclepias cornuti*
Kümmel, *Carvum carvi*
Holunder, *Sambucus racemosa*

α-Linolensäure
C 18:3 Δ 9, 12, 15

Lein, *Linum usitatissimum*
Ölziest, *Lallemandia iberica*
Perilla, *Perilla ocymoides*
Leindotter, *Camelina sativa*
Rote Johannisbeere, *Ribes rubrum*
Wilde Rosen, *Rosa villosa, R. arvensis, R. rugosa*
Levkoje, *Matthiola incana*

γ-Linolensäure
C 18:3 Δ 6, 9, 12

Borretsch, *Borago officinalis*
Nachtkerze, *Oenothera biennis*
Schwarze Johannisbeere, *Ribes nigrum*
Stachelbeere, *Ribes uvacrispa*

Eicosen-/Eruca-/Nervonsäure
C 20:1, C 22:1, C 24:1 (vorwiegend C 22:1)

Raps (alter Typ), *Brassica napus* (C 22:1 + C 20:1)
Rübsen (alter Typ), *Brassica campestris* (C 22:1 + C 20:1)
Krambe, *Crambe abyssinica* (C 22:1)
Silberblatt, *Lunaria annua* (C 22:1 + C 24:1)
Weiße Sumpfblume (Wiesenschaum), *Limnanthes alba* u.a. spec. (C 22:1 + C 20:1)
Rasenbildende Marschallia, *Marschallia caespitosa* (C 20:1)
Große Mondblume, *Selenia grandis* (C 20:1)
Sareptasenf, *Brassica juncea*
Schwarzer Senf, *Brassica nigra*
Gelbsenf, *Sinapis alba*
Ölrettich, *Raphanus sativus*
Ölrauke, *Eruca sativa*
und andere Kruziferen

Hydroxy-Fettsäuren
C 18:1-OH + C 20:1-OH

Rizinus, *Ricinus communis*
Zierliche Spaltblume, *Lesquerrella gracilis*
Dichtbehaarte Spaltblume, *Lesquerrella densipila*
Kapringelblume, *Dimorphortheca sinuata*
Myrtenblättriger Gerberstrauch, *Coriaria myrtifolia*

Epoxy-Fettsäuren
(z. B. C 18:1–13/14 Epoxy)

Lagasca-Wolfsmilch, *Euphorbia lagascae*
Bitterblatt, *Vernonia galamensis*
Purpurnes Flohkraut, *Vernonia anthelmintica*
Coxburghi-Vernonie, *Vernonia coxburghii*
Herbst-Kornblume (Kornblumenaster), *Stokesia laevis*

Natürliche Konjuenfettsäuren
(z. B. C 18:3 Δ 8, 10, 12)

Ringelblume, *Calendula officinalis*
Baldrian, *Valeriana officinalis*
Springkraut, *Impatiens edgeworthii*
Spornblume, *Centranthus macrosiphon*

Wachse (z. B. Jojoba-Wachs)
Ester aus C 20:1, C 22:1 und C 24:1 mit den entsprechenden Alkoholen

Jojoba, *Simondsia chinensis*

Es ist zu erkennen, daß mit den vorhandenen leistungsfähigen Kulturpflanzen längst nicht alle Wünsche und Vorstellungen der weiterverarbeitenden Industrie abgedeckt werden können. Hier ist die Wissenschaft und die Pflanzenzüchtung aufgerufen, neue Pflanzen mit spezifischen Eigenschaften zu erstellen, Wild- und Primitivpflanzen zu Kulturpflanzen durch Veränderung von Eigenschaften zu entwickeln und Eigenschaften von verschiedenen Arten miteinander zu kombinieren. Hierzu können neue Technologien der Gewebe- und Zellkulturen, der Antheren- und Ovarienkultur sowie die Möglichkeiten der Gen-Techniken und der

Mutationszüchtung angewandt werden. Einiges ist in den letzten Jahren in Angriff genommen worden, wie die Kultivierung der Kreuzblättrigen Wolfsmilch, des Jojoba-Strauches und die züchterische Verbesserung alter Ölpflanzen, wie Leindotter, Krambe u. a. und die Schaffung von neuen Fettsäuretypen, wie bei Saflor und Sonnenblume.

Literatur (Allgemein)

BALTES, I. 1975: Gewinnung und Verarbeitung von Nahrungsfetten. Verlag Paul Parey, Berlin.

BELITZ, H. D. & W. GROSCH, 1982: Lehrbuch der Lebensmittelchemie. Springer-Verlag, Heidelberg.

BOGUSLAWSKI, E. v., 1953: Ölfruchtbau. Handbuch der Landwirtschaft Bd. II, 318–387. Verlag Paul Parey, Berlin.

CANVIN, D. T., 1965: The effect of temperature on the oil content and fatty acid composition of the oils from several oil seed crops. Canad. J. Bot. 43, 63–69.

DAMBROTH, M. & R. SEEHUBER, 1984: Die Potentiale zur Erzeugung von Industriegrundstoffen aus heimischen Ölpflanzen und die Perspektive ihrer Nutzbarmachung. Landbauforschung Völkenrode 34, 174–182.

HACKBARTH, J., 1944: Die Ölpflanzen Mitteleuropas. Wissenschaftl. Verlagsgesellschaft, Stuttgart.

HILDITCH, T. P., 1949: The chemical constitution of Natural Fats. 2. Auflage, Chapman & Hall, London.

HIRSINGER, F., 1987: Oleochemische Rohstoffe und die besondere Bedeutung neuer Ölsaaten. Henkel-Referate 23, 20–28.

KÖRBER-GROHNE, U., 1987: Nutzpflanzen in Deutschland, Kulturgeschichte und Biologie. Verlag Konrad Theiss, Stuttgart.

LENNERTS, L., 1984: Ölschrote, Ölkuchen, pflanzliche Öle und Fette. Herkunft, Gewinnung und Verwendung. Verlag Alfred Strothe, Hannover.

MARQUARD, R. A., 1980: Der Einfluß von Standortfaktoren und spezifischen Klimakonstellationen auf Fettgehalt, Fettsäurezusammensetzung und Tokopherolgehalt von Raps, Sonnenblumen, Soja und Lein. Habitilationsschrift im Fachbereich 16 der Justus-Liebig-Universität, Gießen.

PADLEY, F. B. GUNSTONE & I. L. HARWOOD, 1989: Occurence and characteristics of Oil and Fats. In: Lipid Handbook, Chapman & Hall, London.

RÖBBELEN, G., R. K. DOWNEY and A. ASHRI, 1989: Oil crops of the world. McGrant-Hill, Publishing Company.

SCHLIEPHAKE, D., 1986: Nachwachsende Rohstoffe. Teil II. BUCHOLZ, RÖBBELEN, SCHLIEPHAKE, ZÖBELEIN: Natürliche Öle und Fette. Verlag I. Kordt, Bochum.

SCHORMÜLLER, J., 1974: Lehrbuch der Lebensmittelchemie. 2. Auflage, Springer-Verlag, Berlin.

THIES, W., 1968: Die Biogenese von Linol- und Linolensäure in den Samen höherer Pflanzen, insbesondere Raps und Rübsen, als Problem der Ölpflanzenzüchtung. Angew. Bot. 42, 140–154.

WACKER, I., 1934: Die Ölfrüchte. Verlag Paul Parey, Berlin.

ZÖBELEIN, H., 1986: Stand und Perspektiven der nachwachsenden Rohstoffe. Übersicht anläßlich des Expertenkolloquiums der Bundesregierung am 14./15. 10. 1986 in Bonn.

Verzeichnisse

Tabellenverzeichnis

Verzeichnis der Darstellungen

Weitere Übersichten zu den Themen

Pflanzenregister, deutsch

Pflanzenregister

Pflanzenregister, lateinisch

Pflanzenregister

Pflanzenregister

Die Autoren

Prof. Dr.
Walter H. Schuster

geb. am 7. 11. 1918, studierte Agrarwissenschaften an der Universität in Gießen und promovierte 1951 zum Dr. agr. Nach langjähriger Tätigkeit als wissenschaftlicher Sachbearbeiter beim Bundessortenamt und an der Universität Gießen als Pflanzenzuchtleiter erfolgte 1965 die Habilitation, 1967 die Ernennung zum Wissenschaftlichen Rat und Professor und 1971 zum Professor an einer Universität. Seit 1964/65 Dozent für Pflanzenzüchtung und Speziellen Pflanzenbau mit Forschungsschwerpunkten auf den Gebieten der »Öl- und Eiweißpflanzen« sowie »Methoden der Pflanzenzüchtung«. Zahlreiche Veröffentlichungen in wissenschaftlichen Zeitschriften, in Lehr- und Handbüchern. Mitherausgeber und Autor des »Lehrbuches der Pflanzenzüchtung«, Bd. 2, 2. Auflage und von »Der Landwirtschaftlich-technische Assistent«. Autor und Mitautor von: »Anlage und Auswertung von Feldversuchen« sowie »Die Züchtung der Sonnenblume«. Seit 1985 im Ruhestand, weitere Tätigkeiten als Berater von Pflanzenzuchtfirmen. Ursprungszüchter von zahlreichen Sorten verschiedener Kulturpflanzen.

Prof. Dr.
Richard A. Marquard

geb. am 19. Mai 1938, absolvierte das Studium der Agrarwissenschaften an der Justus-Liebig-Universität in Gießen.
Promotion 1967 im Fachgebiet Pflanzenernährung/Agrikulturchemie, danach wiss. Assistent am Institut für Pflanzenernährung. Ab 1969 als Laborleiter am Institut für Pflanzenbau und Pflanzenzüchtung mit dem Arbeitsschwerpunkt »Analytik von Pflanzeninhaltsstoffen«. Habilitation 1980 für das Fach Pflanzenbau mit einem Thema über den Einfluß von Genotyp und Umwelt auf verschiedene Qualitätskriterien von Ölpflanzen. Zahlreiche wissenschaftliche Publikationen über Ölpflanzen sowie Arznei- und Gewürzpflanzen, wobei genetische und umweltbedingte Beeinflussungen relevanter Qualitätsparameter und deren analytische Erfassung im Vordergrund stehen. Derzeit als Akad. Direktor und apl. Professor am Institut für Pflanzenbau und Pflanzenzüchtung I der JLU Gießen.